矿山智能化开采技术

郝立光　著

吉林科学技术出版社

图书在版编目（CIP）数据

矿山智能化开采技术 / 郝立光著. -- 长春 : 吉林科学技术出版社, 2023.3

ISBN 978-7-5744-0194-5

Ⅰ. ①矿… Ⅱ. ①郝… Ⅲ. ①智能技术－应用－矿山开采 Ⅳ. ① TD8-39

中国国家版本馆 CIP 数据核字 (2023) 第 058389 号

矿山智能化开采技术

著　　郝立光
出 版 人　宛　霞
责任编辑　赵维春
封面设计　树人教育
制　　版　树人教育
幅面尺寸　185mm × 260mm
开　　本　16
字　　数　340 千字
印　　张　15.5
印　　数　1-1500 册
版　　次　2023年3月第1版
印　　次　2023年10月第1次印刷

出　　版　吉林科学技术出版社
发　　行　吉林科学技术出版社
地　　址　长春市福祉大路5788号
邮　　编　130118
发行部电话/传真　0431-81629529 81629530 81629531
81629532 81629533 81629534
储运部电话　0431-86059116
编辑部电话　0431-81629518
印　　刷　廊坊市印艺阁数字科技有限公司

书　　号　ISBN 978-7-5744-0194-5
定　　价　90.00元

前　言

煤炭是我国的主体能源，是能源安全的基石。当前煤炭资源保障与国民经济之间的矛盾日益突出，煤矿安全问题尚未得到妥善解决，煤炭资源保护节约和合理开发利用已经摆上我国政府议事日程，煤矿开发利用的环境问题已经成为社会关注的焦点。煤炭地质工作是煤炭工业发展的基础，贯穿于煤炭工业发展始终、服务于国民经济的方方面面。

在充分地了解世界能源格局与我国非再生能源开采的实际情况后，必须要将我国自身的煤炭开采技术提高，不断探索更加高效的开采技术，逐步完成智能化开采目标。我国大力倡导的信息化技术与智能化技术以及人工技术所结合的工业技术，能够有效地在根本上解决煤矿高效率开采所遇到的各种阻碍，同时这也是发展智能化煤矿的主体方向。我国的爆矿开采技术、设备经过长时间的发展，已经从依赖进口，变成自主创新。通过使用智能化开采技术，已经将以往的开采技术与设备的操作水平提升了几个档次，同时还基本实现了全部国产，利用国产技术与设备也更好地实现了在薄与极薄层开采、大采商与超大采岛及超厚煤层的综合开采，促进我国的智能化开采技术水平得到进一步的提高，并且为进一步完成智慈煤矿建设与智能化开采贺定了良好基础。根据智能化及智能化开采为中心，提升煤矿开采效率的同时，将智能、安全、高效带入煤矿开采中，来实现现代化煤矿生产体系的完善构建。

在本书的编写和出版过程中，虽然编者做了很大努力，但书中仍然会有不妥之处，恳请广大读者批评指正。

目　录

第一章　绪论

第一节　矿山工程地质学的主要内容及其重要性

一、矿山工程内容

矿山工程是利用地质体建筑成的露天开采场所和地下矿井巷工程。矿山工程的主体是由土体和岩体直接组成的构筑物，如露天矿工程是由露天矿边坡、坑底、采场等土体或岩体直接开挖形成；地下采掘工程或称井巷工程是直接由竖井、斜井、平硐、巷道、采场等土体或岩体构成。

二、土体和岩体是矿山工程的工作对象

土体和岩体，即地质体是矿山工程的工作对象，也是矿山工程研究对象。在矿山工程构筑中，首先必须搞清楚作为矿山工程构筑的结构物—地质体及其赋存环境条件。

1. 土体和岩体赋存环境及条件

工程地质工作是矿山建设的基础，工程地质学是矿山工程科学的基础科学，必须给予充分的重视。

研究矿山工程地质，必须首先对岩体有一个明确的认识。岩体是地质体，它的形成过程经过了漫长的地质年代，在岩体形成和存在的整个地质历史中，它经受着各种地质构造力的作用。因此，即使是由相同物质组成的岩体，也会存在着差异，这是岩体性质非常复杂的基本原因。

如何深入认识岩体（或地质体），还采用什么方法（手段）可以认识得更清楚，了解得更彻底呢？作为矿山工作者在这些方面则需要加强学习和研究。工程地质学是研究与工程建筑有关的地质问题的科学，它必须研究与工程建筑物有关的地质条件或工程地质条件，其中最主要是岩体和土体性质，地质构造、地貌、水文地质条件及物理地质作用等几个方面。随着时代的发展为适应日新月异的矿山开采需求，矿山工程地质学便应

运而生。

2. 矿山工程地质效应

正确认识矿山工程地质体的赋存环境及条件对矿山建设及开采极为重要，否则，地质体及其赋存环境会对矿山工程建设进行强烈的破坏，这种事例在国内外屡见不鲜。甘肃省某矿区，由于对工程地质环境情况了解不够，在井巷施工中遇到很多困难，造成大量浪费。在煤矿建设中，这类事例也不乏见。改革开放初期，煤矿建井过程中大多数事故是由于水文地质条件没有查清造成的。在煤矿井下开采中，对瓦斯分布情况未弄清楚，对煤体透气性认识不清，瓦斯压力测不准，没有采取超前预防措施致使造成瓦斯爆炸也时有发生。其次是随着开采深度的增加，如果对煤炭开采冲击地压的发生性质、活动规律、能量大小认识不清，重视不够，措施不力，往往是影响矿山正常工作的重要因素之一。

近年来，我国煤矿建设取得了巨大的成就，开采能力和规模居世界前列。神华集团、华亭集团等一批矿山企业，其开采能力和技术水平已达到国际先进水平。随着开采规模的不断扩大，地质问题日显突出。1983 年 1 月，某煤矿二井建设中发生瓦斯突出事故导致重大伤亡。国内某大型煤矿企业 2008 年初由于冲击地压发生人员伤亡，矿井停产维修事故，造成较大的经济损失。汾西某矿一条穿过铝土页岩的大巷道投入使用后产生破坏，三次维修也控制不住巷道变形，最后只得放弃报废，改建在下部石灰岩内。由于对矿井矿山建设工程地质条件缺乏正确认识和研究，造成投产后每年投入大量资金对矿山工程进行维护和翻修，甚至报废的例子不胜枚举。

三、岩体的特性

（1）岩体是非均质各向异性的。这一特点是由于它的形成和存在均受地质构造力作用的结果。这就大大增加了研究工作的复杂性。

（2）岩体内存在着原始应力场，主要包括重力和地质构造力。重力场是以铅垂应力为主，构造应力场通常以水平应力为主。一般来讲，地壳内的应力以水平应力为主，土体内构造应力释放的比较彻底，故只存在重力场，它正是区别岩体与土体的基本特征之一。

（3）岩体内存在着一个裂隙系统。岩体既是断裂的又是连续的，岩体是断裂与连续的统一体，可称之为裂隙介质或准连续介质。当岩体承受的应力超过其强度时，就会使原有的断裂进一步扩展或形成新的断裂，而旧断裂的扩展与新断察的形成又会导致岩体的应力重新分布。

四、矿山工程地质学研究的任务

矿山工程地质学研究的主要任务是对矿山建设中将要遇到的地质工程问题和工程地

质条件进行预报，这项工作是非常重要的。这项工作做好了，不仅可以为国家节约大量资金，而且还可加快矿山建设速度。

1. 矿山建设中经常遇到的工程地质问题

（1）露天矿边坡稳定性问题；

（2）井巷及采场围岩稳定性问题。

2. 控制工程地质的关键

（1）软弱、破碎岩体及软弱夹层；

（2）软弱结构面，包括断层带、层面错动带及贯通较长的大节理；

（3）地下水；

（4）地应力。

五、解决地应力问题是矿山工程地质学的重点

由于矿山建设规模和开采能力的扩大，使矿体和围岩暴露面积呈现出不断扩大趋势，开采深度的增加，会引起剧烈的矿山压力，使控制矿山压力问题复杂化。

1. 重力应力与构造应力存在的一般规律

必须指出，在过去的设计中，对于重力引起的地压问题较多，这也是自然的，一般来说浅部引起的矿山压力的主要原因是重力，但随着开采深度的增大或者向更复杂的地区开采，构造应力引起的矿山压力成为主要地压形式，相比之下，重力引起的地压可忽略不计。

2. 岩体的应力状态是确定岩体稳定的重要因素

长期以来人们对岩石的结构和地下水的重要性有较全面的认识，但对地应力对岩体稳定性的影响，几乎未知，关于对岩体稳定的理论研究一般也很少见。岩体的应力状态，是确定矿山压力显现的重要因素之一。总体来说，岩体是在周围地质体应力作用下承载破裂结构体的一种复合介质，在解决各类工程问题时，应根据岩体结构性区别对待，而不应当用一种方法、一个公式来概括各类岩体的地压问题。目前，已有的关于矿山压力的假说、理论和计算公式，还不能满足生产的需要，这就使得矿山压力控制带有某种不确定性，有时，甚至只能根据经验和相似原则直观地解决问题，而不是根据有充分依据的计算。

3. 矿山工程地质学重点解决和探讨的问题

（1）矿山主应力的性质和方向；

（2）矿山应力与构造应力的关系；

（3）矿山应力与岩体稳定性的关系。

第二节　矿山工程建设与安全生产

矿山工程建设是以矿产资源开发为目的，矿山工程建设必须牢固树立安全第一的意识。编写矿山工程地质学的目的，就是为了使人们在矿山工程建设和资源开发中，充分了解工作对象的性质及其应该采取的方法和手段，掌握生产活动的规律，从而达到连续安全的进行工程建设和资源开发。

新中国成立以来，国家对矿山建设及资源开采的安全要求十分严格，先后出台了一系列矿山安全生产法规。近年来为构建和谐社会，更是把安全生产放在了十分重要的地位，并投入大量的人力、物力来确保安全生产。据统计，矿山重大安全问题，80% 来自于地质灾害，认识、了解、掌握、预报地质问题自然成为矿山安全的首要任务。

科学发展的历史证明，只有分析、研究和掌握种种客观存在的不安全因素的规律，系统地运用自然科学知识，从根本上采取安全防护措施，才能保障安全生产和高效生产。

第三节　矿产资源开发利用与科技发展

中国是世界上矿业活动最早的国家。新中国诞生后，党和政府非常重视矿业的开发，在 20 世纪 90 年代各类矿山有数万个，其中有年产 700 万 t 大型露天铁矿和年产 500~1000 万 t 的大型矿井，以及星罗棋布的中小型矿山，年产矿石十亿 t 以上。1985 年，我国的原煤产量达 8.5 亿 t，跃居世界第二位，生产水泥 1.4 亿 t，开采了 2 亿多 t 的石灰石矿及其他辅助材料，而有色金属采矿工业为航天工业、电子工业、原子能工业、造船工业、化学工业、机械工业等部门提供的有色金属和稀有金属，不仅数量上满足了需要，而且品种齐全，部分品种自给有余。

2004 年各类矿石采掘最近 60 亿 t，其中煤炭 19.56 亿 t，铁矿石 3.85 亿 t，石油 1.75 亿 t，天然气 414.9 亿 m^3，磷矿石 2617.4 万 t，硫矿石 1065.8 万 t，钾盐 206.3 万 t，中国成为世界第三矿业大国。

矿业的大力发展为中国成功进行现代化建设提供了资源保障。目前 92% 以上的一次能源、80% 的工业原料和 70% 以上的农业生产资料为矿业所提供。新中国成立初期为加强国防工业建设，国家在新疆可可托海地区开采稀有金属矿床，为国防建设提供了宝贵的稀有金属资源，促进了我国两弹一星事业的快速发展。

我国主要矿产品产量在世界上占第一位。矿业的大发展促进了能源原材料工业的大展，为国家增强了经济实力。2003年全国矿业产值达7356.82亿元，占全国GDP的6.2%。若将矿产初加工产品产值计算在内则占全国GDP的30%以上。

以上事实证明，矿业是国民经济的基础产业，是古老而又常青的产业，它所提供的矿产资源是人类赖以生存和发展现代文明与社会进步不可或缺的物质基础。

第四节　矿山资源开采概述

一、煤炭在我国国民经济中的地位和作用

煤炭限于一次能源和非再生能源。当今世界能源构成仍以煤炭、石油、天然气等矿物燃料为主。我国石油、天然气产量远远满足不了国民经济迅速发展的需要。而我国煤炭资源丰富，品种齐全，含煤面积约55万km²为煤炭工业的发展提供了基础。

在我国的一次能源构成比例中，煤炭占70%左右，而石油、天然气等资源相对贫乏。近几十年水电、核能的发展不能从根本上解决中国能源问题。煤炭与其他能源相比有较强的竞争力，产生同等热量的煤的费用明显低于天然气和石油。可以断言，我国在今后相当长的时期内，主要能源只能是煤炭。煤炭不仅是我国工业发展的重要能源，同时又是冶金、化工等行业的重要工业原料，因此，煤炭又被称为工业的粮食。总体来说，煤炭在我国能源结构中占有举足轻重的地位，对国民经济的发展起着极其重要的作用。

二、我国煤炭的开采和发展史

中国有着悠久的采矿史，是世界上发现、利用、开采煤炭最早的国家。

早在公元前500年左右的春秋战国时期，煤炭已经成为一种重要的产品，称为石涅或涅石。《山海经》中记载："女床之山……其阴多石涅"女儿之山……其上多石涅"风雨之山……其上多石涅"。据考证，这些山分别位于现在的陕西、四川一带。

公元前1世纪，煤炭已用于冶铁和炼铜。魏晋时期称煤炭为石墨，到南北朝时期，开始称为公炭，并出现了煤井和相应的采煤技术，以煤为铁已颇具规模。后魏郦道元在其著作《水经注》中记载："屈茨（现新蹦境内）北二百里有山，夜则火光，昼日但烟，人取此山石炭，冶此山铁，恒充三十六国用。"

唐宋时期，开采技术已比较完善，煤炭广泛用于冶铁、陶瓷、砖瓦等行业，并发展了炼焦技术。南宋末年至元初，出现了燥的名称。宋末元初（公元13世纪）意大利人马可波罗的《东方见闻录》中写道："中国全境之中，有一种黑石，如同魔石，如同脉络，燃烧与薪无异，其火候且较薪为优。盖若夜间烧火，次晨不息，苴质优良，致使全境不烧

它物……东方的燃料，既非柴，又非草，而是黑色石头。”说明外国当时还没有发现煤、利用煤。

明代，“京师百万之家，皆以石煤代薪”，明末科学家宋应星在其著作《天工开物》中详细记叙了我国古代采煤技术，其中涉及地质、开拓、开采、支护、通风、提升、瓦斯排放等方面。书中记载：“凡取煤经历久者，从上而（地面）能辨有无之色，然后挖掘。深至五丈许，方始得煤。初见煤端时，毒气灼人，有将巨竹凿去中节，尖锐其末，插入炭中，其毒烟从竹中透上。人从其下施蠼拾取之；或一井而下，炭纵横广有，则随其左右阔取。其上支板，以防压崩耳。”

《天工开物》中还记载广采煤时排除 CH_4（竹子渚去中节）及井巷支护技术、纹车（辘轳）提煤等。

清代，煤炭的经济地位更加重要，已经成为国计民生的重要资源，并实行招商开采政策。这是煤炭开采由国家统一管理的开始，也是必经之路。

漫长的封建社会形成的采煤技术，始终停留在手工的水平上。工具简陋，多采用手镐落煤，辘轿提升，箩筐拖运，竹筒通风，牛皮包提水，生产能力低，生产规模小。

19 世纪 70 年代，中国开始了近代煤矿建设，其标志是机器代替了部分手工操作。1876 年和 1877 年兴建了基隆煤矿和开平煤矿后，我国陆续开办了一些近代煤矿。此时，外国资本也大量侵入中国煤矿。中国近代煤矿开始使用蒸汽和电线车、矿车、电机车、通风机、水泵、电钻、风钻和压风机等采矿机械进行生产，从而提高了生产能力，扩大了开采范围，促进了开采技术的发展。矿井提升、运输和排水实现了机器生产，但采掘工作仍是手工操作。

在半殖民地半封建的旧中国，掠夺式的开采使我国煤矿灾害事故层出不穷，煤炭资源遭受严重破坏。到 1949 年，我国原煤产量只有 32.40Mt。

新中国建立以来，进行了大规模的煤矿建设，取得了举世瞩目的成就。特别是改革开放以来，煤炭工业取得了更为显著的成果，采煤、掘进以及其他生产系统的机械化程度迅速提高。矿井生产能力不断提升使原煤产量飞速增长。到 20 世纪 80 年代以后，我国新建了一批现代化大型矿井，推广采煤机械化和综合机械化，有重点地建设多层次的安全高效矿井。实践证明，采用成套大功率综采设备的综合机械化开采工艺比较适合我国实际，特别是由此而来的综合机械化放顶煤开采技术已经成为我国煤矿实现安全高效的主要途径，目前我国综放开采技术处于世界领先水平。20 世纪 90 年代以来，我国煤矿以提高经济效益为中心，应用现代高新技术与采煤技术及装备相结合，加速推进煤矿生产现代化的步伐，我国煤炭产量开始稳居世界第一位，近些年产量稳定在 35 亿 t 左右。

我国未来煤炭工业的发展方针是：全面落实科学发展观，坚持依靠科技进步，走资源利用率高、安全有保障、经济效益好、环境污染少和可持续的煤炭工业发展道路。把煤矿安全生产始终放在各项工作的首位，以建设大型煤炭基地、培育大型煤炭企业和企业集团为主线，构建与社会主义市场经济体制相适应的新型煤炭工业体系。

三、煤矿地下开采的特点

①受煤层赋存条件制约严重。煤炭地下开采地点、开采规模及工作条件取决于煤层赋存条件。

②采掘工作场所不断移动。这就要求合理安排好采掘接替，保持矿井内部正常的采掘关系。

③生产系统复杂。井下生产环节多，工序复杂，为保证正常生产就要以开采为中心，建立并完善井巷掘进及支护、矿井运输、提升、通风、排水、供电、压风、供水、排矸、通讯、监测等生产系统，加强生产组织管理。

④必须设置人工构筑物保护工作空间。为了使煤矿地下的采掘工程基本工序能够顺利进行，必须保持采掘工程场所内有足够的工作空间，这就要求采用人工构置物来维护采掘工程场所。

⑤安全问题突出。由于地下煤层赋存条件的复杂性，井下生产过程中要时刻防范顶板、瓦斯、矿井水、火灾、煤尘等自然灾害，这就增加了开采的难度，同时，要求安全工作必须成为各项工作的重中之重，必须坚持，安全第一、预防为主、综合治理的生产方针。

⑥开采对象具有随机性和多变性。煤层赋存条件及地质构造分布具有随机性，且变化较大，这就要求工程技术人员对可能变化的情况要有足够的估计和对策，并在工作安排中留有余地。

⑦开采条件逐渐变差。开采顺序一般是先浅后深，先近后远，先易后难，开采条件一般会变得愈来愈差，生产成本随采深增加而增加，使得煤矿开采成为规模效益递减的行业，这就要求不断提高开采技术水平。

⑧破坏生态环境。采用以垮落法为主的采空区处理方法，开采后造成岩层移动和地表塌陷，导致地下水位下降、耕地破坏。井下排出的矸石除占用耕地外，自燃产生的有害气体又污染了大气。井下排出的污风流中含有大量的粉尘、烟雾和瓦斯等，直接排入大气，将导致空气质量下降。这就要求在矿山井下开采的同时，要治理并保护地面环境，实现绿色环保开采、科学开采。

第二章　矿山开采的基本知识

第一节　煤层的分类

煤层的倾角、厚度、形状、结构、稳定性等对开采方法和所需设备的选择影响较大，因此，需要按照其赋存特征对煤层进行分类。

一、按照煤层倾角的分类

根据当前矿山开采技术，我国按照倾角将煤层分为 4 类：近水平煤层（＜ 8° ）；缓斜煤层（8° ~25° ）；倾斜煤层（25° ~45° ）；急斜煤层（＞ 45° ）。

我国煤矿以开采近水平煤层和缓斜煤层（0° ~25° ）为主。矿井数占 65.6% 左右，生产能力占 78.4% 左右，开采其他煤层的矿井数和生产能力所占的比重均较小。

二、按照煤层厚度的分类

根据当前矿山开采技术，我国按照厚度将煤层分为 3 类：薄煤层（＜ L3m）；中厚煤层（1.3~3.5m）；厚煤层（＞ 3.5m）。通常又把大于 8.0m 的煤层称为特厚煤层。

根据煤种、煤质、煤层倾角、开采技术水平等，我国煤矿薄煤层的最小开采厚度一般为 0.5~0.8m。

我国煤矿的可采储量和产量以厚及中厚煤层为主，它们分别占总储量的 81.3% 和总产量的 93.3% 左右。

三、按照煤层结构的分类

煤层通常是层状的其中有时含有厚度小于 0.5m 的沉积岩层，称为夹肝层。

根据煤层中有无较稳定的夹肝层，可将煤层分为 2 类：①简单结构煤层，即煤层中不含夹肝层，但可能有较小的矿物质透镜体和结核；②复杂结构煤层，即煤层中含有较稳定的夹砰层，少则 1~2 层多则数层。

夹矸层会造成煤层含肝率高，煤质差，机械化开采困难等一系列问题。

四、按照煤层形状的分类

按照煤层形状将煤层分为以下 3 类：

①层状；

②似层状，如串珠、瓜藤状；

③非层状，如鸡窝、扁豆状。

五、按照煤层稳定性的分类

煤层的稳定性是指煤层形态、厚度、结构及可采性的变化程度。

按照煤层的稳定性可将煤层分为 4 类：①稳定煤层，即井田内煤厚均大于最小可采厚度，其变化有规律；②较稳定煤层，即煤层厚度变化较大，但大多可采，仅局部不可采；③不稳定煤层，即煤层厚度变化很大，常出现不可采区域；④极不稳定煤层，即煤层常呈现特殊的似层状、非层状，分布不连续，仅局部可采。

第二节　矿井井巷的分类

一、按照井巷空间角度的分类

为进行采矿而在地下开掘的各类巷道和闹室的总称为矿井井巷，如图 2-1 所示。

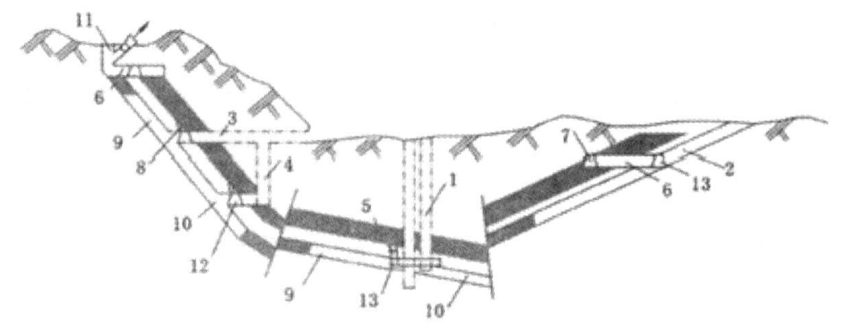

图 2-1　矿井井巷

1 立井；2 斜井；3 平硐；1 暗 / 井；5 溜井；6 石门；7 煤门；8 煤仓；9 上山；

10 下山；11 风井；12 岩石平巷；13 煤层平巷

根据其空间角度特征，可将矿山井巷分为垂直巷道、水平巷道和倾斜巷道。

（1）垂直巷道

如立井、暗立井、溜井等。

在地层中开凿的直通地面的垂直巷道称为立井，又称竖井。专门或主要用于提煤的立井叫主立井；主要用于提升物料设备、升降人员等辅助工作的立井叫副立井；生产中开掘的专门用来通风、排水等的立井，相应称为风井、排水井等。

不与地面直通的垂直巷道称为暗立井．其用途同立井。

井F专门用于由高到低溜放煤炭的垂直巷道称为溜井。在采区、盘区及带区内，高度不大、直径较小的溜井称为溜煤眼。

溜井一般不儒装备提升设备，而暗立井则需要。

（2）水平巷道

如平嗣、平巷、石门等。

在地层中开凿的直通地面的水平巷道，称为平硐。它分为主平嗣、副平在、通风平硐、排水平硐等。

平巷是指与地面不直接相通的水平巷道，其长轴方向与煤层走向大致平行。为整个开采水平或阶段服务的平巷称为大巷，如阶段运输大巷、阶段回风大巷等。布置在煤层内的平巷称为煤层平巷，布置在岩石中的平巷称为岩石平巷。直接为采煤工作面服务的煤层平巷称为工作面运输平巷、工作面回风平巷。

石门是在岩层中开掘的、不直通地面、其长轴方向与煤层走向垂直或斜交的岩石平巷。连接井底车场和大巷、为开采水平服务的石门称为主石门。为采区服务的石门称采区石门。在厚煤层中开掘的、不直通地面、与煤层走向垂直或斜交的平巷，则称为煤门。

（3）倾斜巷道

如斜井、上山、下山、分带斜巷等。

在地层中开凿的直通地面的倾斜巷道称为斜井。其作用与立井、平硐相同。不与地面直通的斜井称为暗斜井，其作用与暗立并相同。

上山是位于开采水平以上，为本水平或采区服务的倾斜巷道；下山是位于开采水平以下，为本水平或采区服务的倾斜巷道。按照用途，上下山又可分为运输上下山、轨道上下山、通风上下山、行人上下山等。

在采用带区式划分时，采煤工作面两侧的分带斜巷按照其用途可分为运煤斜巷和运料斜巷。此外溜煤眼和联络巷等有时也是倾斜巷道。

（4）硐室

具有专门用途，在井下开掘的断面较大但长度较短的空间构筑物称为硐室，如绞车房、水泵房、变电所、煤仓等。

二、按照井巷用途及服务范围的分类

按照井巷的作用及服务范围不同，可将矿井井巷分为开拓巷道、准备巷道及回采巷道 3 种类型。

（1）开拓巷道

为全矿井或一个开采水平服务的巷道称为开拓巷道，它是从地面到达采区的通道。其作用在于构成开采水平，形成全矿生产系统的主体框架。其服务范围大，服务年限较长，一般为 10~30a，如井筒、井底车场、主要石门、运输大巷、回风大巷、主要风井等。

（2）准备巷道

服务于一个采区、盘区或带区的巷道称为准备巷道，它是从开拓巷道到达区段或分带斜巷的通路。其作用在于构成采区、盘区或带区独立生产系统。其服务年限一般为 3~5a，如采区上下山、采区或带区车场、区段集中平巷、采区硐室等。

（3）回采巷道

服务于一个采煤工作面的巷道称为回采巷道，它是从准备巷道到达采煤工作面的通路。其作用在于构成采煤工作的面独立生产系统。其服务年限一般较短，为 0.5~1.0a，如区段运输平巷、区段回风平巷、开切眼等。

上述 3 类巷道是按照用途和服务范围划分的，所有巷道都可归于其中，且这 3 类巷道之间是互相有联系的整体，它们共同构成矿井生产系统。

矿井开拓、准备和回采是矿井生产的基本环节，合理解决三者之间的关系，是矿井安全正常生产的前提。

三、按照井巷所在岩层层位（岩性）的分类

按照井巷所在岩层层位（岩性）的不同，可将矿井井巷划分为煤巷、岩巷和半煤岩巷（即岩层或煤层占掘进巷道断面的 1/5~4/5）。

第三节　矿井巷道布置及生产系统

一、巷道布置

矿井巷道布置因地质条件、井型、设备、采煤方法的不同而各有特点。矿井巷道掘进准备顺序的原则是要尽快构成主要风路，形成通风系统，确保生产安全；要尽量采取平行作业施工，缩短建设工期，以确保采煤工作面早投产、早见效。矿井巷道布置及生

产系统如图 2-2 所示。

二、矿井主要生产系统

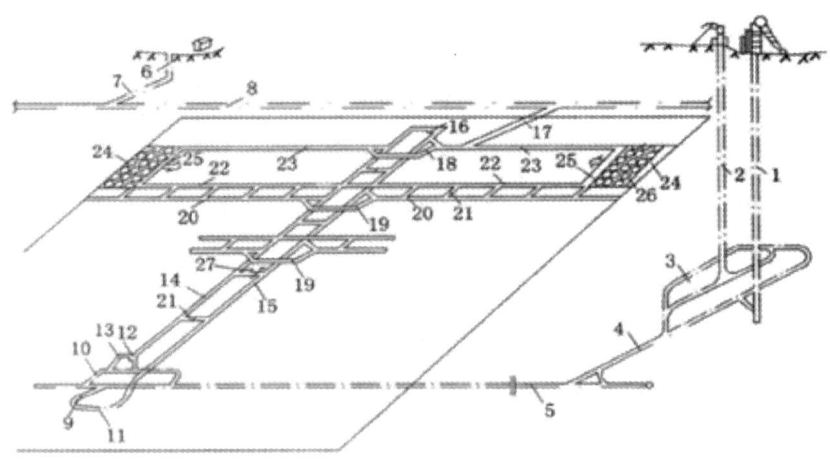

图 2-2　矿井巷道布置及生产系统示意图

1- 主井；2- 副井；3- 井底车场；4- 主要运输石门；5—运输大巷；6- 风井；7- 回风石门；8- 回风大巷；9- 采区运输石门；10- 采区下部车场；11- 采区下部材料车场 12- 采区煤仓；13- 行人进风巷；14- 采区运输上山；15- 采风轨道上山 16- 上山绞车房 17- 采区回风石门；18- 采取上部车场；19- 采取中部车场；20- 下区段回风平巷；21- 联络巷；22- 区段输平巷；23- 区段回风平卷：24- 开切眼；25- 采煤工作面；26- 采空区；27- 采区变电所

二、矿井主要生产系统

以图 2-2 为例介绍矿井的主要生产系统。

（1）运煤系统

自右侧采煤作面 25 采卜的煤，经区段运输平巷 22、采区运输上山 14、采区煤仓 12. 在采区下部车场 1。内装车，经开采水平运输大巷 5、主要运输石门 4 到达井底车场 3，由主井 1 提升到地面。

即采煤工作面 25 采下的煤→ 22 → 14 → 12 → 10 → 5 → 4 → 3 → 1 地面。

（2）通风系统

新鲜风流从地面经副井 2 进入井下，经井底车场 3、主要运输石门、运输大巷 5、采区运输石门 9、采区下部材料车场 11、采区轨道上山 15、采区中部车场 19、下区段回风平巷 20、联络巷 21、区段运输平巷 22，进入右侧采煤工作面 25。清洗工作面后，污浊风流经区段回风平巷 23、采区回风石门 17、回风大巷 8、回风石门 7，从风井 6 排出井外。

即新鲜风流自地面→2→3→4→5→9→11→15→19→20→21→22→25右侧采煤工作面；污风自右侧采煤工作面25→23→17→8→7→6→井外。

为调节风量和控制风流方向，需在适当位置设置风门、风窗等通风构筑物。

（3）运料排阡系统

采煤工作面所需材料、设备 . 用矿车由副井 2 下放到井底车场 3，经主要运输石门1、运输大巷 5、采区运输石门 9、采区下部材料车场 11，由轨道 LlJl15 提升经 Is 部车场 18 到区段回风平巷 23，再运到采煤工作面 25。

即采煤工作面所需材料、设备，用矿车经 2→3→4→5→9→ll→15→18→23→25。

采煤工作面回收材料、设备和掘进工作面的肝石用矿车经与运料系统相反的方向运至地面。

（4）排水系统

排水系统一般与进风风流方向相反，由工作面 25，经区段运输平巷 22、采区轨道上山 15、采区下部材料车场 11、采区石门 9、运输大巷 5 和主要运输石门 4 等巷道一侧的水沟，自流到井底车场水仓，再由水泵房的排水泵通过副井的排水管道排至地面。

即采煤工作面的涌水经 25→22→15→11→9→5→4→3（井底水仓）→2→地面。

（5）动力供应系统

供电系统：矿井地面变电所→副井（高压线缆）→井底车场中央变电所（供给 6kV、10kV 等高压电）→运输大巷运输上山采区变电所（进行降压或不降压）→采煤工作面和掘进工作面移动变电站（升压）→采掘设备。

压气系统：地面压气机房（经管道）→井下各用气地点→掘进工作面风动设备，有的矿井压气机房直接建在井下。

（6）其他生产系统

矿井建设和生产期间，井下还需建立避灾、供水（防尘）、瓦斯抽放（瓦斯矿井）、灌浆系统（防灭火）以及通讯和监测系统等。

第三章　井田划分与矿井三大参数的确定

煤炭的开发和其他矿产资源的开发一样，在开发前都要进行开发规划，把在地质时期形成的煤炭进行划分，把这些煤炭划分成煤田、矿区、井出等，以便于有计划、按顺序进行开采。

煤和其他矿产资源开发的手段、方法等都是相似，可互相借鉴。

第一节　煤田划分为井田

一、煤田、矿区、井田

煤和其他矿产资源的形成一样，都是地球物质运动和各种地质作用的结果，煤则是由古代植物遗体（含碳物质）经演变而形成的。

（1）煤田

在漫长的地质历史过程中，由于含碳物质沉积而形成的大面积并大致连续发育的含煤地带，称为煤田。

煤的主要成分为碳（C），因而其具有可燃性。

煤田面积、范围从几十至数万平方公里不等，储量从数亿吨至数百亿吨甚至上千亿吨不等。例如，神东煤田面积为 31172km² 探明储量 2263 亿 t，远景储量 10000 亿 t；平顶山煤田面积为 1044km²，储量 90.7 亿 t。这种储量丰富、面积连续的煤田一般称为“富量煤田”，我国的富量煤田大多分布在北方。对于储量有限、面积不连续的煤田一般称为“限量煤田”，我国的限量煤田大多分布在南方。

我国大多数煤矿开采的是多煤层煤田。一个煤田内的煤层数往往有数层至数十层，煤层厚度由几厘米至数十米不等，煤层倾角从几度至 90 度，煤层层间距也大小不同。

总观我国的煤炭资源分布情况，“北多南少，西多东少”是突出特点。我国实施西部大开发战略，其中能源（包括煤炭）开发是重中之重。

对于煤田的开发，不仅强调煤田的面积、范围，更强调其储量，强调其分布的连续性、可采性，强调煤的品质、品位。

（2）矿区

统一规划和开发的煤山或其中的一部分，称为矿区。它指的是过去已经开采或现在开采，或将来准备开采的煤田或其中的一部分。

（3）井田

煤田划分成矿区后，矿区的范围很大，还需要进一步划分为若干个面积较小的部分，然后按照一定的顺序进行开采。每一部分由一个矿井开采，否则，在技术上、经济上都不合理。划归一个矿井开采的那一部分煤田，称为井田，也称为矿。

有了上述 3 个基本概念后，再来研究煤田的划分。它应包含以下 2 项内容：

（1）煤田划分为矿区

煤田一般划分为矿区进行开发，由国家规划设计部门统一规划，划分时主要依据国民经济的发展情况、市场需求情况、煤田面积和储量、行政区域规划、大的地质构造的分布情况、地面主要自然条件、煤田的不连续性、地质勘探的先后顺序等。

煤田划分成矿区涉及国家资源布局、分配、管理等重大问题，由国家统一规划管理。

矿区开发的主要内容包括：根据煤炭储量、赋存条件、市场需求情况、投资环境，结合国家宏观规划布局和矿区产运销等条件，确定矿区建设规模，划分矿井境界、确定矿井设计生产能力、开拓方式、建设顺序，确定矿区附属企业的种类、生产规模及其建设顺序等。

在我国，有的是一个矿区开发一个煤田，如开滦、阳泉、肥城、平顶山、抚顺等矿区开发的都是各自对应的富量煤田；有的是几个矿区共同开发一个富量煤田，如陕西的铜川、浦白、澄合、韩城等矿区开发的都是渭北大煤田；有的是一个矿区开发相邻的几个限量煤田，如安徽淮北矿区开发的是闸河煤田和宿县煤田。

我国矿区数量多，分布范围广，一般应遵循的开发顺序原则是：

①先浅后深：即先开发埋藏浅的矿区，后开发埋藏深的矿区，这样可减少投资，并有利于资源保护；

②先近后远：即先开发距离经济发达区较近的矿区，后开发距离经济发达区较远的矿区，因为经济发达区的设备供应、运输条件好，且发达地区需煤量大；

③先易后难：指先开采煤层赋存条件好、易开采的矿区。这样已取得开采经验后，再开采煤层赋存条件差、难开采的矿区，就会变难为易了。

上述矿区开发顺序原则符合循序渐进的一般原则。

（2）矿区划分为井田

一个矿区由多个矿井组成，在划分时需要遵循一定的原则和方法，以便有计划、有步骤、安全、合理地开发整个矿区。

矿区划分为井田时，要保证每个井田都有合理的尺寸和境界，使整个矿区各部分都得到安全经济合理的开发。划分时应依据煤层赋存状态、地质构造、储量分布、水文条件、煤质分布规律、开采技术条件、矿井生产能力、开拓方式等，并结合地物、地貌等因素，进行技术经济比较后确定。

二、矿区划分为井田

1. 划分的原则

（1）井田范围要与矿井生产能力相适应

对于大型矿井特别是机械化程度较高的现代化矿井，要求其井田有足够的储量和合理的服务年限，井田范围应大一些。而中、小型矿井，储量可少些，服务年限可短些，井田范围亦应小一些。随着开采技术的发展，原设计划分的井田范围可能满足不了矿井长远发展要求。因此，应当把井田范围适当划得大些，或在井田范围外留一备用区，以便为矿井今后的发展留有余地。

（2）充分利用自然条件划分井田

为减少开采技术上的困难，降低煤柱损失，保护地面设施，减少井巷工程量（避免重开巷道），应尽量利用井下大断层、大构造带、地面主要河流、铁路干线、公路干线、建筑物、城镇等自然条件作为井田划分的边界，如图 3-1 所示。

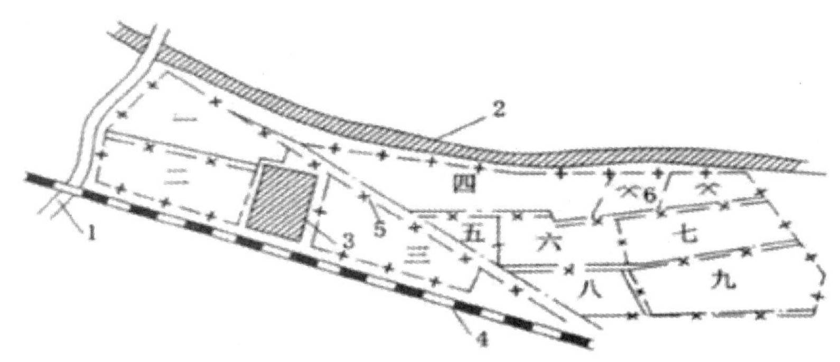

图 3-1 利用自然条件作为井田划分的边界

1- 河流；2- 煤层露头；3- 城镇；4- 铁路；5- 大断层；6- 小煤窑；

一、二、三、四、五、六、七、八、九—矿井

煤层倾角变化较大处或大的褶曲构造等都可作为井田划分的边界，以便于相邻矿井采用不同的采煤方法和采掘机械，简化生产管理。

在地表为丘陵、山岭、沟谷的地形复杂区域，划分井田时要便于选择合理的井硐位置及布置工业场地。

对于煤层煤质变化较大的地区，可考虑按不同煤质划分井田。

（3）使井田有合理的尺寸和足够的储量

当不受自然条件限制（或无自然条件可利用），即当人为划分井田境界时，应使井

田有合理的尺寸和足够的储量。

这种情况比较理想，可将井田范围适当规划大些。我国煤矿生产实践表明，一般情况下，井田的走向长度要大于倾斜长度，并使井田的走向长度合理，这在技术经济上都较为有利。这样才能保证矿井有合理的开采强度，开采水平有足够的储量和服务年限。因为，现代化矿并发展的方向是高度集中化、机械化、电气化、自动化，矿井生产能力有增大的趋势，所以，在把矿区划分为井田时，应保证各矿井的生产能力都有发展的余地，划分时要有长远的发展眼光。

井山走向长度是表征矿井开采范围的一个重要参数，要与当前的开采技术及装备水平相适应。

井田走向长度过短时，会造成矿区内井田分布过密，数量过多，相对应的井田境界多，煤柱损失大；也保证不了各井田水平内的储量和服务年限，造成水平接替紧张，延深工程量大；而为了保证矿井的设计生产能力，容易造成矿井内多水平同时生产，从而使矿井提升、运输、通风等系统复杂，占用非直接生产人员（管理人员）多，生产效率低。所以，《煤炭工业矿井设计规范》规定，矿井一般应以一个水平生产保证全矿产量。

当井田走向氏度过长时，又会造成矿井通风、运输线路，矿井通风费用增大；巷道维护费用增加；矿井运输时间长，运费增大。

根据我国目前的实际条件和开采技术水平，《煤炭工业矿井设计规范》规定我国合理的井田走向长度一般为：中型矿井不小于 4.0km；大型矿井不小于 8.0km；特大型矿井 10~15km 以上。这就是我国合理的井用走向长度（但不是绝对的数值）。

（4）要统筹兼顾，处理好矿井之间的关系

把矿区划分为若干个井田时，要统筹兼顾，全面规划，照顾全局，处理好各矿井之间的关系，包括大型矿井与小型矿井、生产矿井与新建矿井、浅部矿井与深部矿井之间的关系，为矿区内其他矿井的建设和发展留有余地，创造良好条件。在划分时，不能造成邻矿开采上的困难，或者限制了其发展，防止深浅、上下压茬关系，如图 3-2 所示。

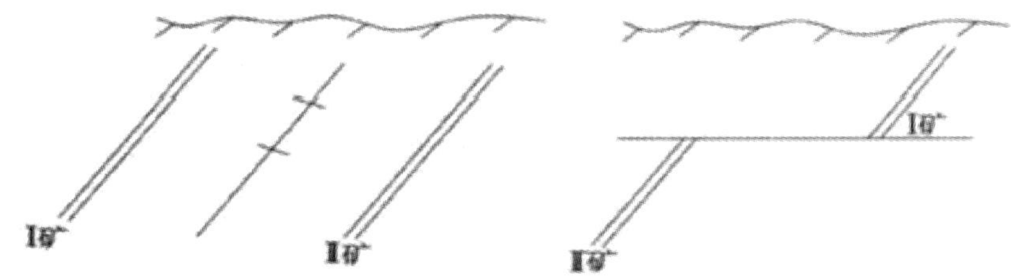

图 3–2　矿井间的压茬关系

（5）直（折）线原则

划分井田境界时，应有利于各矿井的开采，在不受地质条件限制时，一般应以直线或折线作为井田境界，尽量避免曲线。

2. 井田境界的划分方法

井田境界的划分方法可分为按照自然条件划分和人为划分 2 种情况。

按照自然条件的划分方法包括：

（1）按照地形地物界限划分

对于需要留设井下煤柱进行保护的地面主要河流、湖泊、铁路干线、重要建筑物、城镇等自然条件，可以考虑作为井田划分的边界。

（2）按照地质构造划分

井下大断层、大的褶曲轴部、岩浆岩侵入区地质构造带、无煤带等可作为划分井田的边界，这是优先考虑的划分方法。

（3）按照煤层赋存形态划分

通常可按照煤层赋存深浅即按照某一标准划分，或按照煤层的不同产状（如倾角急剧变化处），并结合储量分布情况划分井田。

（4）按照煤质、煤种分布划分

对于煤质、煤种变化较大的矿区，为了减少同一矿井开采煤质、煤种的类别，以便于煤质管理，应尽可能考虑以煤质、煤种分界线作为划分井田的境界。

当不受自然条件限制（或无自然条件可利用），即人为划分井田境界时其划分的方法包括：

（1）垂直划分法

即相邻矿井以某一垂直面为界，沿境界线各留井田边界煤柱，称为垂直划分法。井田沿煤层走向方向的边界（左、右边界）一般采用沿倾斜线、勘探线或平行于勘探线的垂直面划分，如图 3-3 所示，一矿与二矿之间采用垂直划分。对于近水平煤层，井田无论是沿走向（左、右边界）还是沿倾斜方向上、下（深、浅）边界，都采用垂直划分法。

（2）水平划分法

即以一定标高的煤层底板等高线为界，并沿该煤层底板等高线留设边界煤柱，称为水平

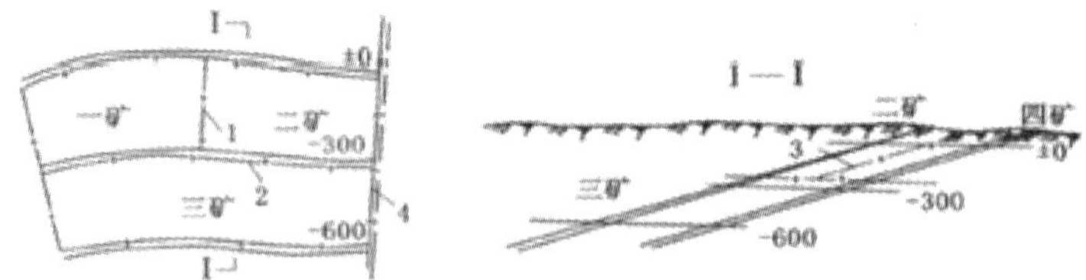

图 3–3　人为划分井田境界

1– 垂直划分；2– 水平划分；3– 帧斜划分（按煤组）；4– 以断层为界

划分法。如图 3-3 中，三矿的上下边界分别以一 300m 和 -600m 等高线为界。这种方法多用于倾斜煤层和急倾斜煤层井田倾斜方向即上、下（深、浅）边界的划分。

（3）按照煤组划分

即按照煤层（组）间距的大小来划分矿界，把燥层间距较小的相邻煤层划归一个矿开采，把煤层间距较大的煤层（组）划归另一矿开采。该划分方法多用于煤层（组）间距较大、煤层赋存浅的矿区。如图 3-3、图 3-4 所示，图 3-3 中的二矿与四矿、图 3-4 中的 1 矿与 2 矿即按煤组划分矿界。

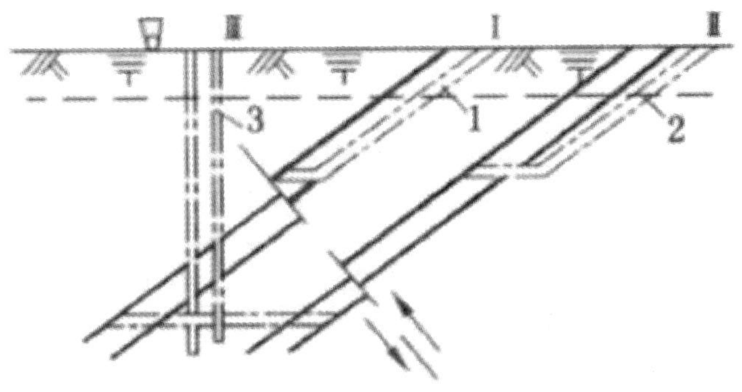

图 3–4　按煤组划分井田境界

1，2– 浅部分组建斜井；3– 深部集中建立井

人为划分法可保持井田境界的整齐划一，保证对井卜巷道布置和开采工作有利，且减少了矿井之间复杂的“压茬”关系。

第二节　井田内的再划分

煤田划分成矿区，矿区划分成井田后，每个井田的范围、面积仍然很大，井田沿走向长达数千米炭至数万米，沿倾斜方向长达数百米乃至数千米。为了实现有计划按顺序开采，便于生产合理集中，以获得较好的技术和经济效益，必须将井田进一步再划分为适合开采的更小的部分，以利于直接开采。

井田内再划分的方式一般有 2 种，即井田划分为阶段和水平，以及井田直接划分为盘区、带区或分带。

一、井田划分为阶段和水平

当煤层倾角较大时，在井川范围内沿煤层倾斜方向，按照一定标高将井田划分为若干个长条部分，每个长条部分称为一个阶段，这种划分方式称为阶段式划分，如图 3-5 所示。

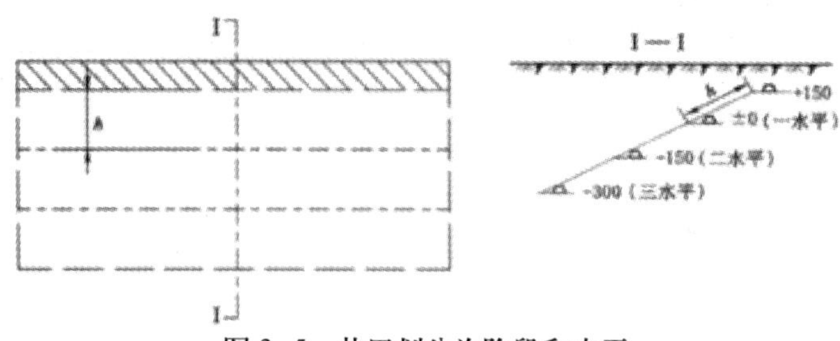

图 3–5　井田划分为阶段和水平

1. 阶段的尺寸

由上述定义可知，阶段的尺寸如下：

①阶段走向长等于井田走向长；

②阶段斜长则由阶段垂高决定。

《煤炭工业矿井设计规范》规定的阶段垂高（新规范）：

①缓斜、倾斜煤层：200~350m；

②急斜煤层：100~250m。

这样由阶段垂高和煤层倾角可推算出阶段斜长。

从国内生产实践看，阶段斜长以 600-1000m 为宜。

2. 服务于一个阶段的主要巷道

服务于一个阶段的主要巷道包括：阶段运输大巷（兼进风大巷），位于阶段的下部边界；阶段回风大巷，位于阶段的上部边界。它们都为整个阶段服务，这样就构成了该阶段内独立的运输、通风等生产系统。该阶段的运输大巷常常作为下一阶段的回风大巷。

3. 阶段与水平

（1）水平

阶段之间分界线所在的水平面，称为水平。在矿井设计中，水平常用其所在的标高来表示，如图 3-5 中的 +150m、± 0m、-150m 水平等；在矿井生产中，也可以用水平的用途或位置来表示，如运输水平、回风水平、开采水平等；还可以用水平的开采顺序来表示，如第一水平、第二水平等。

（2）开采水平

具有井底车场及主要运输大巷的水平，称为开采水平，又称为主水平，也简称“水平”。

井田可以是单水平或者多水平开拓，而井田内同时开采的水平数一般为 1 个，也有 2 个或多个。如淮南矿区谢一矿，其矿井设计生产能力较大，而井田范围则较小，因而造成水平内的储量少，可同采的采区数少，同采工作面少，而为了保证矿井设计生产能力，只能两水平同时生产。

（3）阶段与水平的关系

两者区别：阶段表示井田的一部分范围（倾斜范围），而水平是指布置大巷的某一标高的水平面；

两者联系：水平服务于阶段。一个水平可以包括（服务）一个或者两个阶段（上、下山阶段，上、下山开采）。

二、井田直接划分为盘区、带区或分带

在开采近水平煤层时，由于煤层沿倾斜的上下部高差较小，这时，很难将井田划分为以一定标高为界的若干个阶段，则可将井田直接划分为盘区、带区或分带。通常，沿煤层主要延展方向布置一组大巷，在大巷上下两侧将井田划分为若干个具有独立生产系统的开采块段，每一个块段称为一个盘区（图 2-6）。盘区相当于近水平煤层条件下的采区，盘区内的巷道布置方式及生产系统与采区基本相同。

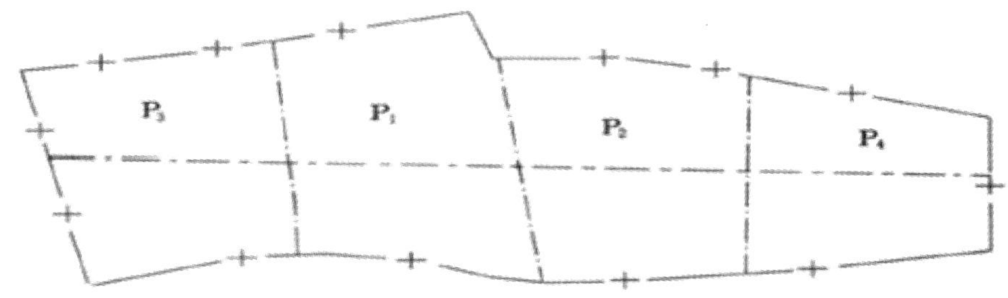

图 3-6　近水平煤层井田直接划分为盘区

P1，P2，P3，P4，—第一、二、三、四盘区

井田直接划分为带区或分带与阶段内的带区式划分基本相同，参阅图 3-10。

每个盘区都是一个独立的开采单元，具有独立的运输、通风等生产系统，一般情况下，上山盘区长不大于 1500m，下山盘区长不大于 1000m。

我国西部新建的一批近水平煤层安全高效矿井中，其井田一般沿煤层主要延展方向布置三条大巷，一条运煤，一条辅助运输，一条回风大巷，大巷两侧不再划分采区、盘区或带区，而是直接布置采煤工作面，使井田内的划分（布局）更加简单，井巷系统布置更加简明、清晰、简洁。

三、井田内再划分方式的发展方向

我国大多数煤矿，井田内仍然采用采区、盘区或带区式划分方式。采区、盘区或带区都是具有独立生产系统的开采块段或区域，井田内的划分正向范围和尺寸大型化、单层化方向发展，相对应的准备方式是我国大多数煤矿常用的基本准备方式，这些准备方式既取决于煤层地质条件和采煤工艺发展的要求，又依赖于矿山设备的改进。新的重要发展方向是简化生产系统，改善辅助运输，这使生产在采煤工作面内高度集中。对于一些与我国神东矿区类似的安全高效矿井，其采区、盘区或带区的概念已经没意义，无论

是在产量、规模和范围上，生产高度集中的工作面实际上承担着原来意义上的采区、盘区或带区的功能，这也是我国井田内再划分方式的发展方向。

第三节　阶段内的再划分

井田划分成阶段后，阶段内的范围仍然较大。一般情况下，井田范围内整阶段开采在技术上有一定难度，不便于直接进行开采，通常阶段内还要进行再划分，以适应开采技术条件的要求。

阶段内再划分方式一般有：采区式（多用）和带区式。

一、采区式划分

1. 定义

在阶段范围内，沿井田走向将阶段划分为若干个具有独立生产系统的开采块段，每一块段称为一个采区，而这种划分方式称为采区式划分。如图 3-7 所示，井田沿倾斜划分为 3 个阶段，每个阶段沿走向划分为 4 个采区。每个采区内都具有独立的运输、通风、排水、动力供应等系统。

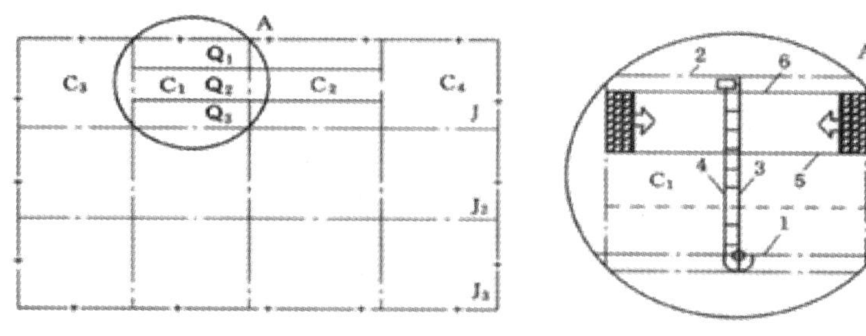

图 3-7　采区式划分

1- 阶段运输大巷；2- 阶段回风大巷；3- 采区运输上山；

4- 采区轨道上山；5- 区段运输平巷；6- 区段回风平移

采区尺寸：采区斜长等于阶段斜长，一般为 600-1000m；采区走向长度与采煤工艺方式有关，一般由 400m 到 2000m 不等。

2. 采区内的再划分

采区的范围仍然较大，一般情况下，还不能一次直接将整个采区内的煤层采完。因此，还需要将采区进一步划分成为区段。

区段是在采区范围内，沿倾斜方向将采区划分成为若干个长条部分，每一长条部分称为一个区段，如图 3-7 所示。

在采区内，一般采用走向长壁采煤法，每个区段两侧各布置一个采煤工作面，工作面沿走向方向推进。如 G 采区划分为 3 个区段 Q1、Q2、Q3，在每个区段下部边界的煤层中布置区段运输平巷，区段上部边界的煤层中布置区段回风（轨道）平巷。沿煤层倾斜方向，在采区走向边界处的煤层中开掘斜巷，将区段运输平巷和区段回风（轨道）平巷连通，即构成采煤工作面，该斜巷称为开切眼。开切眼指的是采煤工作面的始采位置，其斜长等于采煤工作面长度。在开切眼内布置采煤设备（如机采即是采煤机）、运煤设备（如可弯曲刮板运输机）、支护设备（如单体支柱或液压支架），便可以进行开采了。

在开采过程中，对于采区式划分（区段内）的采煤工作面沿煤层倾斜布置，沿走向推进。这种采煤工作面称为走向长壁工作面，这种采煤方法称为走向长壁采煤法。

各区段运输平巷和回风平巷通过采区运输上山和轨道上山与开采水平阶段大巷相连，这就便构成了各采区独立的生产系统。若采区上山布置在采区走向中部时，每个区段可以布置左右两个采煤工作面。

服务于一个区段（采煤工作面）的主要巷道一条称为区段运输平巷（也称运输顺槽、下顺槽、区段进风巷、区段进风顺槽、下运道、皮带巷等），一般位于区段下部边界，其主要作用是运煤和引入新风。在综采工作面，为适应产量大和工作面快速推进的需要，区段运输平巷中均布置桥式转载机与可伸缩胶带输送机配合运煤。在一般的普采工作面，区段运输平巷中也多采用桥式转载机与可伸缩胶带输送机配合运煤。在产量较小的普采和炮采工作面，区段运输平巷内可铺设多部刮板输送机串联运煤，一部刮板输送机的铺设长度一般为 100~150m。另一条称为区段回风平巷（也称轨道平巷、上顺槽、回风顺槽、运料顺槽），一般位于区段上部边界，其中一般铺设轨道，采用矿车运送设备和材料，并用于工作面生产期间排放污浊风流。区段运输平巷和区段回风平巷及其采煤工作面共同构成区段内独立的运输、通风等生产系统。

区段尺寸：区段走向长度 = 采区走向长度；区段斜长 = 采煤工作面长度 + 上、下两条区段平巷宽度 + 区段煤柱宽度，如图 3-8 所示。

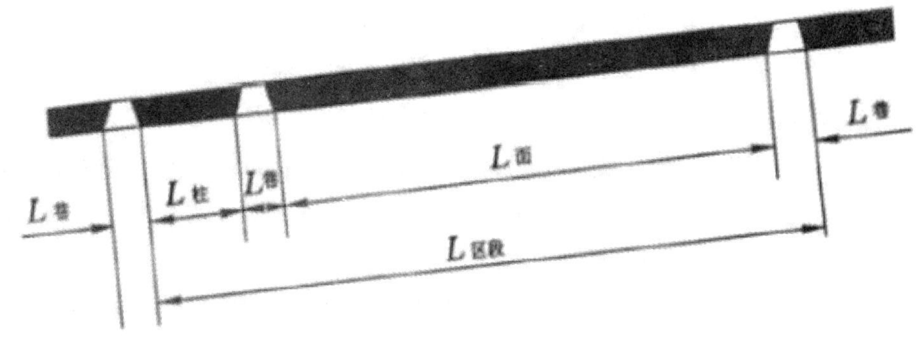

图 3−8　区段倾斜长度

我国煤矿长壁采煤工作面长度（采区核心参数，应优化选取）一般为 120~220m。炮采工作面长度一般小于普采和综采工作面长度，综采工作面长度一般不宜小于

150m。近些年来，我国一部分安全高效工作面长度已超过了 200m，有的已达到 300m 以上。

合理的采煤工作面长度是矿井实现高产、高效的重要条件，在一定范围内适当加大工作面长度，有利于提高产量、效率和效益，并能降低巷道掘进率和区段煤柱损失占煤炭总损失的比例。目前，采煤工作面长度有加大的趋势。

区段煤柱宽度：在双巷掘进的情况下一般为 8~20m，在无煤柱护巷的情况下为 0~5m。

区段巷道宽度：一般为 2.5~5.0m，对于炮采和普采工作面一般为 2.5-3.5m，综采工作面一般为 3.5-5.0m。

3. 采区上（下）山（采区的标志）

联系采区内各区段平巷与开采水平的巷道，一般是斜巷，此斜巷即称为采区上（下）山。同一开采水平所服务的位于开采水平之上的采区称为上山采区，对应着采区上山；位于开采水平之下的采区称为下山采区，对应着采区下山。

同样，同一开采水平所服务的位于开采水平之上的阶段称为上山阶段；位于开采水平之下的阶段称为下山阶段。

采区上（下）山的数目至少为两条，一条是运输上（下）山，其下（上）部与采区煤仓相连，主要担负运煤和回风等任务；另一条是轨道上（下）山，其上部与绞车房相连，主要担负进风和辅助运输任务。

采区上（下）山的位置（层位）有两种，对于单一煤层采区，可位于煤层中或底板中（多用前者）；对于煤层群联合布置的采区，可位于最下层薄及中厚煤层中或底板岩层中（多用后者）。因而，广义的采区其一是指在阶段范围内沿煤层走向划分的若干长条部分；其二是指当开采煤层群时，属于同一套采区上（下）山所开采（服务）的那部分煤层都属于同一个采区。

4. 采区类型

指采区上（下）山在采区走向的位置。可分为双翼（面）采区和单翼（面）采区。若采区上（下）山位于采区走向的中央，称为双翼（面）采区，采区上（下）山两翼形成双面进行开采；若采区上（下）山位于采区走向的某一边界，则称为单翼（面）采区，只在采区上（下）山的一翼形成单面进行开采。而单翼（面）采区又可分为前上山单翼（面）采区和后上山单翼（面）采区。采区上（下）山布置在采区远离井田中央（井筒）一侧的称为前上（下）山单翼采区，反之称为后上（下）山单翼采区，如图 3-9 所示。井田划分时，只在少数条件下（边角块段、受地质构造影响区域等）采用单翼（面）采区，因为单翼（面）采区不如双翼（面）采区的技术经济效果好。

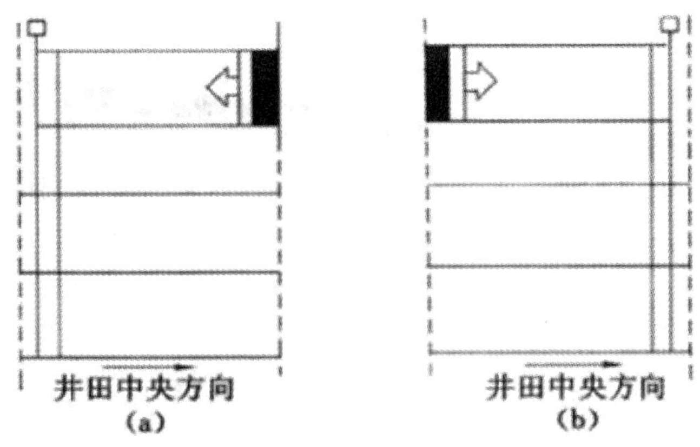

图 3-9　单翼（面）采区示意图

(a) 前上山单翼采区；(b) 后上山单翼采区

二、带区式划分

在阶段范围内沿煤层走向把阶段划分为若干个适合于直接布置一个采煤工作面的长条部分，每个长条称为一个分带。分带相当于采区内的区段旋转了 90°。由相邻的若干个分带组成，并具有独立生产系统的开采区域称为带区，这种划分方式称为带区式划分，如图 3-10 所示，一个带区一般由 2~5 个分带组成。

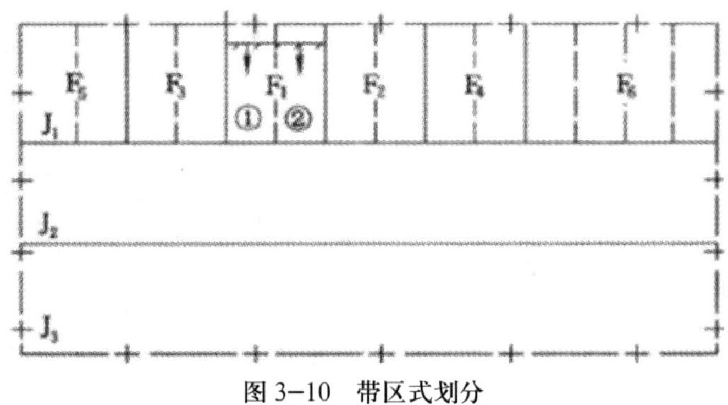

图 3-10　带区式划分

J1-J3—阶段；F1~F6—带区；①，②一分带

在图 3-10 中，第一阶段内划分了 6 个带区 14 个分带，其中 1~5 带区为相邻的两个分带共用一套生产系统，组成了各自的带区，第 6 带区则由 4 个分带共用一套生产系统而组成。带区准备时，一般在分带两侧开掘分带斜巷，直接与阶段大巷相连接。倾斜分带工作面沿煤层走向布置，沿煤层倾向方向推进，即由阶段的下部边界向上部边界推进（仰斜开采）或者由阶段的上部边界向下部边界推进（俯斜开采），这样布置的采煤工作面称为倾斜长壁工作面，这种采煤方法称为倾斜长壁采煤法。

带区式布置适用于倾斜长壁采煤法，其巷道布置系统比较简单，比采区式布置的巷道掘进工程量小，但分带两侧分带斜巷掘进困难，辅助运输不方便。这种划分方式一般在煤层倾角较小（≤12° ）的条件下采用。目前，带区式的应用范围正在逐步扩大。

第四节 井田内的开采顺序

井田划分成采区、盘区或带区后需要按照一定的顺序进行开采，包括煤层间、水平间、阶段间和区段间也需要按照一定的顺序进行开采。

在确定开采顺序时，应当考虑初期井巷掘进工程量及维护工程量，开采水平、阶段、采区、盘区或带区及采煤工作面间的正常接替，开采相互影响关系、采掘干扰程度和灾害防治等因素。

一、采区、盘区或带区间的开采顺序

沿井田走向方向，井田内采区、盘区或带区间的开采顺序一般分为前进式和后退式2种，自井筒附近向井田边界方向依次开采各采区、盘区或带区的开采顺序称为前进式开采顺序。如图3-11所示，采用前进式开采顺序就是要先采离井筒较近的G1、C2采区，后采离井筒较远的C3、、C4采区，依次向井田边界附近的C5和C6采区开采。反之，自井田边界向井筒方向依次开采各采区、盘区或带区的开采顺序称为后退式开采顺序。

前进式开采顺序有利于减少矿井建设的初期工程量和初期投资，缩短建设工期，能够达到投产早、见效快的目的。但前进式开采顺序，对于先投产的采区、盘区或带区的生产与大巷向井田边界方向的延伸同时进行，有一定的采掘相互影响；大巷将会受到一侧或两侧采动影响，维护相对困难，维护费用较高；并且新鲜风流要先通过已采侧的大巷存在漏风问题，进风量有一定减少，也存在自然发火的安全隐患。

后退式开采顺序的特点与前进式相反。从便于运输大巷和总回风巷的维护、采后密闭、减少漏风、避免采掘相互干扰、回收大巷煤柱等角度来考虑，则采用后退式开采顺序比较有利。

减少初期工程仕和投资，早投产，早出煤，早见效，对于建设和生产矿井都是至关重要的。采用前进式开采顺序时，采掘相互影响并不十分明显，大巷维护的难度取决于采深和大巷所在岩层的岩性，将大巷布置在岩层中则有利于改善维护条件和减少漏风。因此，我国煤矿阶段内采区、盘区或带区间一般多采用前进式开采顺序。在一个开采水平既服务于上山阶段，又服务于下山阶段时，对于大巷已经开掘完毕的下山阶段，可以采用后退式开采顺序。

二、采区、盘区或带区内工作面的开采顺序

采区、盘区或带区内工作面的开采顺序也分为前进式和后退式 2 种。

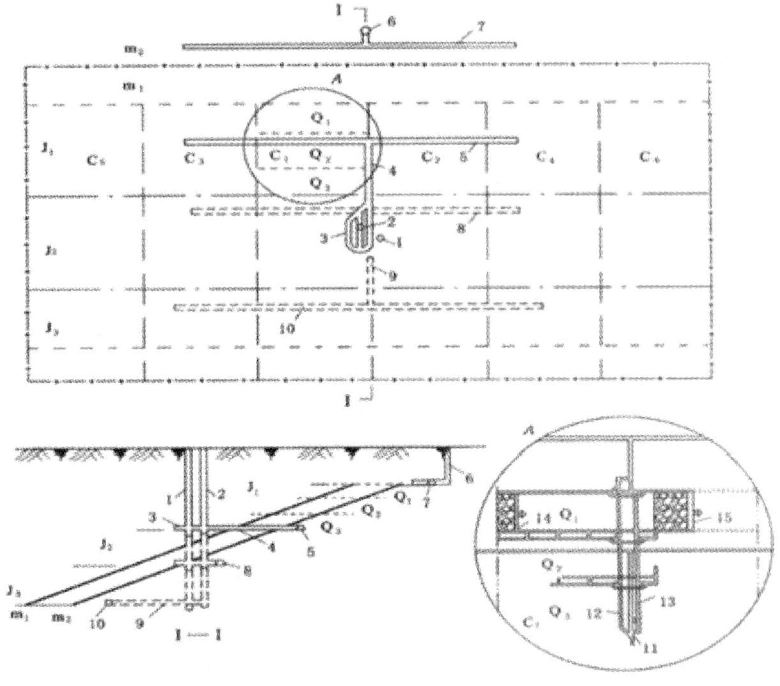

图 3–11　井田内开采顺序示意图

1– 主井；2– 副井；3– 水平井底车场；4– 水平主要运输石门；5– 水平运输大巷；6– 风井；7– 阶段回风大巷；8– 二水平运输大巷；9– 三水平主要运输石门：10– 三水平运输大巷；11– 采区运输石门；12– 采区软道上山；13– 采区运输上山；14– 后退式采煤工作面；15—前进式采煤工作面：m1—上部煤层；m2—下部煤层

采煤工作面从采区或盘区边界向采区运煤上山或向盘区主要运煤巷道方向推进的开采顺序称为工作面后退式开采顺序。在带区布置的条件下，采煤工作面后退式开采顺序指的是分带工作面从分带上边界或下边界向运输大巷方向推进的开采顺序。反之，采煤工作面从采区运煤上山或盘区主要运煤巷道向采区或盘区边界方向推进的开采顺序称为工作面前进式开采顺序。在带区布度的条件下，采煤工作面前进式开采顺序指的是从运输大巷向分带上边界或下边界方向推进的开采顺序。

在同一煤层中的上下区段工作面或带区内的相邻工作面分别采用前进式和后退式两种开采顺序时，则称为工作面往复式开采顺序。

采煤工作面前进式与后退式开采顺序的主要区别在于回采巷道是预先掘出，还是在工作面推进过程中掘出，即随采随掘，超前掘进。

如图 3-11 所示采区的左侧工作面由采区边界向上山方向推进，采用后退式开采顺序，

其回采巷道要预先一次掘出，通过掘进回采巷道，可以预先探明煤层的赋存情况，生产期间没有采掘相互影响，回采巷道易维护，漏风少，这是我国煤矿最常用的一种工作面开采顺序。

如图 3-11 所示，3 采区的右侧工作面则由采区上山附近向采区边界方向推进，采用前进式开采顺序。其所需的回采巷道不需要预先掘出，这样可以减少工作面巷道初期掘进工程量、且投产快；但不能预先探明煤层的赋存情况，形成和维护回采巷道需要采取专门的护巷技术，采煤和形成回采巷道同时进行，采掘相互影响较大；由于新鲜风流要经过维护在采空区的回采卷道才能到达采煤工作面，因此，容易产生漏风。采煤工作面前进式开采顺序目前在我国煤矿采用较少。

三、区段间开采顺序

先采上区段后采下区段称为区段间下行开采顺序；反之，称为区段间上行开采顺序。

如图 3-11 所示采区中的三个区段间采用了下行开采顺序，先采 Ql 区段，然后采 Q2 区段，最后采 Q3 区段。

区段间采用下行开采顺序有利于区段内煤层保持稳定，特别是在煤层倾角较大的情况下。上山采区区段间采用下行开采顺序有利于减少风流在上山中的泄漏；而下山采区区段间采用上行开采顺序则有利于工作面泄水。

一般情况下，我国煤矿采区或盘区内区段间通常采用下行开采顺序。对于近水平煤层，区段间也可以采用上行开采顺序。

四、阶段间开采顺序

先采上阶段,后采下阶段称为阶段间下行开采顺序;反之,称为阶段间上行开采顺序。

如图 3-11 所示，阶段间采用的是下行开采顺序，先采 J1 阶段，然后开采 J2 阶段，最后开采 J3 阶段。

阶段间采用下行开采顺序可以减少初期井巷工程量和初期投资，缩短建井工期，并且有利于阶段内的煤层保持稳定。

一般情况下，我国煤矿阶段间通常采用下行开采顺序。近水平煤层条件下，上下山阶段往往可以同时开采。在煤层倾用较小，或先采下阶段有利于排放上阶段矿井水的情况下，也可以采用阶段间上行开采顺序。

五、煤层间（厚煤层分层间）及煤组间的开采顺序

煤层间（厚煤层分层间）及煤组间先采上层燥（分层或煤组），后采下层煤（分层或煤组）称为下行开采顺序，反之，则称为上行开采顺序。

采煤工作面采煤后废弃的空间称为采空区。采空区必须及时处理，垮落法是常用的采空 K 处理方法。垮落法指的是使采煤工作面悬露顶板垮落后充填采空区的岩层控制方法。采用垮落法处理采空区，采煤工作面上方顶板垮落后，由下向上直至地表会依次形成垮落带、断裂带和弯曲下沉带。为防止下煤层（厚煤层下分层及下煤组）先采后引起的岩层移动破坏上煤层（厚煤层匕分层或上煤组），采用下行式开采顺序是生产矿井常用的开采顺序及一般技术原则。如图 3-11 所示，各工作面采用垮落法处理采空区，井田内先采上部煤层 m1，后采下部煤层 m2。

为防止地表出现严重的弯曲变形（如在铁路下、水体下及建筑物下采煤，称为“三下”开采），需要采用充填法分层开采厚煤层时，厚煤层各分层间应采用上行开采顺序，这样可保证后采的各分层工作面的顶板总是完整的实体煤，而不是松散的充填材料。

当采用垮落法处理采空区，若先采下层煤不会破坏上层煤的完整性和连续性，且经济效益较好，或在安全上和技术上较优越时，煤层间或煤组间也可以采用上行开采顺序。

综上所述，我国井田内常用的开采顺序可总结如下：采区前进（参照物为井筒）；区内后退（参照物为上山）；下行采序（包括煤层间、阶段间、区段间）。此即为我国井田内常用的开采顺序。

第五节　矿井三大参数的确定

井田境界的确定，即矿区划分成井田，其实质是确定矿井储量。而矿井三大参数即矿井可采储量 4、矿井设计生产能力 A、矿井服务年限 T 三者之间又是相互联系的有机整体，矿井在设计时，必须综合考虑和合理确定好这三大重要参数。

一、矿井储量

矿井储量是进行矿井设计和生产建设的资源依据。矿井储址可分为：

（1）矿井地质储量（Z）

指勘探地质报告提供的全部煤炭资源量。

（2）矿井工业储量（Zg）

指矿井地质储量中已探明的资源量。

（3）矿井设计储量（Zs）

Zs=（Zg-P1）

式中 P1——包括井田境界、断层、防水、地面建（构）筑物煤柱等永久煤柱损失量，可按矿井工业储量的 3% 左右估算；

Zg——矿井工业储量。

（4）矿井设计可采储量（Zk）

矿井设计的可以采出的储量。

Zk=（Zs-P2）·C=（Zg-P1-P2）·C

式中 P2——包括工业场地和主要井巷煤柱损失量，可按矿井设计可采储量的 2% 左右估算；

C——矿井采区平均采出率，一般规定厚煤层不小于 75%，中厚煤层不小于 80%，薄煤层不小于 85%。

二、矿井设计生产能力

1. 矿井设计生产能力

矿井设计生产能力是指矿井设计中规定的矿井在单位时间内采出的煤炭数量，以 Mt/a 表示。它是煤矿建设和生产的重要指标，直接关系到矿井基建规模和投资大小；它能在一定程度上综合反映出一个矿井的生产技术水平是矿区总体设计的一项重要内容，是井田开拓的主要参数，也是选择井田开拓方式的重要依据之一。

为了矿井设计的标准化、系列化和通用化，便于生产建设和管理，根据矿井设计生产能力不同，我国煤矿把矿井划分为大、中、小型 3 种井型。矿井井型是根据矿井设计生产能力不同而划分的矿井类型。

大型矿井：1.2、1.5、1.8、2.4、3.0、4.0、5.0、6.0Mt/a 及以上；3.0Mt/a 及以上的矿井又称为特大型矿井。

中型矿井：0.45，0.6，0.9Mt / a。

小型矿井：0.3Mt/a 及以下。

除上述井型外，不应出现介于两种设计生产能力之间的中间类型。

我国国有重点煤矿大多为大、中型矿井，地方国有煤矿大多为中、小型矿井，乡镇煤矿大多为小型矿井，其井型大多小于 3 万 ~6 万 t / a。

生产矿井经过改扩建和技术改造，提高了矿井生产能力，因而要对其各生产系统的能力重新进行核定，核定后的综合生产能力称为核定生产能力。

矿井实际年产量往往与矿井设计生产能力不一致，有时高，有时低，而且每年都会有所不同。

大、中、小型矿井各有优缺点、各有利弊。大型矿井的生产集中、服务年限长，增产潜力大，能够长期稳定供应煤炭，是骨干矿井；其装备水平高，效率高、成本低；但其初期工程量大，建井期长，对施工技术要求高；需要的大型设备多，生产技术管理复杂。而小型矿井的初期工程量和基建投资少；施工技术要求不高，技术装备比较简单；建井期短，出煤快，能较快地达到矿井设计生产能力；但其生产分散，效率低，成本高；

矿井服务年限短，矿井接替频繁，占地较多。

大型、特大型、巨型集约化生产的矿井优越性日渐突出，矿井设计向着大型化方向发展，如神东矿区开始建设亿吨矿区、千万吨及以上矿井及工作面，而矿井设计服务年限却相对有所缩短。

一个矿井的开采能力取决于矿井内同时生产的采面生产能力（单产）、同采面个数和掘进出煤胃。而同采工作面个数又取决于采煤机械化程度和工作面单产水平。我国机械化水平较高的矿区，已建设成一批“一矿一面"或"一矿两面”以保证设计生产能力的矿井，以及单工作面日产万吨的矿井，我国神东矿区正大规模建设年产千万吨的工作面。

提高装备水平、提高工作面单产和单进水平、减少同采的采区（盘区或带区）个数和工作面个数是安全高效矿井建设的方向和途径。

为了合理集中生产，减少采区（盘区或带区）间采掘接替的干扰，简化生产系统和管理，双翼矿井的一翼同采采区（盘区或带区）数1甘一般不宜超过2个，两翼不宜超过4个。采区（盘区或带区）内同采的工作面个数：综采采区宜为1个，条件适宜的盘区可布置2个；开采单一煤层的普采采区，同采工作面个数不宜超过2个，对于近距离煤层群联合布置的采区可布置3个工作面同采；炮采采区的同采面个数可适当增加。

2. 影响矿井设计生产能力的因素

矿井生产能力主要根据矿井储量条件、地质条件、开采技术及装备水平、矿山经济及社会因素、与矿井开采能力相配套的生产环节的能力、安全生产条件等因素确定。

（1）储量条件

储量是矿井建设的重要依据和物质基础，矿井生产能力应与其储量相适应，以保证矿井和水平有足够的服务年限。当煤层厚度大、储量丰富时，矿井设计生产能力应较大；反之，宜设计中、小型矿井。

（2）地质条件

当煤层倾角小、厚度大、赋存稳定、构造简单、顶底板岩性较好，瓦斯及水文条件简单，适于机械化开采，并能达到较高的单产水平，相应的应建大型矿井：反之，宜设计中、小型矿井。

（3）开采技术及装备水平

主要指机械化水平，采掘机械化水平是实现矿井设计生产能力的主导因素和关键因素。

当储量丰富、煤层生产能力大、开采技术条件好时应建设大型矿井；反之，宜设计中、小型矿井。

（4）矿山经济及社会因素

如市场经济条件下的煤炭市场需求情况、企业经济效益、交通运输条件等因素都会对矿井设计生产能力产生一定的影响。

（5）与矿井开采能力相配套的生产环节的能力

与矿井开采能力相配套的生产环节的能力主要是指矿井提升、运输、通风、大巷及井底车场的通过能力等。这些环节的能力都应满足矿井开采能力（矿井设计生产能力）的要求并要有一定的富裕能力。

（6）安全生产条件

主要是指瓦斯、通风、水文地质等因素的影响。如矿井瓦斯涌出量大，所需风量大，通风能力可能成为影响矿井设计生产能力的因素（以风定产）。而恶劣的矿井自然条件对矿井生产影响极大，会限制矿井生产能力的大小。

上述诸因素中，储量是物质基础，装备是关键，安全是保障，环节能力应配套，安全高效是目标。

三、矿井服务年限

矿井服务年限是指矿井从投产、达产到报废的开采年限。如图 3-12 所示，按照矿井开采进程，大致可将实际矿井服务年限划分为达产期、均衡生产期和产量递减期。图中 A 为矿井设计生产能力，Q（t）为历年产量，T 为矿井设计服务年限。

在通常情况下，我国新建矿井移交生产的标准是达到矿井设计生产能力的 60%。达产期又称为产量递增期，是指矿井从投产到达到矿井设计生产能力的时间对于大型矿井一般为 3a，中型矿井为 2a，小型矿井为 1a，如图中 t1 段。

均衡生产期是矿井达产后以高于或略高于矿井设计生产能力生产的时间，也是矿井主要的生产时期，如图中 t2 段。均衡生产期是矿井发挥投资效益最好的时期，应充分加大这段时期在矿井服务年限中的比重。

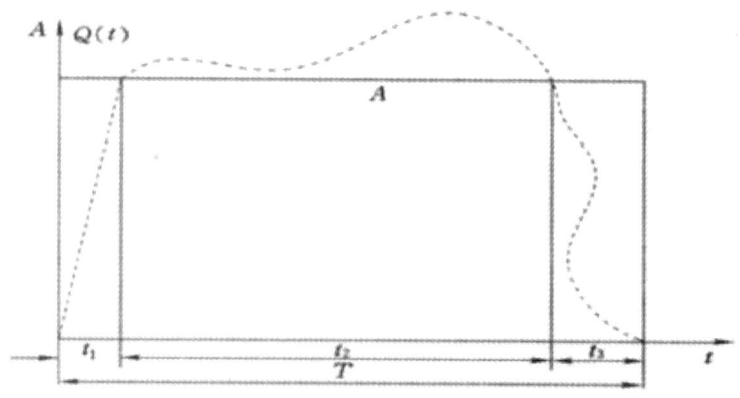

图 3−12 矿井实际服务年限与设计服务年限的关系示意图

产量递减期是矿井开始减产至报废的时期，如图中 t3 段。

四、Zk、A、T 三者之间的关系

矿井可采储量 Zk、矿井设计生产能力 A 和矿井服务年限 T 三者之间的数学关系式为:

$$T=Zk / (A\cdot K)$$

式中 K——矿井储量备用系数，矿井设计一般取 1.3~1.5。

为了保证矿井实际生产期间有足够的储量和服务年限，需设置储量备用系数 K。考虑储量备用系数 K 的具体原因是:

①矿井增产。因矿井各生产环节设计时都有一定的富裕能力，矿井投产后，实际产量大多要超过设计生产能力。

②地质条件造成资源损失增加。如实际生产中揭露的断层等构造增多、煤层变薄、岩浆岩侵入、小窑开采蚕食等都会使矿井可采储量减少。

③采出率降低。受地质构造和采矿技术水平的影响，实际采出率可能达不到设计的要求，相当于减少了矿井可采储量。

综上所述，矿井可采储量减少或矿井实际生产能力增大，其结果都会使上述关系式中矿井实际服务年限减少。因而，需要加入一个调节系数，若此系数位于分母，又要使整个等式成立，则此调节系数一定大于 1，即矿井储量备用系数一定大于 1，矿井设计时一般取 1.3~1.5。

矿井可采储量 Zk，矿井设计生产能力 A 和矿井服务年限 T 三者之间应为互相适应的关系。即在矿井可采储量一定或可以扩大的条件下，矿井设计生产能力和矿井服务年限都应比较大或同步增长。大型矿井的服务年限要相对长一些，而中、小型矿井的服务年限可适当短些。这是由于大型矿井基建工程故大，矿井装备水平高，吨煤投资大，配套的附属企业规模大，对国民经济影响大。为了充分发挥投资效果和附属企业的效能，确保长期稳定的供应煤炭，有效的利用井巷、设施，避免矿井接替紧张，大型矿井的服务年限就应该长一些，而中、小型矿井的服务年限则应该短一些。合理的矿井服务年限应在其合理开采的年限里，一直能保持吨煤成本低，经济效益高。

近些年来，国内外矿 JI- 的设计服务年限有缩短的发展趋势。因为矿井服务年限长，则矿区的开发强度低，长期积压储量与建设资金；并且现代采矿技术飞速发展，设备更新周期明显缩短，一般为 10~20a，若服务年限长，则对采用新技术不利。美国、俄罗斯、英国、德国的一些矿井，设计生产能力为 3.0-11.0Mt，而服务年限仅为 25~45a。我国新的《煤炭工业矿井设计规范》与旧《煤炭工业矿井设计规范》相比，新建矿井的设计服务年限缩短了 10a，第一水平设计服务年限缩短了 5a，如表 3-1 所列。

在具体的矿井设计中，为求得合理的矿井设计生产能力和矿井服务年限，往往提出几个方案而后进行技术经济比较，要从中选择合理的方案。

表 3-1　新建矿井的设计服务年限

矿井设计生产能力 /(Mt / a)	矿井设计服务年限 /a	第一水平设计服务年限 /a		
		煤层倾角＜25°	煤层倾角 25° ~45°	煤层倾角＞45°
6.00 及以上	70	35	—	—
3.00~5.00	60	30	—	—
1.20~2.40	50	25	20	15
0.45-0.90	40	20	15	15

第四章　井田开拓方式

第一节　井田开拓及开拓方式的基本概念

一、井田开拓与开拓方式

开，进入；拓，扩展。为开采煤炭，由地表进入煤层，为构成开采水平向井田范围内扩展所进行的井巷布置，称为井田开拓。

开拓巷道的数目、位置及其相互联系和配合（布置）称为开拓系统。

在某一井田地质、地形及开采技术条件下，矿井开拓巷道有多种布置方式，开拓巷道在井田内的总体布置方式称为井田开拓方式。

井田开拓解决的是矿井全局性的生产建设问题，是矿井开采的战略部署。

二、井田开拓的主要内容

井山开拓所要解决的问题是，在一定的矿山地质和开采技术条件下，根据矿区总体设计的原则规定，对矿井开拓巷道布置和生产系统的技术方案做出选择，对井田内各部分煤层的开采做出原则性安排。其主要内容是：

①井田内的再划分方式，阶段、开采水平、采区、盘区或带区的划分和布置，确定水平高度、位置、数目和阶段斜长；

②确定井筒（嗣）位置、形式、数目、功能、装备、断面及工业场地位置；

③确定井底车场形式、通过能力、线路布置和硐室；

④确定运输大巷和回风大巷等开拓巷道的布置方式、位置、数目、装备、断面、支护、方向和坡度；

⑤确定各煤层、各采区、盘区或带区的开采顺序、采掘接替关系和配采方式；

⑥确定矿井开拓延深方案、技术改造和改扩建方案等。

三、井田开拓方式的主要内容及分类

能够反映开拓方式主式特征的技术参数有井筒（硐）形式、开采水平数目、运输大巷布置方式和开采准备方式等 4 项内容。

①井筒（硐）形式，即由地面进入地下煤层的方式（开拓的方式）。按井筒（嗣）形式可分为平硐开拓、斜井开拓、立井开拓和综合开拓。

采用 2 种或 2 种以上的井筒（硐）开拓井田的方式，称为综合开拓方式。它的具体类型又包括平硐斜井开拓、平嗣义井开拓、斜井立井开拓、平硐斜井一立井开拓 4 种。

②开采水平的划分方式，可分为单水平开拓（井田内只设一个开采水平，单水平开拓必定是一个开采水平要负责上山和下山 2 个阶段）和多水平开拓（井出内设 2 个或 2 个以上开采水平）。

③开采水平运输大巷的布置方式，可分为：

a. 分煤层大巷，即每个煤层都设大巷；

b. 集中大巷，即整个煤层群中集中设置大巷，通过主要石门与井筒联系而大巷到达各采区后则通过采区石门与各煤层联系；

C. 分组集中大巷，即将煤层群分组，各分组中设集中大巷。

④开采准备方式，可分为：

a. 上山式，即每个开采水平只开采上山阶段，阶段内一般采用采区式准备；

b. 上、下山式，即每个开采水平分别开采上山及下山 2 个阶段，阶段内采用采区式、盘区式或带区式准备方式；

c. 混合式，它是上述准备方式的综合应用，即上部每个开采水平只服务一个上山阶段，只有最下一个水平服务上、下山 2 个阶段。

上述②、③、④项内容为向井田内拓展的方式。

综上所述，我国常用的井田开拓方式如图 4-1 所示。

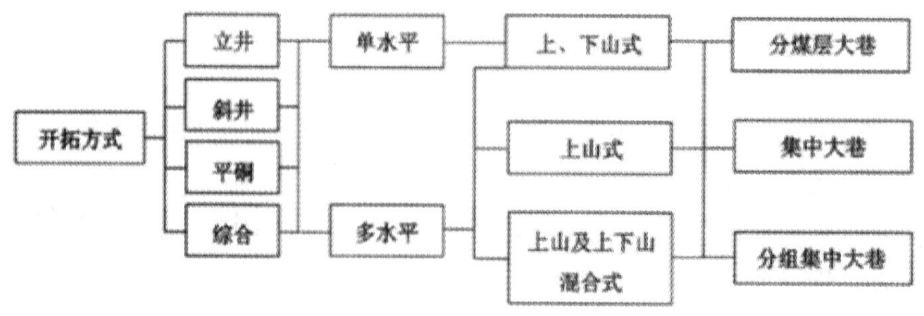

图 4–1　开拓方式的分类

四、井田开拓方式的确定原则

井田开拓方式中的每一项基本参数确定得是否合理，都将直接关系到整个矿井的基建工程量、基建工期、初期投资及整个矿井生产的长远利益，尤其重要的是它决定着整个矿井的生产条件和技术经济面貌。因此，确定开拓问题，需根据国家政策，综合考虑地质和开采技术等诸多条件，经全面技术经济比较后才能最终确定，并应遵循如下原则：

①贯彻执行国家有关煤炭工业的技术政策，在保证生产可靠和安全的前提下，减少开拓工程量，尤其是减少初期建设工程量和初期投资，加快建井速度。

②合理集中开拓部署，简化生产系统，合理集中生产。

③合理开发煤炭资源，减少煤炭损失。

④贯彻执行煤矿安全生产的有关规定建立完善的生产系统，使主要井巷保持在良好的使用和维护状态。

⑤适应当前国家的技术水平和设备供应情况，并为采用新技术、新工艺和发展采煤机械化、综合机械化、自动化等创造有利条件。

第二节　平硐开拓

一、基本概念

利用水平井筒（硐）由地面进入地下，并通过一系列巷道通达矿体（煤层）的开拓方式，称为平硐开拓方式。

二、平硐的分类

因地形和煤层赋存形态不同，平硐有不同的布置方式。

按平硐与煤层走向的相对位置不同，可分为走向平硐（图 4-2）、垂直走向平侧和斜交走向平硐（图 4-3）3 种形式。

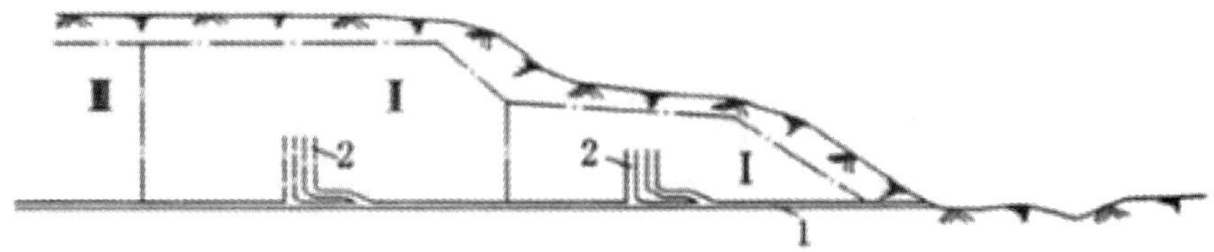

图 4–2　走向平硐开拓

1– 主平嗣；2– 盘区上山

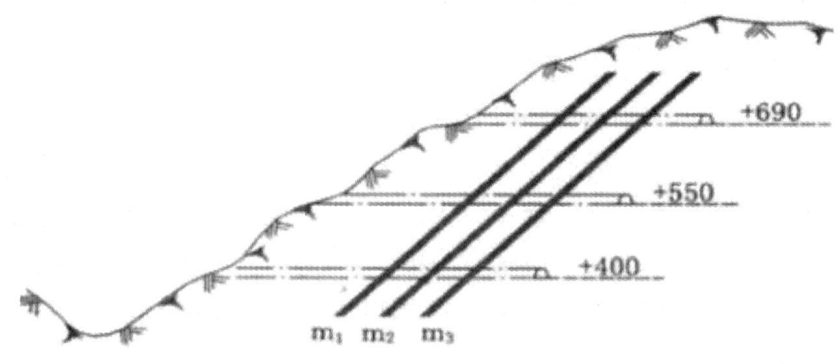

图 4–3　阶梯平硐开拓

按平嗣与煤层的相对位置关系不同，可分为煤层平硐（一定是走向平硐和单翼井田如图 4-2 所示）和岩层平硐（图 4-3）。

当平闹标高以上煤层垂高或斜长较大、采用一条主平硐开拓井田时，将导致上山的运输、通风和巷道维护困难，初期工程量大，建设工期长，基建投资大，这时，如地形条件允许，可采用阶梯平硐（即多水平平硐），如图 4-3 所示。

当平南标高以下的煤层垂高或斜长较大时，不可能利用平硐本身来延深开拓，可采用平硐暗立井开拓（煤层倾角较大时），或平硐暗斜井开拓（煤层倾角较小时）。除了近水平煤层及单水平上下山开采的平硐外，其他平硐开拓的矿井的后期，为开采平水平以下的煤层，需要采用暗立井或暗斜井开拓，或另开立井或斜井，形成平闹与立井或平硐与斜井相结合的综合开拓方式。

三、平硐开拓方式示例

1. 开拓布置

如图 4-4 所示，煤层赋存于山岭地区，井田范围内开采一层近水平煤层。井田划分为 12 个盘区，在山坡下选定的工业场地内，开掘垂直煤层走向的主平硐，平硐掘至煤层底板岩层后掘主要运输大巷，平行于该大巷在煤层内掘其副巷，二者掘至首采盘区走向中部后即可进行该盘区的准备。

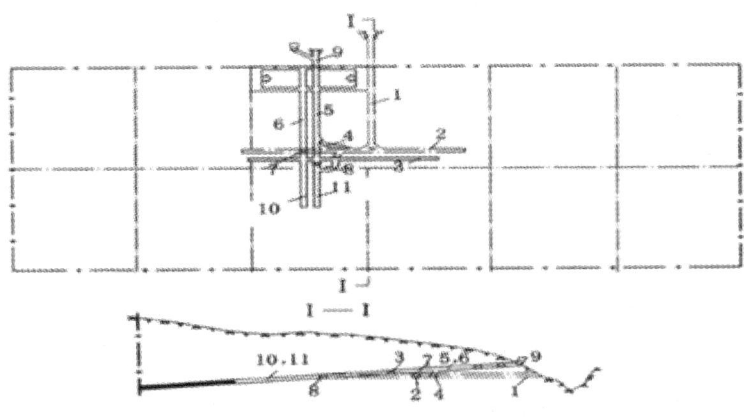

图 4-4　平硐开拓

1- 主平硐；2- 主要运输大巷；3- 副巷（煤层大巷，后期回风）；4- 上山盘区下部车场；5- 盘区轨道上山：6- 盘区运输上山；7- 盘区煤仓；8- 下山盘区上部车场；9- 盘区回风井；10- 盘区运输下山；11- 盘区轨道下山

采用上下山盘区准备方式，依次掘进盘区下部车场、盘区上山或下山、区段平巷和开切眼。盘区运输上山通过回风平巷、回风井（斜井或立井）直通地面。

矿井生产系统形成后，靠近平硐的盘区首先投产，随后将大巷逐渐向井田走向两侧延伸，依次准备出其左右两侧的盘区进行接替，直至井田边界。

2. 主要生产系统

（1）运煤系统

采煤工作面采下的煤，经区段运输平巷→ 6 → 7 → 2 → 1 地面。

（2）通风系统

新鲜风流经由地表→ 1 → 2 → 4 → 5 →区段运输平巷→采煤工作面。清洗采煤工作面后的污风由区段回风平巷→ 9 →地面。

（3）运料系统

物料与设备由电机车牵引矿车，由地表→ 1 → 2 → 4- → 5 →区段回风平巷→采煤工作面。

（4）排水系统

井下工作面涌水经大巷及平嗣内的水沟（坡度一般为 0.3%~0.5%）自流出平硐外。

根据煤层赋存特征，井田内可采用采区式、盘区式或带区式准备方式。

四、平硐开拓方式的分析评价

1. 平硐开拓方式的优点

（1）生产系统简单

①开拓系统简单，平硐比斜井、立井开拓的施工技术和装备简单，投资少，施工条件较好，可加快矿井建设速度。

②运输系统简单，通过平嗣即可直接进行井下运输，无提升转运环节，运输设备少、费用低，运输能力大。

③排水系统简单，平硐水平以上的矿井涌水直接经大巷及平硐内的水沟自流出平硐外，无需排水动力，并可不设水泵房、水仓等洞室。

（2）煤柱损失少

平硐无需以岩层移动角留设煤柱，因而比斜井、立井开拓的井筒及工业场地保护煤柱损失少。

（3）地面工业设施布置简单

地面无需井架和绞车房，在生产系统中的运输转载环节较少，简单可靠，是最有利的井田开拓方式。

2. 平洞开拓方式的应用条件

平硐开拓的应用主要是取决于煤层赋存及地形条件。

①山区，应有合适的煤层赋存和地形条件，最主要的是平嗣水平标r1/8以上有足够储量（上下山开采时包括下山部分的储量）足以建井。

②平硐口有足够面积布岸工业场地。

③交通运输方便，煤炭及所需设备（特别是大型设备）能及时运进运出。

第三节　斜井开拓

一、基本概念

利用倾斜井筒(硐Hh地面进入地下,并通过一系列巷道通达矿体(煤层)的开拓方式,称为斜井开拓方式。斜井开拓在我国应用很广，有多种不同的形式。

二、斜井的分类

按斜井与煤层的相对位置关系不同，可分为煤层斜井、岩层斜井。

1. 煤层斜井

沿煤层开斜井具有掘进施工容易、进度快、初期投资少且可补充地质资料，可起到探巷作用。但井筒维护比较困难，保护井筒的煤柱损失较大，需在井筒两侧留大约40~50m 的煤柱。当煤层有自然发火倾向时对防火和处理井下火灾不利。如煤层沿倾向有起伏或断层切割，将造成井筒倾加发生变化，不利于矿井提升。因此，一般只在开采缓倾斜、薄及中厚煤值，地质构造简单，煤层 IM 岩检固，服务年限不长的中、小型矿井时才会考虑采用煤层斜井开拓。

2. 岩层斜井

岩层斜井又可分为：沿层斜井和穿层斜井。

①沿层斜井，即斜井井筒方向与岩层倾斜方向基本一致，与煤、岩层倾角一致。一般情况下，沿层斜井井筒应布置在煤层（组）下部稳定的底板岩层中，距煤层的法线距离一般不小于 15~20m。

②穿（岩）层斜井，即井筒倾斜方向与煤、岩层倾斜方向一致，但井筒倾角与煤、岩层倾角不一致，称为穿（岩）层斜井。穿层斜井又可分为顶板穿层斜井和底板穿层斜井，如图 4-5 所示。前者的井筒倾角大于煤层倾角，主要是用于开采倾角小的缓斜煤层及近水平煤层。后者的井筒倾角小于煤层倾角，主要用于煤层倾角较大、井口位置受限制等条件。当井筒倾斜方向与煤岩层倾斜方向相反时称为反斜井，如图 4-6 所示。

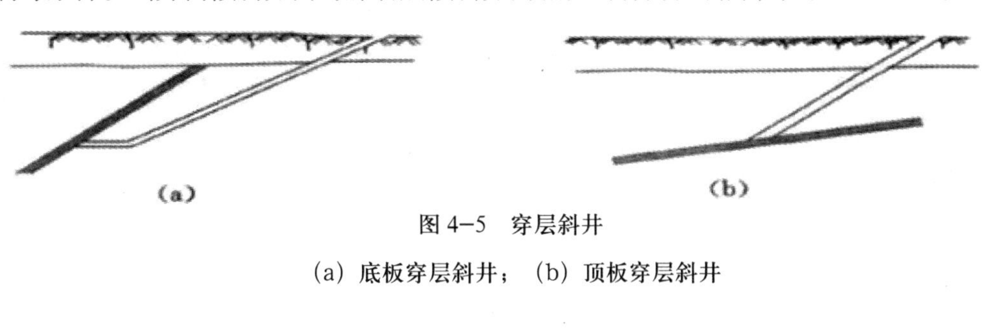

图 4—5　穿层斜井

(a) 底板穿层斜井；(b) 顶板穿层斜井

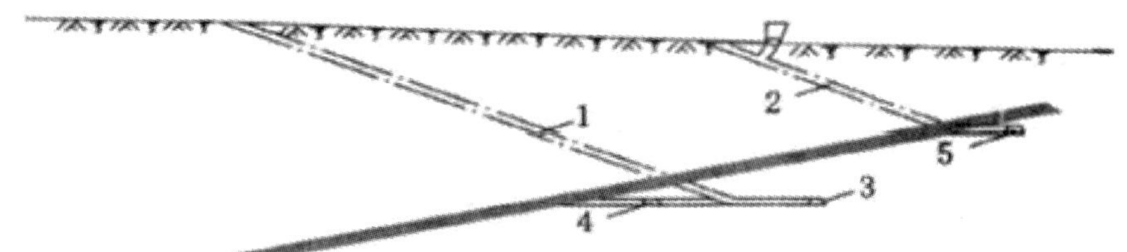

图 4—6　反斜井开拓

1—反斜井；2—回风斜井；3—井底车场；4—运输大巷；5—回风大巷

三、斜井开拓方式的分类

按井田内的划分方式不同，斜井开拓方式可分为集中斜井（也称阶段斜井）和片盘斜井两大类。而集中斜井又可分为单水平上下山式、多水平上山式、多水平上下山式和混合式等多种开拓方式。

四、斜井开拓方式示例

1. 片盘斜井开拓

片盘斜井开拓方式是最简单的井田开拓方式之一，在小型矿井中应用较广。

（1）井田划分特点及开拓布置

井下全部煤层相当于一个下山采区，沿井田倾斜方向划分为若干段，每一段相当于采区的一个区段，称为片盘，在片盘上直接布置采煤工作面。其特点是每个片盘沿井田走向全长一次连续采完。

（2）井巷开掘准备顺序

如图 4-7 所示，自地面向下沿 m2 煤层开掘一对斜井，至Ⅰ片盘上部后，开掘该片盘上部甩车场及片盘回风平巷。斜井到达Ⅰ片盘下部后，开掘该片盘下部甩车场及片盘运输平巷，然后，经联络石门掘进 m1 煤层的超前运输平巷、超前回风平巷及开切眼，即可开始 m1 煤层Ⅰ片盘工作面的开采。

在准备 m1 煤层Ⅰ片盘工作面的同时，片盘斜井开掘至Ⅱ片盘的下部，开掘该片盘下部甩车场及片盘运输平巷，以便于上下片盘能够及时正常接替。

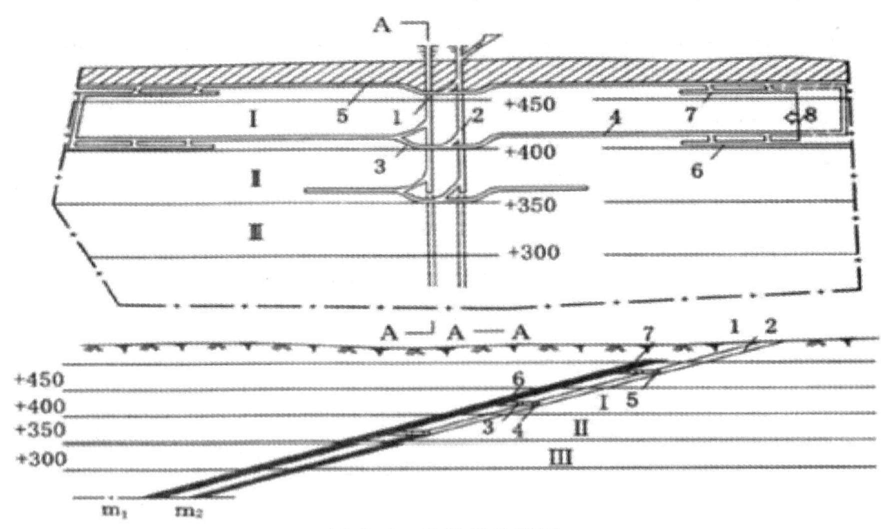

图 4–7　片盘斜井开拓

1—主斜井；2 一副斜井；3—片世车场；4—片盘运输平巷；5—片盘回风平巷；

6—上煤层超前运输平巷；7—上煤层出前回风平巷；8—上煤层采煤工作面；Ⅰ、Ⅱ、Ⅲ——片盘序号

（3）主要生产系统

①运输系统

片盘工作面采出的煤及掘进出阡经片盘运输平巷，由矿车运至片盘下部甩车场，由主斜井提至地面。

②通风系统

新鲜风流自主斜井进入，经片盘运输平巷、联络石门、超前运输平巷，清洗片盘工作面后，经超前回风平巷、联络石门、片盘回风平巷，由副斜井排出地面。

（4）片盘斜井开拓方式的分析评价

优点：

①建井工程量小，建井期短，投资少，见效快。

②生产系统简单，运输、掘进、通风等系统都比较简单，生产成本较低。

缺点：

①片盘范围小，片盘（井田）走向长度一般不超过 2.0km。每一片盘的服务年限不长，生产能力低，上下片盘生产接替较紧张。

②对地质条件适应性差，一旦一个片盘工作面出现问题，全矿产量就会减半，会造成产 H 剧烈波动。

③斜井内一般采用单钩串车提升，深部提升能力受限制。随着采深增大，技术经济指标呈下降趋势。

④斜井常开拓在煤层中，其保护煤柱损失大，而且井筒受片盘工作面多次采动影响，维护较困难，维护费用高。

应用条件：

①表土层薄，煤层埋藏浅，煤层露头发育良好，地质构造简单，水文地质条件简单，无流沙层。

②井田范围小，储量有限，井田走向长度一般应小于 2.0km，井田斜长一般不超过 2.0km。③适用于开采缓倾斜、薄及中厚煤层的矿井，由于受开采能力和提升能力的限制，片盘斜井一般为中、小型矿井。

4. 集中斜井（阶段斜井）单水平上、下山开拓

（1）井田划分特点及开拓布置

①单一水平，开采上、下山两阶段；

②阶段内采区式布置。

（2）井巷开掘准备顺序

如图 4-8 所示，自地面开掘斜井（图中为顶板穿层斜井），至开采水平标高后，开掘井底车场→两翼大巷→采区车场→采区上、下山区段平巷及开切眼，构成采煤工作面。

与此同时，可从地面开掘风井→回风大巷→回风石门→采区上部车场→区段平巷及开切眼，向两翼扩展构成采煤工作面。

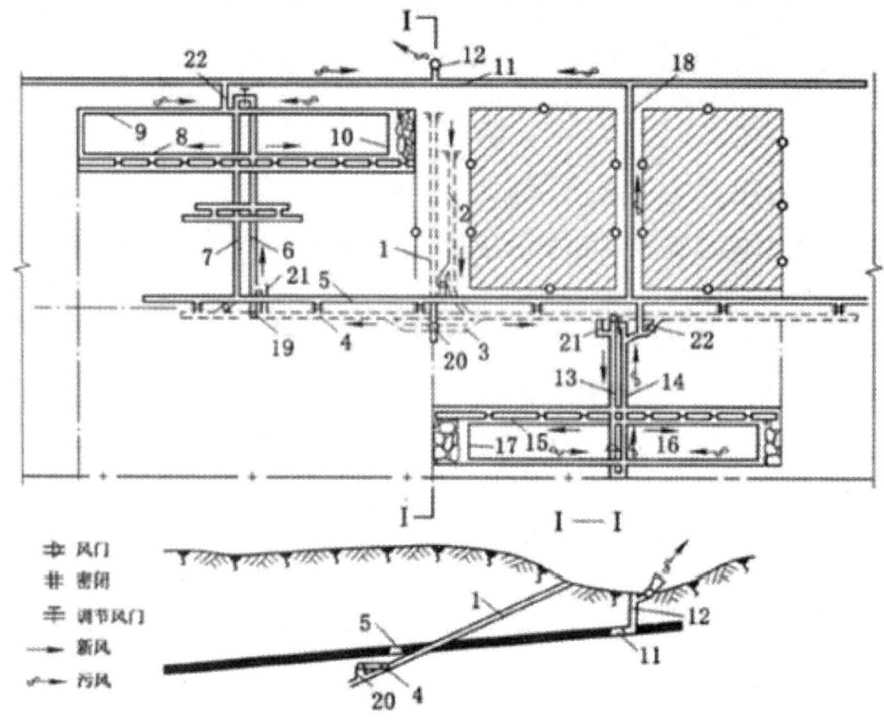

图 4–8　集中斜井单水平上、下山开拓

1—主斜井；2—副斜井；3—井底车场；4—进风运输大巷；5—轨道（回风）大林；6—果区运输上山；7—采区轨道上山浦；8—区段运输平巷；9—区段回风平巷；10，17—采煤工作面；11—何风大巷；12—回风井；13—采区运输下山；14—采区轨道下山；15—区段轨道平线；16—区段运输平巷；18—回风上山；19—采区煤仓；20—井底煤仓；21—进风行人斜巷；22—采区上部车场

（3）主要生产系统

①运煤系统

上山采区：工作面出煤→区段运输平巷→运输上山→采区煤仓→开采水平运输大巷→主斜井。

下山采区：工作面出煤→区段运输平巷→运输下山→采区煤仓→开采水平运输大巷→主斜井。

②运料系统

上山采区：井下所需的物料、设备，由副斜井轨道串车提升和下放→井底车场→运输大巷→采区下部车场→采区轨道上山→采区上部车场→区段轨道平巷→采煤工作面。

下山采区：井下所需的物料、设备，由副斜井轨道串车提升和下放→井底车场→运输大巷→采区上部车场→采区轨道下山→采区中部车场→区段轨道平巷→采煤工作面。

③通风系统

上山采区：新风由副井→开采水平井底车场→运输大巷→进风行人斜巷→运输上山分区段运输平巷→采煤工作面；由采煤工作面出来的污风→区段回风平巷→回风石门→回风大巷→回风井排出。

下山采区：新风由副井 T 开采水平井底车场→运输大巷→进风行人斜巷一运输下山分区段轨道平巷→采煤工作面; 由采煤工作面出来的污风→区段运输平巷→轨道下山 - 联络巷→回风大巷→回风上山（已采的上山采区保留的）→回风井排出。

（4）集中斜井单水平分区式开拓方式的分析评价

①优点

a. 一井一水平负责上下山两阶段，井巷工程量小，投资少。

b. 上下阶段可同采，有利于提高矿井产量。

c. 无需延深井筒，有利于矿井稳定生产。

②缺点

当矿井水、瓦斯浓度较大时，尤其是下山采区的排水、通风较困难。

③应用条件

a. 煤层埋藏较浅。

b. 煤层倾角较小。

c. 井田范围小。矿井只有一个开采水平两阶段，井田斜长应短些。

d. 矿井瓦斯及涌水量较小。

3. 集中斜井（阶段斜井）多水平分区式开拓

<1）井田划分特点及开拓布置

井筒（硐）形式采用斜井，井田内划分多个开采水平，每个水平服务于一个上山阶段，阶段内采用采区式划分方式。

如图 4-9 所示，井 Hl 有缓斜可采煤层 2 层，埋藏较浅地表为平原，表土层不厚，且水文地质条件简俏。井川沿倾斜划分为 2 个阶段设两个开采水平，水平标高分别为 -100m、-280m，每个水平服务一个上山阶段，每个上山阶段沿走向划分为 6 个采区。

（2）主要生产系统

①运煤系统

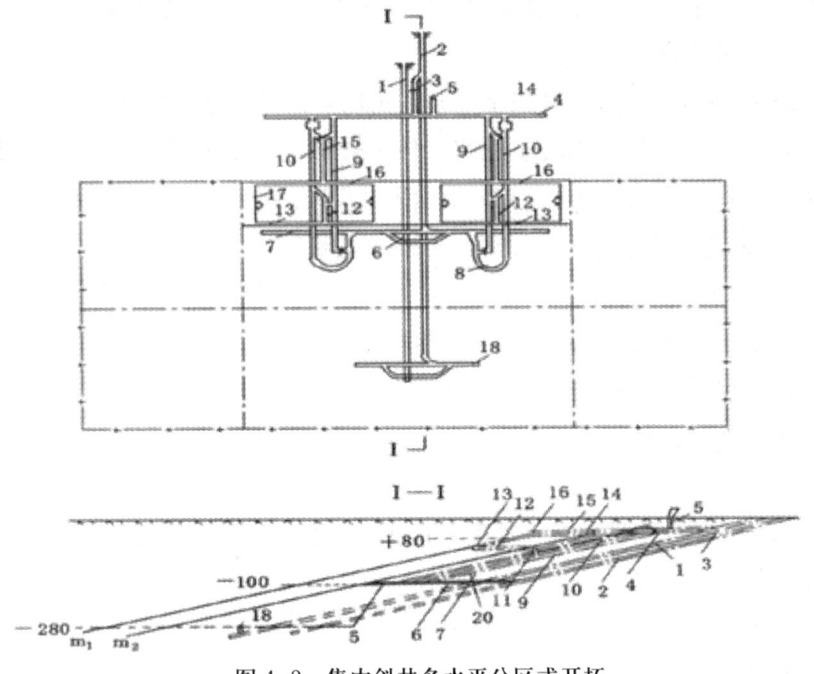

图 4-9　集中斜井多水平分区式开拓

1- 主斜井；2- 副斜井；3-+80m 辅助车场；4-+80m 回风大巷；5- 回风井；6- 井底车场；7-100m 运输大巷；8- 采区下部车场；9- 采区运输上山；10- 采区轨道上山；11-m2 区段运输平巷；12—区段运输石门；13-m1 区段运输平巷；14-m2 区段回风平巷；15—区段回风石门；16-m1 区段回风平巷；17- 采煤工作面；18-280m 运输大巷

从采区运出的煤经运输大巷至井底车场，卸入井底煤仓，再由主斜井内的胶带输送机运至地面。

②运料排矸系统

掘进巷道所出的碎石、井下所需的物料、设备，由副斜井轨道串车提升和下放。

③通风系统

由副斜井进入新鲜风流，经井底车场、主要运输大巷至各采区，各采区污风经回风大巷至回风井排至地面。

④排水系统

井下涌水经大巷水沟流入井底车场水仓，由井底中央水泵房的水泵经副斜井中的排水管道排至地面。

⑤采掘接替

靠近井田中部的采区首先投产，采区间采用前进式开采顺序，从井田中部向两翼开采，水平间采用下行式开采顺序，依次开采各采区和各水平。

五、斜井多水平分区式开拓方式的分析评价

斜井多水平分区式开拓方式在我国煤矿应用较广。

（1）优点

①可布置多个工作面同采，产量大；

②对地质条件适应性较强，可以以构造（如断层）为边界划分采区，躲开构造。

（2）缺点

①初期准备工程量大，建井期长；

②开拓系统及生产系统复杂（水平多，采区多，工作面多，巷道多）。

（3）应用条件

①表土层薄，埋藏浅，无流沙层；

②井田范围较大；

③缓倾斜及倾斜煤层，矿井设计生产能力较大。

六、斜井开拓方式的综合分析评价

1. 优点

与立井开拓相比，斜井开拓的井筒掘进技术和施工设备比较简单，掘进速度较快，地面工业场地建筑、井筒装备、井底车场及硐室也比较简单。斜井井筒延深施工较容易，对生产产生的干扰少。

胶带输送机主斜井可实现井下煤流到地面的连续运输，运输能力大，效率高，并易实现煤流运输过程的自动监控。煤流运输系统的转折连接灵活，并可接受多点来煤，对生产水平过渡时期的提煤有利。大型矿井的胶带主斜井在技术和经济上都是十分优越的。

2. 缺点

与立井开拓相比，在相同的煤层条件下，斜井井筒比立井井筒长，当围岩不稳定时，井筒维护费用高；当表土为富含水的冲积层或流沙层时，斜井开掘技术复杂，有时难以通过；斜井采用绞车提升时，提升速度慢，效率低，提升能力较低，提升费用高，对辅助提升不利；由于斜井井筒较长，相应的通风线路和管缆也较长。为解决此问题，可在浅部开凿采区风井；还可结合大直径钻孔的应用，敷设管缆解决局部性的矿井通风、排水和供电问题；对于瓦斯涌出量大的大型斜井，为了满足通风的要求，有时需增开风井。

辅助提升线路长、转运环节多、提升能力和效率低是斜井开拓的薄弱环节。我国大部分斜井开拓矿井的副斜井都采用串车提升，解决这一问题的主要方向是增加副井个数。而对于大型矿井，特别是煤层埋深较大的矿井，可增开新立井作为副井，从而形成综合开拓方式。

3. 应用条件

由于斜井开拓在开采煤层赋存不深的条件下技术经济效果显著，在我国得到广泛应用。其一般应用条件是：

①表层土薄，煤层埋藏浅；

②水文地质条件简单，无流沙层；

③缓倾斜、倾斜煤层。

七、斜井井筒的数目和断面设计

采用斜井开拓时，一般井筒数目较多。新建矿井一般在井田走向中部开凿一对斜井作为主井和副井。新建的大型或特大型斜井，根据需要可以开掘 2 个副斜井。随着生产发展及开采向深部进行，可以增开副斜井或主斜井。

斜井断面多为拱形，有些小型矿井采用梯形断面。断面大小应根据提运设备类型、设备外形最大尺寸、管缆布置、人行道宽度、操作维修要求及所需通过风量等确定。装备带式输送机的斜井兼作回风井时，风速不得超过 6m/s；兼作进风井时，风速不得超过 4m/s，并要采取必要的安全技术措施。

八、斜井提升方式的选择

采用斜井开拓时，根据矿井生产能力、井筒倾角大小等不同，井筒装备（提升方式）也不一样。

1. 斜井的功能和提升装备

斜井提升有多种提升设备可供选用。随井型大小及开采条件不同，井筒的功能和装备也有所不同。

（1）主斜井

主斜井担负提煤任务，一般装备胶带输送机。

大型矿井可采用运输能力和铺设长度大的强力胶带输送机或钢丝绳牵引胶带输送机。带宽 0.8m 以上、带速 1.8m/s 以下的钢丝绳牵引胶带输送机还可用于运送人员。

中型矿井其主斜井可采用箕斗提升（井筒倾角较大时）、双钩串车提升（井筒倾角不大时）或无极绳提升（井筒倾角较小时）。

小型矿井的主斜井可采用双钩或单钩串车提升。

（2）副斜井

副斜井除了担负材料、设备、阡石、人员等辅助提升任务，还要在其中铺设管缆等。我国各类井型矿井的副斜井大多数采用串车提升。大型斜井采用双钩串车提升，特大型斜井可掘进和装备 2 个副斜井，中小型矿井的副斜井可采用单钩串车提升。随着技术的发展，副斜井推广采用单轨吊车、卡轨车、齿轨车和无轨胶轮车等作为辅助提升和运输的设备。

一些斜井开拓的矿井，专门开掘行人斜井，装设架空乘人装置（俗称猴车）。

小型矿井可以只装备一个混合提升斜井，采用单钩串车提升，完成主提升，（提煤）与辅助提升任务，但必须设置专用回风井，并在其内设置梯子间作为第二个安全出口。

2. 斜井井筒倾角

采用普通胶带输送机提升的斜井，为防止原煤沿胶带下滑，井筒倾角一般不超过1600年来研制和应用的大倾角胶带输送机，其井筒倾角可达到25°　~28°　。

采用箕斗提升的斜井，井筒倾角过小，则箕斗装不满煤；倾角过大，井筒施工困难，故其倾角要选择合理，一般取25°　~35°　。

采用串车提升的斜井，井筒倾角过大时，满载重车运行时易洒落煤砰，并易导致矿车掉道，故井筒倾角不宜大于25°　。

采用无极绳提升的斜井，井筒倾角过大时，矿车绳卡极易滑脱，且摘挂钩操作不方便，故井筒倾角一般不大于10°　。

为便于井口工业场地及井底车场的布置及建井时的通风，主、副斜井井筒的倾角宜大体一致。

第四节　立井开拓

一、基本概念

利用垂直井筒（硐）由地面进入地下，并通过一系列巷道通达矿体（煤层）的开拓方式，称为立井开拓方式。

二、立井开拓方式的分类

根据井田斜长或垂高、煤层倾角、可采煤层数目及层间距等条件不同，立井开拓可分为单水平开拓和多水平开拓两大类。水平内可以采用采区式、盘区式和带区式准备方式。

1. 立井单水平上、下山开柘

（1）井田划分的特点

矿井采用立井单水平开拓方式时，其整个井田只划分一个开采水平，服务上、下山两阶段。上山阶段的煤向下运输到开采水平，下山阶段的煤向上运输到开采水平。

（2）矿井通风系统

矿井通风系统包括 3 项内容：即通风方法、通风方式和通风网络。

①通风方法

矿井主要通风机的工作方法，称为通风方法，分为抽出式和压入式两种。为了防止灾变期间瓦斯的大量涌出，我国煤矿一般采用抽出式（负压）通风方法。

②通风方式

矿井主要进、回风井筒的布置方式，称为通风方式。综合考虑矿井瓦斯、井筒及工业场地位看和保护煤柱、井田范围、矿井井型、井柱工程量等因素。我国有以下几种矿井通风方式：

a. 中央并列式

如图 310 所示，进、回风井均布置在井田中央的同一个工业场地内。其优点是工业场地布置集中，管理方便，保护煤柱损失少：缺点是通风线路长，通风阻力大，井下漏风多。适用于井田范围小、井型小、瓦斯小的情况。

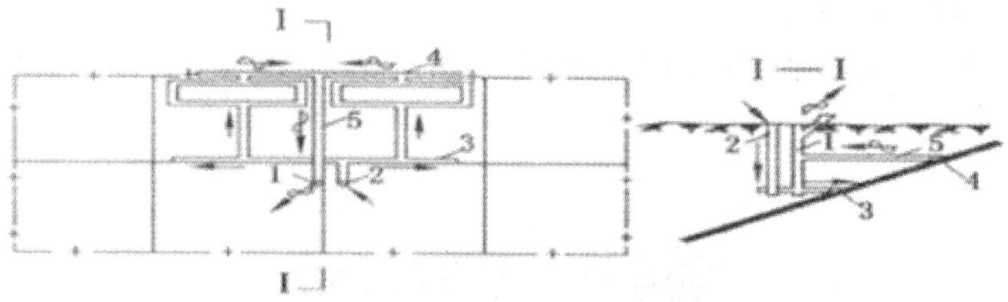

图 4–10　中央并列式通风方式示意图

1– 主井；2– 副井；3– 主要运输大巷；4– 主要回风大巷；5– 回风石门

b. 中央分列式（中央边界式）

如图 4-11 所示，进风井布置在井田走向中央，回风井布置在井田走向上部边界的中央。其优点是通风线路较短，通风阻力较小，井下漏风较少，回风井位于井田上部边界，工程量增加不多；缺点是工业场地比较分散，井筒及工业场地保护煤柱损失较大，当矿井进行深部开采后，需要维护较长的上山作回风道。适于中型以上的矿井。

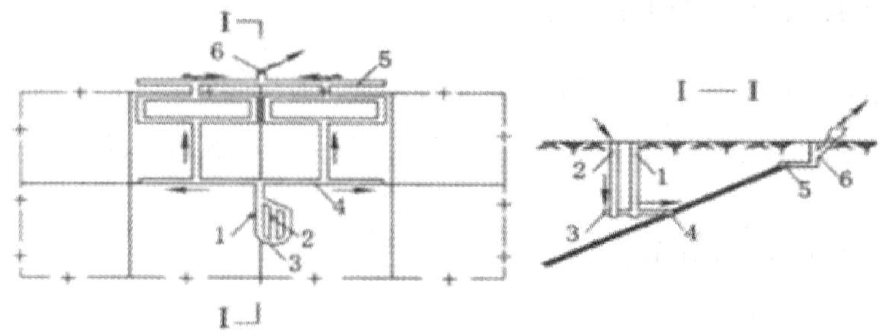

图 4–11　中央边界式通风方式示意图

1– 主井；2– 副井；3– 井底车场；4– 主要运输大巷；5– 主要回风大巷；6– 回风井

C. 两翼对角式

如图 4-12 所示，进风井位于井田走向的中央，回风井设在井田两翼的上部边界，成对角式布置。其优点是通风线路长度和风压变动小，通风机工作稳定，漏风少。当井田一翼通风机发生故障或发生井下灾害时，另一翼通风机还可以运转；缺点是风井、通风设备占用较多，工业场地分散，进风井与回风井贯通需要较长的时间。适用于井型大的矿井。

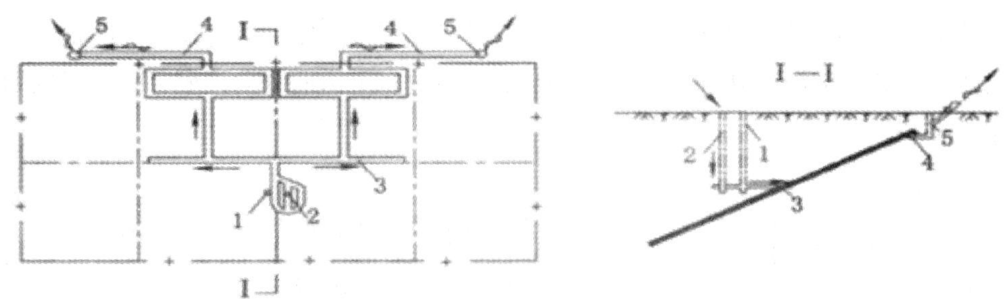

图 3−12　两翼对用式通风示意图

1—主井；2—副井；3—运输大巷；4—回风大巷；5—回风井

d. 分区式（采区风井通风）

如图 4-13 所示，回风井设在各采区。这种方式通风线路短，采区通风方便，通风阻力小，建井时可以从几个采区同时施工，缩短建井期。但这种方式所需通风设备和风井多，并且管理分散。适用于大型、特大型矿井。

e. 混合式通风

由上述各种通风方式混合组成，例如中央边界式和对角式混合，中央并列式与对角式混合等，其特点是进、回风井的数量较多，通风能力强，布置较灵活。

f. 分区域通风

每一个分区域内均设置进、回风井，构成独立的通风系统。这种通风方式除具有通风线路短、几个分区域可以同时施工的优点外，更有利于处理矿井事故。此外，运送人员及设备也方便；其缺点是工业场地分散，占地面积大，井筒保护煤柱损失较多。

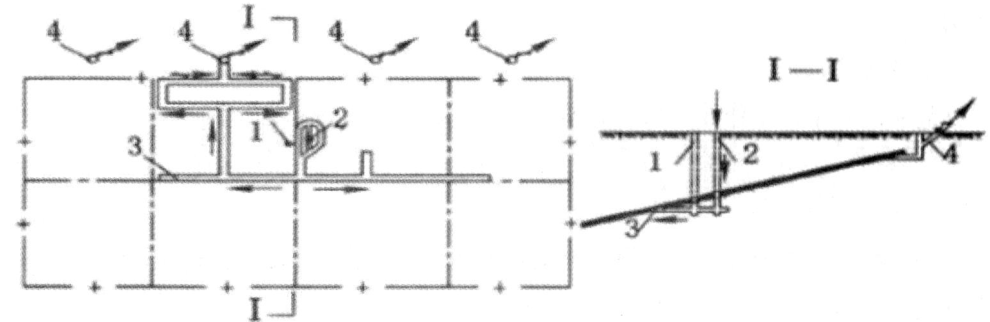

图 4−13　采区风井通风示意图

1− 井；2− 副井；3− 运喻大巷；4− 回风井

③通风网络

指矿井井巷布置系统。

（3）立井单水平上、下山开拓方式示例

①开拓布置

当井田内煤层倾角小于 16° 时，可采用立井单水平上、下山开拓方式，将井田划分为上、下山两个阶段，无井田开拓延深问题；当煤层倾角为 12° 以下时，一般采用带区式准备，如图 4-14 所示，井田内有可采煤层一层，倾角小于 12° ，赋存较深，表土层较厚。井田沿倾斜划分为一个开采水平，为上、下山两个阶段服务，阶段内划分若干个带区。

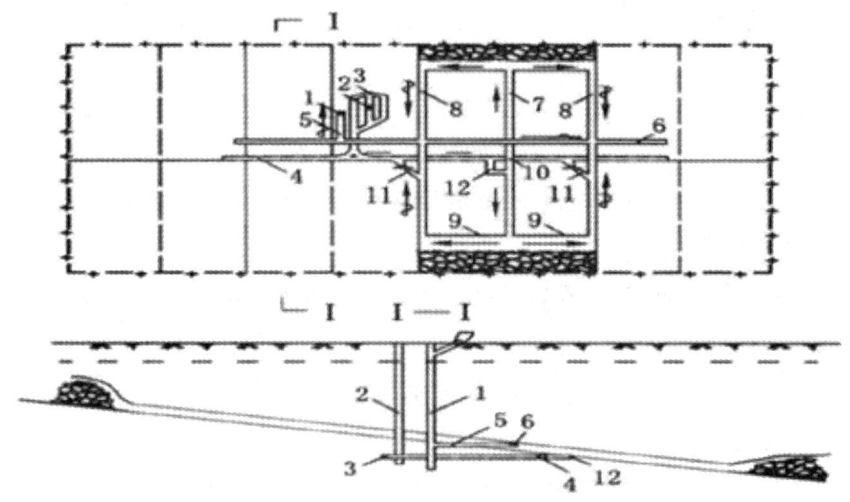

图 4—14　立井单水平上下山开拓方式

1— 主井，2— 副井；3— 井底车场；4— 运输大巷；5— 何风石门；6— 回风大巷；7— 分带运输巷；8— 分带回风巷；9— 采煤工作面；10— 带区煤仓；11— 运料斜在；12— 行人进风斜巷

在一些采用立井单水平上下山开拓方式（带区式准备）的大型矿井中，多采用 3 条大巷布置方式：一条铺设胶带输送机运煤、一条铺设轨道运送材料和设备、一条专门用于回风。

②主要生产系统

运煤系统：采煤工作面 9 采下的煤→ 7 → 10 → 4 → 3 → 1 →地面。

通风系统：新鲜风流自地面→ 2 → 3 → 4 → 12 → 7 →采煤工作面；污风流自采煤工作面→ 8 → 6 → 5 → 1 →地面。

运料系统：井下所需物料及设备经副井罐笼下放至井底车场，由电机车牵引至分带材料车场，经分带运料斜巷送至分带工作面。

③采掘接替

上山阶段的各带区采用前进式开采顺序，首采带区开采结束前，必须向井田两翼掘出为下一带区服务的运输大巷和回风大巷，直至井田走向边界。由于煤层倾角小，可以采完上山阶段后再采下山阶段，下山阶段内的带区可以采用后退式开采顺序，也可以上、下山阶段同采。

（4）立井单水平上、下山开拓方式的分析评价

①优点

a. 巷道布置简化，生产系统简单，建井速度快，投产早；

b. 一个水平服务上、下山两阶段，两阶段可同采，产量较大；

c. 无开拓延深问题。

②缺点

a. 分带斜巷较长，掘进施工较困难；

b. 上阶段的分带回风斜巷是下行风，应采取防止瓦斯积聚的措施，保证安全生产。

③适用条件

a. 由于存在下山阶段，煤层倾角应小于 20° ~25° ；

b，由于只有一个开采水平，又考虑下山阶段不宜太长，因而井田斜长应较短，一般为 2000—3000m；

c. 由于存在下行风问题和下山排水困难，因而适合用于瓦斯较小、涌水量较小的矿井。

2. 立井多水平开拓

在井田斜长太大，或可采煤层层间距大而倾角小，或急倾斜煤层条件下，利用一个开采水平开采全井田有困难时，则需要设置 2 个或 2 个以上开采水平，形成多水平开拓方式。生产矿井一般应以一个开采水平生产保证矿井产量。

（1）立井多水平开拓方式的分类

根据煤层倾角、瓦斯、涌水量及阶段划分等条件，立井多水平开拓方式又可分为立井多水平上山开拓、立井多水平上下山开拓和立井多水平混合式开拓，如图 3T5 所示。

①立井多水平上山开拓

每个开采水平只服务一个上山阶段。

a. 特点

（a）多水平开拓，工程量大。

（B）具有上山开拓的优点；运煤、通风、掘进、排水容易，能力大。

（O 开采水平数多，相应的巷道工程量大，维护工程量大，维护费用高。

b. 适用条件

煤层倾角大于 15° ~20° ，倾角越大越好，各开采水平石门总工程量小。

②立井多水平上下山开拓

每个开采水平服务上、下山两个阶段。

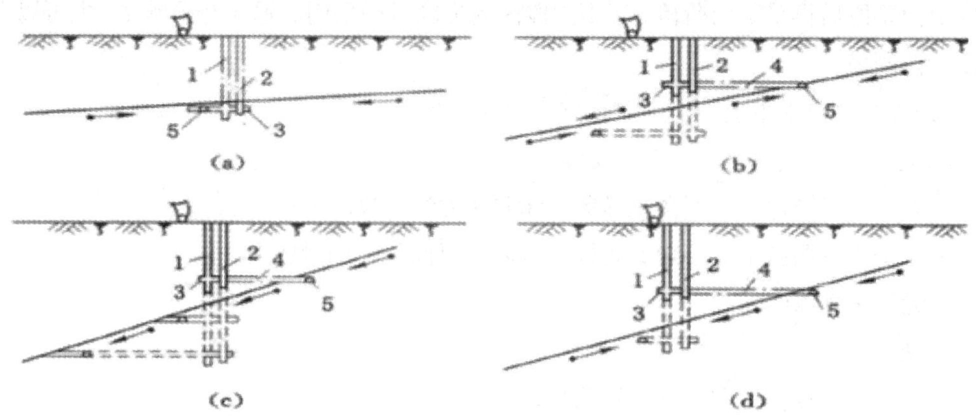

图 4-15 立井开拓方式分类

（a）立井单水平上下山式；（b）立井多水平上下山式；

（c）立井多水平上山式；（d）立井多水平混合式

1—主立井；2—副立井；3—井底车场；4—主石门；5—水平运输大巷

a. 特点

（a）开采水平数相对较少，巷道工程量较小。

（b）要求每个开采水平的设置必须满足下山开采条件，即要求煤层倾角小、瓦斯小、矿井涌水量小。

b. 适用条件

与立井单水平开拓方式类似，只不过立井多水平上下山开拓方式的井田斜长应较大。

③立井多水平混合式开拓

上部各开采水平只负责一个上山阶段，只有最下一个开采水平负责上、下山两个阶段。

适用条件：

a. 煤层的上部倾角大，下部变小。

b. 深部储量有限，剩下一些边角煤，不足以（不值得）再单独设一个开采水平。

对于近水平煤层群，若煤组间距较大（一般大于 100m）时，为减少阶段石门总工程量，可以采用立井多水平分煤组开拓方式，如图 4-16 所示。

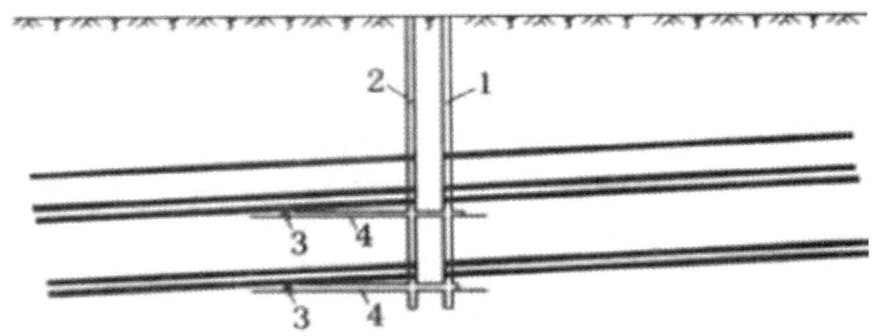

图 4−16　近水平煤层群立井多水平分煤组开拓方式

1− 主立井；2− 副立井；3− 水平运输大巷；4− 主石门

位于急倾斜煤层，如图 4-17 所示，为了减少井筒及工业场地水久煤柱损失量，井筒多布置在煤层底板岩层中，采用立井多水平上山式开拓方式。

根据煤层数目多少、层间距大小不同，开采水平大林又可布置成分（煤）层大巷、集中大巷和分组集中大巷。

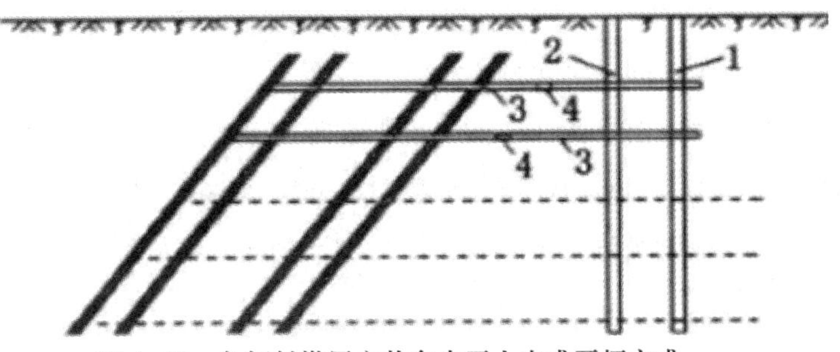

图 4−17　急倾斜煤层立井多水平上山式开拓方式

1—主立井；2—副立井；3—主石门；4—水平运输大巷

（2）立井多水平开拓方式示例

如图 4-18 所示，井田内有缓倾斜可采煤层两层，煤层层间距较近，赋存较深，地表为平原地带，表土层较厚，且水文地质条件较复杂。井田沿倾斜划分 2 个开采水平，每个水平服务一个上山阶段，阶段下部标高分别为 − 300m 和 − 480m，阶段内采用采区式准备方式，每个阶段内划分 6 个采区。

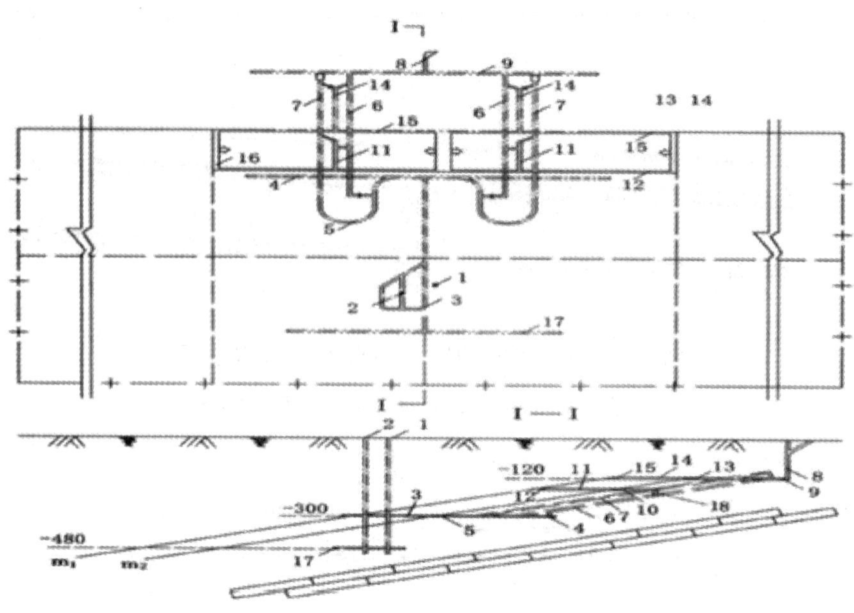

图 4-18　立井多水平开拓

1—主井；2—副井；3—-30Om 水平井底车场及主石门；4—30Om 运输大巷；5—采区下部车场；6—采区运输上山；7—采区轨道上山；8—边界风井；9—总回风道；10—m2 区段运输平巷；11—区段运输石门；12—m1 区段运输平巷；13—m2 区段网风平巷；14—区段回风石门；15—m1 区段回风平巷；16—采煤工作面；17-480m 运输大巷；18—区段溜煤眼

①主要生产系统

a. 运煤系统：采煤工作面采出的煤经区段运输平巷、区段石门、区段溜煤眼、采区运输上山、进入采区煤仓，由大巷运至井底车场的井底煤仓，最后由主井箕斗提至地面。

b. 运料排干系统：掘进巷道所出的砰石，用矿车装运至井底车场，由副井罐笼提至地面。井下所需物料、设备，由矿车（或材料车、平板车）装载，经副井罐笼下放至井底车场，由电机车运至采区，转运至各使用地点。

c. 通风系统：该矿井采用中央分列式（中央边界式）通风方式。新鲜风流由副井进入井下，经井底车场，主要运输大巷、采区下部车场、采区轨道上山、区段运输石门、区段运输平巷，清洗采煤工作面后的污风经区段回风平巷、区段回风石门、采区运输上山至总回风巷、总回风石门，由上部边界风井排出地面。

d. 排水系统：井下涌水经大卷水沟流入井底车场水仓，由水泵房的水泵经副井排水管道排至地面。

②采掘接替

沿井田走向，采区间一般采用前进式开采顺序，即先开采靠近井筒的中央首采区，其开采结束前，必须向井田两翼掘出为下一采区服务的阶段大巷及采区准备巷道，准备出接替的采区，以保证矿井持续稳定生产，直至井田边界采区。第一开采水平结束前，延深主、副井井筒至－180m开采水平，开掘为第二开采水平生产服务的井底车场、主石门和运输大巷，并进行其中央首采区的准备。第一开采水平开始减产时，第二开采水平应立即投入生产，并逐步由两个开采水平同时生产过渡到全部由第二开采水平生产保证矿井产量。第二开采水平内仍采用由其中央首采区向井田两翼边界的前进式开采顺序。第二开采水平生产期间，第一开采水平的运输大巷可以保留作为第二开采水平的总回风巷。第二开采水平的生产系统基本同第一开采水平一致。

整个矿井按照水平间由上向下的下行式，采区间由井田中央向两翼边界的采区前进式开采顺序依次开采。

三、立井开拓方式的综合分析评价

1. 优点

立井开拓的适应性强，不受煤层倾角、厚度、深度、瓦斯及水文等自然条件的限制，当表土层为富含水的冲积层或流沙层时，立井井筒还可采用特殊方法施工。

在采深相同的条件下，立井井筒短，相应的管缆敷设长度短，提升速度快，提升能力大，对辅助提升特别有利，对于采深大的大型矿井，副井采用立井更具有优越性。

井筒断面大，能下放外形尺寸较大的材料和设备。

井筒支护条件好，且易于维护。

井筒通风断面大，通风阻力小、允许通过的风量大，有利于矿井通风。

在深矿井开拓中，立井的优点最为明显。

2. 缺点

井筒施工技术复杂，需用设备多，施匚技术水平要求较高，井筒设备复杂，成井速度较慢，建井期长，开凿费用较高，基建投资大。另外，立井直接延深比较困难，对生产干扰大。

3. 适用条件（一般条件）

①表土层厚，煤层埋藏深；

②水文地质条件复杂；

③多水平开采急倾斜煤层的矿井。

当井田的地形、地质条件不适合于平硐或斜井开拓时，都可考虑采用立井开拓。如有多种选择，则应先考虑平硐、后斜井、再立井。

四、立井开拓的井筒配置与提升方式的选择

采用立井开拓时，一般在井田中部开凿一对圆形断面的立井，并装备两个井筒。井

筒断面根据提升容器类型、数量、外形尺寸、井筒内的装备及通风要求等确定。按井筒内的提升设备和功能，立井开拓一般布置一个主井和一个副井，也有多个副井的情况。

1. 主立井

主立井负责提升煤炭，大中型矿井的主立井可装备一对或两对箕斗，小型矿井可装备一对罐笼。我国大中型矿井主、副立井井筒提升装备系列如表 4-1 所列。

表 4−1 立井井筒装备

矿井生产能力 / (Mt/a)	主井井筒装备	副井井筒装备
0.30	一对双层双车（1t）罐笼	一对单层单车（1t）罐笼
0.60	一对 6t 箕斗	一对双层双车（1t）罐笼
0.90	一对 9t 箕斗	一对双层双车（1.5t）罐笼
1.20	一对 12t 箕斗	一对双层双车（3t）罐笼
1.50	一对 16t 箕斗	一对双层双车（3t）罐笼
1.80	一对 16t 箕斗	一对双层双车（3t）罐笼， 或一对双层双车（3t）罐笼带重锤
2.40	两对 12t 箕斗，或一对 24t 箕斗	一对双层四车（1.5t）罐笼， 或一个双层双车（5t）罐笼
3.00 及以上	两对 20~40t 箕斗	一对双层四车（1.5t）罐笼， 或一对双层四车（5t）罐笼

注：双层四车罐笼，即罐笼共 2 层，每层内存放 2 辆矿车共 4 辆矿车。

目前我国已经能够生产 20~50t 系列的立井大型箕斗，并在全国各大型煤矿中推广应用。淮南谢桥矿主井箕斗为 20t，张集矿为 40t，兖州济宁三号井为 22t、二号井为 34t，潞安屯留矿和永城陈四楼矿为 25t，甘肃华亭矿为 32t。国外最大的立井箕斗容量为 45t。

主立井为罐笼井时可作为进风井和回风井，主立井为箕斗井并兼作进风井时，井筒中的风速不得大于 6m / s。兼作回风井时，《煤矿安全规程》规定，井上下装、卸载装置和井塔（架）必须有完善的封闭措施，其漏风率不得超过 15%，井应有可靠的降尘措施。

2. 副立井

副立井担负下放物料、提升矸石、升降人员等任务，装备罐笼，敷设管道和电缆，并装设梯子间。井型不大的矿井其副立井只装备一对罐笼，现代化大型矿井装备两套提升设备，一套为一对双层双车罐笼、另一套为双层单车罐笼带重锤。近年来，为满足综采支架整架不解体下井的要求，在副井中要装备一个宽罐笼，净宽一般要达到 1.5m。

副立井一般为进风井。

3. 混合提升井

混合提升井是兼有主副井功能的立井。在我国主要有 2 种情况，一是生产矿井改扩建时，为了同时提高主、辅提升能力，而新开一对立井不具备条件或不经济时，可在原工业场地内新开凿一个立井装备一对箕斗和一对罐笼，同时担负提煤和辅助提升任务；二是应用于小型矿井，可以只装备一个井筒，用罐笼完成提煤和辅助提升的全部任务，但需另开凿一个井筒作为专用风井，并在其内设置梯子间作为第二个安全出口。这样虽然减少了建井费用，但同时也降低了矿井生产的安全性和可靠性。

第五节　综合开拓

一、综合开拓的优越性

在复杂的地形、地质及开采技术条件下，采用单一的井硐形式进行开拓，在技术上有困堆，经济上也不合理。由于各种井硐形式各有优缺点，各有利弊，所以，有必要选取能够充分发挥各自优点的井硐形式，而不必限于单一的井洞形式，即采用综合开拓。综合开拓的实质是结合具体矿井煤层开采技术条件，对不同井硐形式进行优势组合，其优越性可体现如下：

①可充分发挥各种井硐形式的优点，互相取长补短；

②可充分适应各种矿山地质条件和地形条件；

③对于大型矿井可考虑分区建井、分批投产，加快了施工速度，缩短了建设工期，减少了初期投资；

④可采用大型设备建成特大型矿井。

二、综合开拓方式的分析与应用

主斜井—副立井综合开拓方式可充分发挥主斜井胶带输送机运煤能力大，副立井的井筒短，提升速度快、辅助提升能力大、系统简单、通过风量大、技术经济效果好等优势，是大型、特大型矿井比较理想的一种开拓方式，如图 4-19 所示。大多数主斜井—副立井综合开拓方式是生产矿井扩建后逐步形成的。近年来，我国一些生产矿井的改建和新井设计开始积极考虑这种综合开拓方式。德国、英国、俄罗斯等一些大型矿井的设计或改建也采用了主斜井和副立井相结合的方式。可以认为，这是建设大型和特大型矿井值得注意的技术方向。它可用于开采赋存不是很深、近水平煤层的矿井或井田斜长大、下部煤层深的矿井的改造。

主支井副斜井开拓是简易、经济的开拓方式，只适用于井田斜长不大，能以一个开采水平采用匕下山开采的小型矿井，如图 4-20 所示。

对于平硐斜井或立平的综合开拓方式，如图 321 所示，要深入研究煤层赋存特征和地形条件•选择好合适的匚业场地及井（晌）口位置，做好平闹水平上山部分和下山部分开采的程布置和生产过渡，使井上下工程能够协调、衔接好，使地面设施能充分利用好，并处理好矿井前后期的生产与建设的关系。

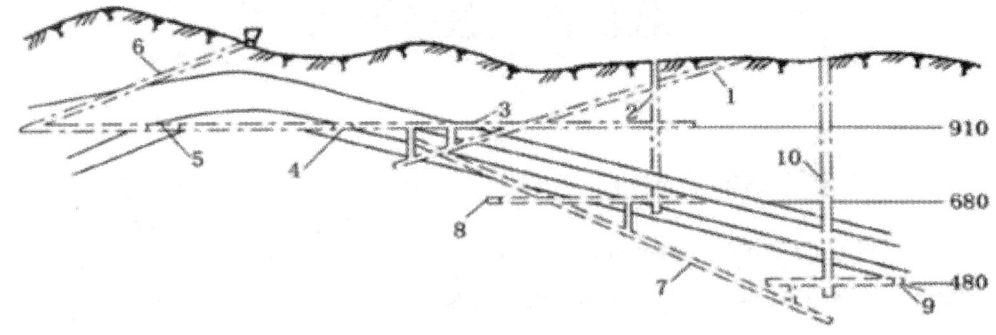

图 4-19　主斜井副立井综合开拓

1—主斜井；2—副立井；3—第一水平主石门；4—第一水平一大巷；

5—第一水平二大巷；6—回风斜井；7—暗斜井；8—第二水平运输大巷；

9—第三水平运输大巷；10—第三水平副立井

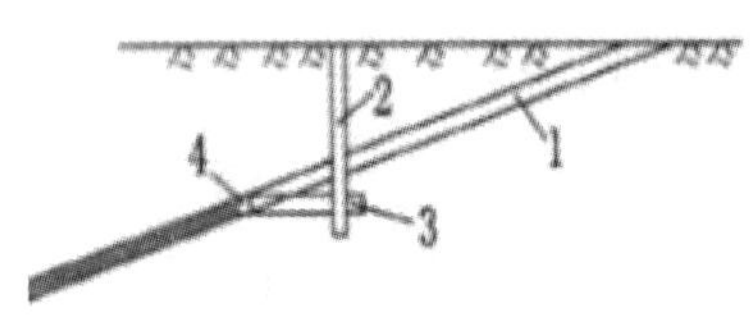

图 4-20 主立井副斜井综合开拓

1- 副斜井；2- 主立井；

3- 井底车场；4- 阶段运输大巷

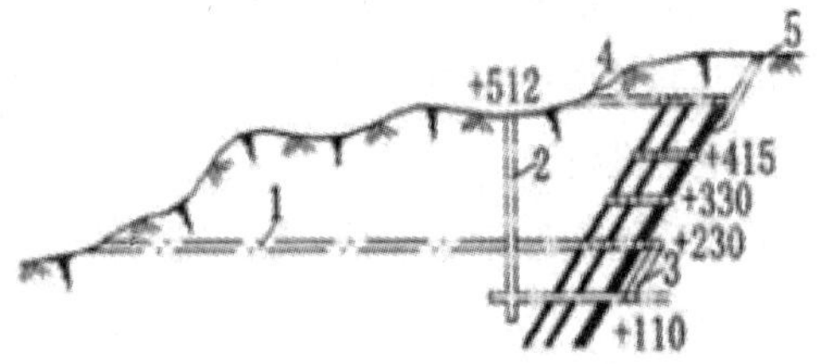

图 3 21 主平嗣 副立井综合开拓

1- 主平喇；2- 副立井；3- 暗斜井

4- 回风小平硐；5- 回风小斜井

三、综合开拓需要注意的问题

采用综合开拓方式时，应关注和解决不同形式的井筒（硐）在地面及井下的联系与配合问题。以主斜井—副立井综合开拓方式为例，如果地面两个井口相距较近，则井底相距较远，井底车场布置、井下的联系不方便；如果两井底相距较近，则地面井口相距较远，地面建筑就比较分散，生产调度及联系不方便，占地也比较多，相应地增加保护工业场地煤柱损失。因此，必须针对具体情况，联系井上下的布置，结合矿井开拓的其他问题，寻求合理的解决方案。

第五章　智能矿山概述

第一节　智能矿山的发展

信息技术的突飞猛进、矿产资源的持续消耗以及开采条件的逐渐恶化，正在推动着采矿业不断采用高新技术来改造传统工艺和发展新型工艺。智能矿山作为一个发展中的概念，对其具体内涵的界定尚无广泛共识，缺少普遍适用性和精确性。但可以认为，智能矿山作为学术研究与工程应用的结合，正在经历着一个伴随着自动化、数字化和智能化技术的发展和演化过程。截至目前，矿山生产模式大致经历了四个阶段：

一是原始阶段，主要通过手工和简单挖掘工具进行矿产采掘活动，无规划、低效率、资源浪费极大；

二是机械化阶段，大量采用机械设备完成自动化生产任务，机械化程度较高，但仍无规划，生产较粗放，资源浪费比较严重；

三是数字矿山阶段，采用自动化生产设备进行作业生产，采用信息化系统作为经营管理工具，实现数字化整合、数据共享，但仍面临系统集成、信息融合等诸多问题，并且核心目标仍是扩大开采量，对绿色矿山、人文关怀、可持续发展等方面不够重视；

四是智能矿山阶段，以两化融合、智能制造为指引，通过信息技术的全面集成应用，使矿山具有人类般的思考、反应和行动能力，实现物物、物人、人人的信息集成与智能响应，主动感知、分析，并快速做出正确处理。

矿业在为经济社会可持续发展和人类生活水平不断改善而提供物质财富及生产资料的过程中，积极引入和发展高新技术，大力提升生产力水平，高效开发利用矿产资源，全面保障生产安全及职业健康，努力实现零环境影响，已经成为矿山企业在 21 世纪的奋斗目标。与科技发展相融合，矿业引入了一种全新理念，即构建一种新的无人采矿模式，实现资源与开采环境数字化、技术装备智能化、生产过程控制可视化、信息传输网络化、生产管理与决策科学化在此目标的实现过程中，智能矿山已经成为矿业科技和矿山管理工作者的美好憧憬，人们希冀未来的采矿设备能够在井下安全场所或地面进行遥控，乃至全面采用无人驾驭的智能设备进行井下开采，使采矿无人化，逐步实现智能矿山。

一、自动化采矿沿革

作为矿山智能开采核心技术之一的自动化采矿技术，在国外的发展已有40余年历史。

瑞典卢基矿业公司（LKAB）的基律纳矿（Kiruna）早在20世纪70年代初期便开始实施地下矿轨道运输的自动控制技术。

自20世纪80年代中后期起，地下矿无轨设备自动化技术迅速发展。加拿大诺兰达（Noranda）技术中心基于蒙特利尔大学实验室的原型设计，为金属矿地下开采研制了多种自动设备，包括铲运机（Load Haul Dump，LHD）和卡车光导系统、LHD遥控辅助装载系统、自动行走系统等。这些技术及系统最初于20世纪90年代中期，通过SRAS公司在Noranda的Bell Alllard矿和Brunswick矿的矿石铲装过程中应用，前者由自动采矿技术实现的矿石产量一度达到70%，后者曾一度达到80%。2001年，Noranda公司在Brunswick矿采场运输卡车上试用了自动采矿系统SlAM。Noarnda公司的自动采矿技术及系统可以在不同的采矿条件下独立运用，也可以用于中央集群多车遥控系统，满足Noranda多个矿山开采、不同生产规模和复杂矿体条件的实际需要。

1994年，澳大利亚联邦科学和工业研究组织（CSIRO）发起了采矿机器人研究项目，开展了用于矿山采掘及装运作业的复杂传感系统和高级遥控系统的研究。CSIRO研发了用于索斗铲巡航操作的回转辅助（DSA）系统和用于索斗铲精确卸载的数字地表模型（DTM）、开发了用于地下开采的LHD自动控制系统，技术成果已由卡特彼勒（Caterpillar）商业化，形成了MINEGEM系统，装备有该技术的LHD称为Smart Loader。

1996年，加拿大英柯国际银公司（Inco）、芬兰汤姆洛克（Tamrock）和挪威太诺（Dyno）等企业合作发起采矿自动化计划（MAP），投资2270万美元，开发、示范和商业化自动采矿技术，目的是有效地开发深部或难采的矿产资源，减少交接班及进出矿井等无效工时，提高劳动生产率，降低作业成本，保障矿工安全。Inco还进一步研发了高级通信系统、采矿设备定位与导航系统、机器人掘进与回采、先进工艺与监控等方面的自动采矿新技术，包括井下LHD、凿岩车等机动设备的遥控技术，并在Stobie矿和Creighton矿应用，使其成为地下采矿自动化实践的先驱之一；与其他有关机构合作，于2000年开始了一个井下爆破自动装药项目（ELAP）的研究与开发工作，系统原型于2002年通过井下工业试验。

南非德比尔斯（De Beers）的芬斯金刚石矿（Finsch），在2000年露天开采转地下开采的工程设计中，投资2000万美元采用了山特维克之汤姆洛克（Sandvik Tamrock）的自动采矿技术系统（Auto Mine），包括自动卡车运输系统的设计、建设、设备购置和安装。该矿采用崩落法放矿、LDH和卡车联合装运系统，其中卡车系统由地面遥控，通过无线射频系统（Mine Lan）与矿井主干通信网连接。卡车自动控制系统的采用，使井下卡车运行速度和设备生产率得到提高；地表操作员能够同时操作多台卡车，使井下人员的数量显著减少，极大地改善了矿山安全生产状况，提高了劳动生产率。目前，Sandvik Tamrock 正在 Finsch 矿实施 LHD 自动系统。

在美国，卡内基梅隆大学在美国宇航局（NASA）和乔伊（Joy）公司的资助下，对地下煤矿连续采煤机的自动定位与导航技术进行了研究，获得了可供商业化的研究成果。克劳多大学研究了井下矿石爆堆的体视成像模型，以便控制 LHD 自动装载。

此外，加拿大萨斯客彻温省（Saskatchewan）的铀矿，通过遥控作业使矿工免受辐射；澳大利亚的艾萨山（Mt，Isa）矿和南非深部矿井，通过遥控使矿工免受高温和潮湿空气侵害；智利的国家铜业公司（Codelco）埃尔特尼恩特矿（EI Tenierne）通过遥控作业使矿工免受岩爆威胁。

截至目前，矿业发达国家从凿岩、装药、爆破、支护、出矿到井下运输等，已全部实现了机械化配套作业，各道工序无手工操作、无繁重体力劳动。

我国矿山的自动化工作起步较晚，但也取得了一定成果。在固定设备的运行自动化方面，许多矿山已经具备了成功的经验，减少了大批的操作人员，如提升、运输、通风、排水、充填、供风、供电、供水、选矿等自动化系统；在移动设备的自动化方面，成功经验相对较少。首钢矿业公司杏山铁矿、云南迪庆普朗铜矿、铜陵公司冬瓜山铜矿等一些矿山，已经实现了井下电机车运行自动化；山东黄金、中国黄金、梅山铁矿等矿山，部分实现了铲运机、凿岩台车的视距遥控；个别矿山正在试验自动运行铲运机出矿。

二、数字矿山的出现

随着信息及计算机技术，特别是海量信息处理技术、可视化、遥感（Remote Sensing，RS）、全球定位（Global Positioning System，GPS）、地理信息（Geographic Information System，CIS）和虚拟现实（Virtual Realing，VR）等技术的发展，系统数字化及可视化，成为科技工作者的研究热点领域，甚至引起了政府的关注。

1998 年底，前美国副总统戈尔在一次题为“数字地球：展望 21 世纪我们这颗行星”的演讲中，提出了“数字地球（Digital Earth，DE）”的概念，指出将各种与地球相关的信息集成起来，可以实现对地球的数字化、可视化表达以及多尺度、多分辨率动态交互；同时提出，数字地球的技术与功能将随着时间而演变，不会一蹴而就。例如，计算科学与模拟、海量存储及处理、卫星成像、宽带网络、互通（interoperability）、元数据（metadata）等数字地球技术以及虚拟外交、打击犯罪、保护多样性、预测气候变化、提升农业生产力等数字地球功能都在发展中。同年，我国前国家主席江泽民在中国科学院和中国工程院院士大会期间也谈及了“数字地球”问题。

政府的关注引发了数字地球概念的拓展。中国政府于 1999 年提出了数字中国战略，随即以一系列“金”字工程为代表的数字中国（Digi 血 China，DC）项目建设有序铺开，带动了一批行业或领域信息技术的创新发展和工作模式的改造提升，数字区域、数字国土、数字行业、数字工程等数字中国子集的建设与实施如火如荼。受数字地球与数字中国概念的启发，对于古老的采矿业而言，其机遇与挑战并存，采矿业的创新发展——数字矿山（Digital Mine，DM），成为必然趋势。

1999 年 11 月，在北京召开的“首届国际数字地球会议”上，吴立新教授率先提出了数字矿山的概念，并围绕矿山空间信息分类、矿山空间数据组织、矿山 GIS 等问题进行了分析和讨论。所谓数字矿山，是“对真实矿山整体及其相关现象的统一认识与数字化再现，是一个硅质矿山”。数字矿山是矿山系统的一种数字化、计算机化表征系统，是智能矿山的一部分，它也包括实现矿山数字化的各种技术手段，如自动化采矿技术。

据此分析可知，数字矿山一方面是在统一的时间和空间坐标下，科学合理地将各类矿山信息进行分类，把矿山工程地质勘查数据、采矿工程数据、管理数据等海量异质的矿山信息资源转换为计算机能够识别、存储、传输和加工处理的格式，并进行全面、高效和有序的管理与整合，组建成一个功能齐全的矿山信息数据仓库；另一方面，充分利用现代空间分析、数字仿真、知识挖掘、虚拟现实、可视化、网络、多媒体和科学计算等技术，对矿山系统进行各种方式的再现，包括平面图、剖面图、地质地形图、三维仿真图、设计方案、状态分析、控制策略等，以便在更快、更广、更深、更直观的信息基础上，为矿产资源评估、矿山规划、开拓设计、生产安全和决策管理进行模拟、仿真、评估和优化提供新的技术平台和强大工具，使矿山企业生产实现安全、高效、低耗的局面，取得更好的经济社会效益。

数字矿山的基本特征如下：

（1）有高效可靠的计算机网络平台，用于传输和管理矿山安全生产的多元异质海量数据和信息。

（2）有完善的数据采集系统和手段，用于实时收集和获取矿山安全生产中一切有用的信息和数据，主要技术包括航测、遥感、卫星定位、钻探、物探、化探、电测、射频，以及常规的测量方法和各种监测监控技术等。

（3）有功能齐全的数据库，用于全方位存储、管理地面地下的气象、交通、水文、地形、地物、地质、采掘工程、危险源、生产设施和生产进度等内容的静态和动态模型和数据，实现各种空间分析、网络分析、综合查询和专题统计等。

（4）有高性能的三维建模引擎和图形工作站，用于矿山模型的建立、展现和透明管理，通过强大的可视化分析功能实现对地层环境、矿山实体、采矿活动、采矿影响等进行直观、有效的 3D 可视化再现、模拟与分析。

（5）有多功能的数据挖掘工具及核心应用软件，用于矿山勘察、规划、设计、计划、生产、安全、管理、经营和生产过程监控的优化及决策支持。

三、智能矿山技术进展

从1999年提出数字矿山概念，经过近20年的发展，很多矿业大国已认识到，在通过提高机械化、自动化水平来提高矿山的生产能力、效率和安全性的同时，必须利用信息技术改造传统矿山的生产和管理模式。数字矿山的内涵经过不断丰富、演变和提升，形成了智能矿山概念，新一代互联网、云计算、智能传感、通信、遥感、卫星定位、地理信息系统等各项技术的成熟与融合，实现数字化、智能化的管理与反馈机制，为智能矿山的发展提供了技术基础，矿山智能化已经成为一种必然趋势，成为全球矿业领域的技术热点和发展方向。

纵观全球矿业数字化与智能化建设成果，因技术水平发展阶段与资源禀赋条件的限制，国内外针对矿业的发展有着不同的战略设想，在建设目标、建设规划、功能体系等方面，分别形成不同的侧重点。

（一）国外的智能矿山与无人采矿

发达国家在数字化、智能化矿山建设方面研究起步较早，其中，选矿技术发展十分迅速，已基本实现了自动化生产。而在矿物资源的开采方面，则着力推进了矿山生产的自动化进程，如遥控铲装、无人驾驶、自动导航等技术已完成实验并进入应用阶段。就信息技术在生产、管理和经营中应用的程度和发挥的作用而言，发达国家的矿山企业已在很大程度上实现了数字化、智能化生产。从20世纪80、90年代开始，矿业发达国家的矿山智能化建设就已经出现了许多成功的案例。如瑞典的基律纳铁矿基本实现了“自动化采矿”，依靠远程计算机集控系统，工人和管理人员可实现在远程执行现场操作，在井下作业面除了检修工人在检修外，几乎看不到其他工人；在澳大利亚，力拓开展的“未来矿山”计划，将知名的皮尔巴拉矿区的控制中心设在了1500km外的珀斯市，屏幕上显示着15座矿山、4个港口和24条铁路的运转情况，现场只有设备的运转声和寥寥可数的工作人员。智利的特尼恩特（EI Teniente）铜矿、加拿大的国际银公司（InCo）、南非的芬斯（Finsch）金刚石矿、澳大利亚的奥林匹克坝（Olympic Dam）铜铀矿、芬兰的奥托昆普（Otokumpu）公司、印度尼西亚的Grasberg深部矿带、美国的Bingham铜矿、蒙古的Oyu Tolgoi铜矿、巴布亚新几内亚的Wafi金铜矿、智利的Chuquicamata铜矿等矿山的智能化也非常成功，达到了工作面无人（或少人）的目的。

此外，为取得在矿山生产行业中的竞争优势，芬兰、加拿大、澳大利亚和瑞典等矿业强国也在同步开展矿山自动化和智能化的战略规划，先后制定了“智能矿山”或“无人化矿山”的发展规划。

芬兰于20世纪90年代初提出了智能矿山技术研究计划（1M），从1992年至1997年历时5年完成。项目的主要目标是通过实时生产控制、采矿设备自动化和高新技术的应用来提高硬岩露天矿和地下矿的生产效率和经济效益。该计划共分 28 个研究开发项目，预算 1200 万美元，通过对资源和生产的实时管理、设备自动化和生产维护自动化三个领域的研究，初步建立智能矿山技术体系。在此之后，芬兰继续提出了智能矿山实施研发技术计划（IM），其目的是对智能矿山计划中研制完成的设备和系统在试验矿山进一步试验和完善。从 1997 年开始，历时 3 年通过先进技术的实施、数据利用和对矿山人员的培训三大方面的研究，再结合计划的协调、先进开采工艺设计两大支撑计划研究，开发出了可用的机械装备与系统，并在奥托昆普公司（Otokumpu）公司凯米地下矿进行了应用试验，显著提高了矿山的劳动生产率，降低了矿山生产总成本，明显改善了工人的工作条件。

加拿大国际银公司研制了一种基于有线电视和无线电发射技术相结合的地下通信系统，并在斯托比矿（Stobie）投入试用。这种功能很强的宽带网络与矿山各中段的无线电单元相结合，可传输多频道的视频信号，操作每台设备。该矿除了固定设备已实现自动化外，铲运机、凿岩台车、井下汽车等均已实现了无人驾驶，工人在地面遥控这些设备。中央控制系统安装有数据库系统、模拟系统和规划设计软件，直接向采矿设备发送工作指令。设备基本上是自主运行，整个井下工作面基本上不需要工作人员。

1993 年，加拿大完成论证并开始实施采矿自动化项目（MAP）五年计划，该计划预算近 2000 万美元，基于国际银公司研发的地下高频宽带通信系统，研发遥控操作、自主操作和自调整系统等核心技术，矿体圈定机器人装置通过通信系统与智能地质模型连接，开拓过程则是根据矿体圈定结果建立的矿体模型，自动化工程开拓模型向进行工作的遥控设备直接提供信息。同时，遥控设备的信息也直接提供给矿山模型，并作用到生产过程，直接给机器人技术设备提供信息，并最终发送信息返回到模型。实现所有上述功能的装置是采矿机器人控制器，它既是一个连接监控传感器与局部遥控执行器的计算装置，又是一个射频调制解调器，为控制数据、监视数据、位置数据及图像等提供信道；另一方面，建立了矿山基本辅助系统，如通风、泵送、地层控制、配电、矿山排水、压缩空气以及工艺用水等。在这些辅助系统中，布设在现场的传感器将信息通过与通信系统相连接的信息控制装置发送到中心控制计算机。该计算机按照模型处理数据并发出信号到各个水平的远距遥控的执行机构进行调节。通过上述内容的研究开发，使加拿大在采矿技术方面处于领先地位，保持了采矿业的竞争能力，并形成了新的支柱技术产业。此后，加拿大还制定出一项拟在 2050 年实现的远景规划，即将加拿大北部边远地区的一个矿山实现为无人矿井，从萨德里通过卫星操纵矿山的所有设备，实现机械自动破碎和自动切割采矿。

澳大利亚 CSIRO 开发了由控制装置、监测设备、网络灯标和矿工异频雷达收发机组成的矿工人身安全定位与监测系统，具有无线通讯能力，即使在发生瓦斯爆炸等井下灾害之后，仍能报告井下矿工的位置和安全状况。此外，还开发了一种名为 Numbat 的遥控无人驾驶急救车，用于爆炸之后对伤员进行紧急抢救。

瑞典制定了 44Grountecknik2000n 战略计划，并开发大量具有良好的自动化、智能化功能的采矿设备和多种智能矿山的装备系统，着力提高矿山智能化生产水平。

此外，智能采矿技术的发展与设备制造厂家有密切关系。近十年来，国际著名的几家采矿设备公司，如 Sandvik、Atlas Copco、Caterpillar 等，均在大力发展各自的自动化采矿装备及相关技术，在解决自动定位与导航等方面发挥了重要作用。如瑞典的 Sandvik 公司，不仅开发的大量采矿设备具有很好的自动化或智能化功能，而且开发了多种智能矿山的技术与装备系统，如 AutoMine 系统、OptiMine 系统等。它们和一些知名的矿业公司合作，正逐步由单一的设备供应商向提供技术解决方案供应商转变。

（二）我国的智能矿山建设

我国对矿山智能化生产的实现，则是以数字矿山建设为基础，以信息化、自动化和智能化带动矿山生产行业的改造与发展，开创安全、高效、绿色和可持续发展的新模式，这也是中国矿山企业生存与发展的必由之路。

尽管我国矿山的智能化工作起步较晚，但也取得了可喜的成果。目前，国内部分大中型矿山企业数字化设计工具普及率、关键工艺流程数控化率已经得到一定程度的提高，智能化水平也在不断提升。我国的新疆阿舍勒铜矿、内蒙古的乌努格吐山（乌山）铜钼矿、山东三山岛金矿、云南普朗铜矿等，代表了国内目前智能矿山建设的较高水准。

中国黄金集团内蒙古矿业有限公司乌山铜钼矿以智能矿山建设为载体，以采选、管理数字化为目标，利用信息化、智能化与互联网技术等，实现采选工艺数字化管控，形成立体化办公、信息共享、市场分析和成本管控的深度融合。在采矿数字化方面，建立了包括年度采剥施 T. 计划、月度采剥施工计划、矿岩穿爆系统、生产管控平台、三维配矿平台、采矿 MES 系统和文件数据库等在内的采矿管控系统。选矿智能化从三个层面实现：一是运用大型先进设备，为实现自动化控制奠定基础；二是配备先进的仪表，为实现智能化控制提供保障；三是建立数据库，为实现智能化分析提供依据。管理智能化的实现主要通过建立涵盖生产经营全过程的、业务财务一体化的、信息流贯通的企业信息化管理系统，把管理理念固化在工作流程中，实现可靠的安全环保管理、高效生产过程管理、精准的财务管理和全过程的成本管理。

同样走智能矿山建设之路，实现企业高质量发展的，还有位于莱州湾畔的山东黄金集团三山岛金矿。三山岛金矿是海底开采的黄金矿山，也是目前国内机械化程度和整体装备水平最高的现代化金矿，其智能矿山建设总体规划以物联网平台为支撑，包含生产系统智能化、生产管理智能化和运营决策智能化三个层次。目前建设等信息综合服务平台、集成化安全管理系统、地质储量管理系统等信息化系统，实现了地质储量、采掘过程、现场安全、生产信息、决策分析等有效管理。

与此同时，为了实现我国从矿业大国到矿业强国的转变，政府和相关部门对智能矿山的研究也非常重视。“十二五”期间，科技部将“地下金属矿智能开采技术研究”列入了国家“863”计划，取得了一些研究成果。“十三五”期间，在“深地资源开采”专项下，设置了“地下金属矿规模化无人采矿关键技术研发与示范”项目，国家通过重点研发计划，继续在政策、资金等方面予以支持。此外，国家还先后立项开展了多项与智能化采矿相关的重点或专项科技攻关项目，如“数字化采矿关键技术与软件开发”“地下无人采矿设备高精度定位技术和智能化无人操纵铲运机的模型技术研究”“井下（无人工作面）采矿遥控关键技术与装备的开发”“千米深井地压与高温灾害监控技术与装备”等，为进一步全面开展智能矿山建设奠定了良好的基础。

总之，我国在智能矿山建设上整体处于前进上升的趋势，并且也有了领先发展的企业。可以说，我国矿山的智能化建设已经在稳步推进中。

第二节　从数字矿山到智能矿山

一、数字矿山的建设内容

基于数字矿山概念与特征可知，数字矿山建设是一个典型的多学科技术交叉的新领域，它涵盖了矿山企业生产经营的全过程。加之，矿山企业普遍具有生产对象（资源）的不确定性、生产过程的动态性和生产环境的恶劣性。因此，数字矿山建设是一项复杂、系统而艰巨的工作，既有人的观念影响，也有技术因素的影响；既有资金的影响，也需法规的约束。借鉴国内外矿山的先进建设经验，也基于矿山的自身特点和安全生产的特殊需求，可以从以下四个角度阐释数字矿山的建设目标：

（1）使现代信息技术与传统矿山企业的现代工业化变革相融合；

（2）实现矿山企业生产经营增长方式由劳动密集型向技术密集型的转变；

（3）实现矿山可支配资源，包括人员、设备、物资、资金以及地质资源等的优化配置；

（4）达到效率提高、成本下降、人员安全的目标。

因此，数字矿山建设的终极目标是实现矿山的高效、安全开采，而这其中的核心，集中在安全、效率和经济这三个核心目标。三个方面不仅是数字矿山建设的目标定位，也是系统建设的各个环节中需要遵循的原则。在搭建数字矿山系统架构时，需要紧密围绕目标定位中的核心内容，按照管控一体化的思路，在自动化技术、信息技术、计算机技术和各种生产技术的基础上，通过计算机网络和数据库将矿山全部生产经营活动所需的信息加以集成，形成集控制、调度、管理、经营、决策于一体的，以保证矿山高效、安全生产为目的的数字矿山生产系统。图 5-1 所示为数字矿山系统的逻辑架构，表明了数字矿山的整体应用的逻辑关系。

由图 5-1 可知，典型数字矿山系统的应用逻辑主要包括五个建设层面：

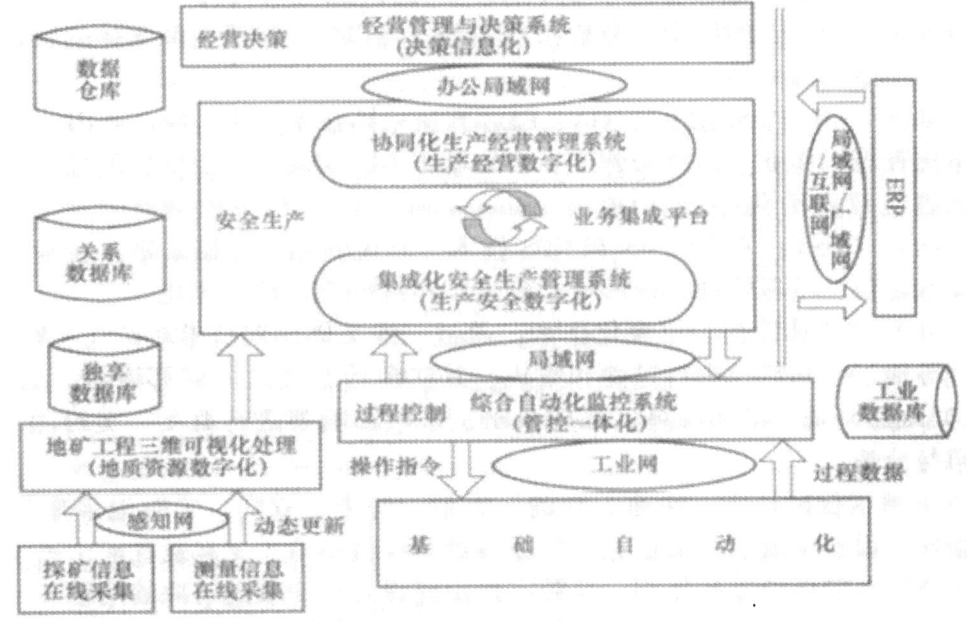

图 5-1　数字矿山系统逻辑架构图

（1）过程控制：对应生产综合自动化监控系统，需要实现生产现场作业的集中监测与调度控制。

（2）地矿工程三维可视化。用于管理矿山企业的最基础的生产加工对象——地质资源信息，需要实现地质信息与测量信息的在线采集，并借助矿业软件完成地矿工程信息的三维可视化处理及矿床品位估计与储量计算，在此基础上完成开采设计并辅助采掘生产计划的编制等。

（3）安全生产：作为矿山数字化建设中自动控制系统与决策支持系统之间的重要衔接环节，安全生产层面实现了生产组织与生产执行过程中的数字化管控，为生产执行过程管理提供全面的信息联动平台，同时也为企业的生产决策提供具有一定集成属性的生产信息，用于辅助生产经营决策。

（4）经营决策：对应矿山经营管理与决策系统，需要针对管控结合的安全生产管理系统所产生的大量数据进行统计和分析，并建立相应的分析与决策数学模型，以对生产经营决策形成辅助支持。

（5）企业资源计划（Enlerprise Resources Planing，ERP）：ERP 系统中应具备各管理系统，包括人力资源管理、财务管理、设备资产管理、物资管理、项目管理、预算管理等，数字矿山中与生产和安全相关的信息，需要与 ERP 集成和共享，从而保证矿山生产与安全相关信息的整体一致性。

二、数字矿山涉及的关键技术

数字矿山以矿产资源开发过程数字化信息为基础，对资源、规划、设计、生产和管理进行数字化建模、仿真、评估和优化，并持续应用于矿山生产全过程。作为一种新型矿山技术体系和生产组织方式，数字矿山涉及到了诸多技术难题与关键技术：

（1）矿山三维拓扑建模与空间分析技术：矿山信息空间查询、分析与应用，以及矿山在生产与安全中所涉及的模拟、分析与预测等，均以矿山三维空间实体的属性、几何与拓扑数据的统一组织为基础。

（2）矿山 3S（RS/GIS/GPS）0A、CDS 五位一体技术：为实现全矿山、全过程、全周期的数字化管理、作业、指挥与调度，必须基于 GIS 实现对矿山信息的统一管理与可视化表达，无缝集成自动化办公（Office Automation，OA）与指挥调度系统（Control and Dispatch System，CDS）；并集成 RS 和 GPS 技术，真正做到从数据采集、处理、融合、设备跟踪、动态定位、过程管理、流程优化到调度指挥的全过程一体化。

（3）三维矿山实体建模与可视化技术：通过三维实体建模技术对钻孔、物探、测量、传感、设计等地层空间数据进行过滤和集成，并实现动态维护（局部更新、细化、修改、补充等），对地层环境、矿山实体、采矿活动、采矿影响等进行真实、实时的 3D 可视化再现、模拟与分析。

（4）井下通信保障技术：快速、准确、完整、清晰、双向、实时地采集与传输井下各类环境指标、设备工况、人员信息、作业参数与调度指令，尤其是在矿山灾变环境下如何保障井下通信系统继续发挥作用，是建设数字矿山过程中重点解决的问题。

（5）井下快速定位与自动导航技术：基于 GPS 的露天矿山快速定位与自动导航问题已基本解决，而在卫星信号不能到达的地下矿井，则通过建立井下精细化的人员定位与导航系统，以此来满足矿山工程精度与自动采矿要求的地下快速定位与自动导航要求。

（6）数据仓库与数据更新技术：针对矿山信息“五性四多”（复杂性、海量性、异质性、不确定性和动态性，多源、多精度、多时相和多尺度）的特点，将其引入数据仓库技术。实现矿山数据分类组织、分类编码、元数据标准、高效检索、快速更新与分布式管理等，以及便捷的数据动态更新，即局部快速更新、细化、修改、补充等。

（7）数据挖掘技术：为了从海量的矿山数据中发现矿山系统中内在的、有价值的规律和知识，根据专家知识实现数据挖掘，对矿山的安全、生产、经营与管理发挥预测和指导作用。

（8）组件化矿山软件与模型：矿山信息的分析与应用、生产评估与监控、矿山工程模拟与决策等，均以各类应用软件与相关模型为工具。面对数字矿山体系架构中所涉及的多平台、多层面、异构型的系统集成与数据融合，组件化的软件模型是解决这一问题的主要方式。

三、现代矿山面临的智能化需求

国内外矿山存在着工业化水平的不同，集中体现在装备水平、管理模式等方面的差异。因而，在矿山数字化、智能化的问题上，国内外采用不同的形式来表达现代信息技术与采矿工业之间的技术融合与应用拓展，但是最终都统一到了矿山企业的智能化建设这一核心问题上，涵盖了包括资源管理数字化、技术装备智能化、过程控制自动化、生产调度可视化及生产管理科学化等在内的矿山企业生产、经营与管理等方面的诸多内容。

与国际先进矿山相比，我国矿业在数字化与智能化建设方面还普遍存在以下问题：

（1）矿山的自动化系统主要以远程监视为主、遥控操作为辅，重点在人工干预，无法实现设备的全面自主运行以及作业无人、少人化。

（2）各个系统的应用仍出现局部性和条块性。其中最为突出的是矿业软件应用的局部性问题，表现在初步实现了可视化地质资源展示，但没有可视化管理，更没有可视化设计。

（3）矿山生产过程数据的采集与集成应用成为瓶颈。一方面，由于现有矿山自动化系统的数据采集采用自动和人工录入相结合的方式，但在自动控制信息采集不及时的情况下，录入工作量大，数据的准确性也难以保证；另一方面，矿山的自动化系统仍具有主要以单体系控制、非集群化协同的特征，集成平台没有实现全面管理。因此，导致集成平台无论在工业数据提供还是在系统集成上，都无法满足生产管理的要求。

（4）数据的后续分析与利用问题。现场实时采集的生产过程与设备状态数据还主要应用于报表管理和基础的经济分析，没有被深层次地挖掘与应用，更没有通过集成化的信息加工处理和统一的信息服务平台，全范围地服务于企业的生产经营智能分析诊断与决策。导致底层的生产过程自动化与管理经营层面之间出现断层，投入大量精力建设完成的各个自动控制系统没有充分发挥出其建设优势，在矿山整体上没有形成更为显著的效率提升与成本优化控制。

我国经济已由高速增长阶段转向高质量发展阶段，正处在转变发展方式、优化经济结构、转换增长动力的攻关期，矿业亦面临着诸多新的形势与需求：

（1）矿山普遍面临着更为恶劣的新生产条件和更加沉重的生产任务。易采资源被迅速消耗，多数矿山逐渐进入深部开采阶段，生产条件恶化；生产规模不断扩大，井下的生产组织日益复杂，施工单位众多且技术装备水平不一，安全保障压力加大等。

（2）新技术的广泛应用带来了新的生产模式。随着工业 4.0、物联网、大数据、人工智能等新平台、新技术、新工具与矿山的结合越来越密切，矿业生产模式不断更新：采矿工业向规范化、集约化、协同化方向发展，采矿工程迈入遥控化、智能化乃至无人化阶段；选冶过程全面实现自动化，逐步拓展到智能化阶段；从勘探数据到储量数据，从产量数据到运营数据，矿山大数据也正逐渐展露出强大的生产力。

（3）生产经营的不确定性对于矿山生产经营效果的影响尤为突出。矿产品市场的不确定性使矿山面对外部市场波动时相对被动。资源接续吃力，资源的不确定性已经使常规挖潜增效手段很难产生较大的效果等。

（4）管理理念与管理水平的提升需求。先进的管理理念，匹配的数字化管理模式，精炼高效的组织机构，以及广泛普及的安全与生产企业文化，是现代矿山企业改变与革新的具体支撑。这些标志着矿山软实力、发展潜力以及企业可持续的因素，决定着先进的技术装备能否在矿山的生产与经营综合运转并发挥最大效能。更为重要的是，管理水平的提升与方法的革新不但复杂、涉众性广，而且是一个动态的、长期的、与生产方式紧密结合的过程，必须随着企业的数字化与智能化革新、生产方式的变革、先进技术装备的引进而同步提升。

当前，全球矿业正经历着一场新的革命，全面进入了以资源全球化配置为基础，以企业国际化经营为保障，以跨国合作为手段，以绿色、生态、智能、和谐为目标的全新历史阶段。这一现状不仅加深了矿山企业对数字矿山的依赖程度，同时也对数字矿山提出了新的智能化要求。矿山企业需要在现有建设成果的基础上，立足于解决当前出现的问题、科学应对面临的形势与困难，充分考虑矿山未来的发展，进一步展开智能化建设，对数字矿山从智能化的角度加以提升优化。

四、数字矿山的智能化提升途径

智能矿山是一种发展中的概念，是现代信息技术持续应用于矿山企业所带来的矿山运作模式不断升级，还是矿山信息化发展的新阶段。因此，从本质上说，智能矿山是数字矿山的智能化提升。提升的方式则主要体现在两个层面：一是生产环节中的各个部件的自主化和智能化运转，二是矿山的整体运营的自主调节与智能优化。与之相对应，产生不同主题的智能化提升方向与建设侧重，前者重点表现在自动化与远程控制，后者则是实现管理与决策优化。由此可见，数字矿山到智能矿山的提升，可以从三个方面加以描述，即生产、管理和决策的全面智能化提升。

第三节　智能矿山的建设构想

一、智能矿山的建设定位

矿山企业的智能化建设该如何开展，是当前矿业界讨论的热点问题。作为传统的资源开发与加工型企业，矿山长久以来被视为高消耗、高投资、高危险、高污染、劳动密集的生产型企业。矿山在完成传统企业的现代化转变过程中，由于其自身的生产流程、加工工艺、作业对象、市场与原料等方面存在着诸多特殊性、不可知性和不可控性，使得矿山企业的智能化建设在定位和目标上尤其难以把握，这主要是取决于我国矿山的信息化建设现状：

一方面，由于我国的矿山企业信息化建设起步较晚，在地质资源的数字化、生产过程的自动化以及生产经营与决策的智能化等方面，与矿业发达国家的矿山具有较大的差距；另一方面，由于信息技术的迅猛发展，使得矿山企业，尤其是现代矿山企业直接面对了信息技术发展的前沿技术和最新的管理理念，但这些先进的技术和理念与我国矿山企业的融合却成为最大的瓶颈。由此可见，硬件系统、自动控制系统、网络系统等可以快速与国际接轨，而软件系统、系统集成与规划、管理理念的提升与管理过程的规范化则仍需要做大量的工作。所有这些都决定了我国矿山智能化建设内容复杂，架构庞大，规划相对困难，但同时也反应出国内智能矿山具有的高起点、新技术、先进设备等一系列特征。

两化融合则为解决这一问题提供了一个新的思路。两化融合是指以信息化带动工业化、以工业化促进信息化，是信息化和工业化的高层次的深度结合。推动两化深度融合是党中央、国务院做出的重大战略决策，在两化融合的指导思想下，新兴工业化的进程融入了信息技术的推进作用，而信息技术的发展使得工业生产发展在更为高效安全的同时，弥补了大规模的投资和大量资源消耗所带来的高消耗、低效益等。因此，两化融合与智能矿山息息相关，可以说，将信息化与工业化深度融合、用信息技术改造传统矿业，是打造智能矿山的智力支持；而智能矿山是矿山技术变革、技术创新的一种必然，是两化融合战略在矿业的具体体现。

2015 年，国务院正式印发了我国实施制造强国战略第一个十年的行动纲领《中国制造 2025》，其后工业和信息化部、财政部于 2016 年联合制定了《智能制造发展规划（2016~2020 年）》。“中国制造 2025”、德国“工业 4.0”以及美国的“工业互联网”实际上是异曲同工，都是以信息技术和先进制造业的结合，或者说互联网 + 先进制造业的结合，来带动整个新一轮制造业发展，发展的最大动力还在于信息化和工业化的深度融合。

我国矿山企业正处于全面转型的关键时期，无论是矿业自身的发展，还是更好地融入“中国制造 2025”，智能矿山建设都是大势所趋。制造业智能化既是全球工业化的发展趋势，也是重塑国家间产业竞争力的关键因素。结合矿业发展来看，两化融合为智能矿山建设与“中国制造 2025”搭建起了良好的纽带，契合“中国制造 2025 规划”，只有将数字化、智能化等新的工具手段引入到传统的矿山企业中，将信息化和工业化这两个现代企业不可忽视的发展方向相互融合、相互推进，使它们一体化地在矿山企业的生产、经营、管理中发挥作用，才可以真正地实现跨越式发展，对建设以“生产要素智能感知、生产设备自主运行、关键作业无人少人、生产系统自我诊断、生产经营智能决策”为核心内涵特征的智能矿山具有重要意义。

二、智能矿山的系统架构

智能矿山建设是一项复杂的系统工程，它既需要针对矿山企业的生产经营特点，从目标和功能上整体规划、系统建设，更为重要的是还要深入分析矿山企业的个性化特征，本着实用性和先进性相结合的原则，量身定制企业的智能矿山建设方式与内容。

三、智能矿山中的基础平台

基础平台搭建是智能矿山建设的首要条件，它不仅决定了应用开发的技术路线和功能扩展，也决定了各子系统的建设和维护难度。为保证智能矿山建设的整体性和集成性，需要进行以下基础平台的搭建。

（1）物联网平台。搭建物联网平台，是为了满足设备精确定位与导航的要求。在数字矿山的基础之上，将网络的布局布点、覆盖范围与感知能力等方面进行提升。物联网平介建设完成后，在智能矿山中发挥的作用以及所需要达到的性能要求体现在如下四个方面：

1）无盲点网络：物联网的覆盖范围应更为广泛，实现地面与井下的无障碍通讯。

2）满足大批量人员与设备的精确定位要求：井下智能生产、精确的位置跟踪、远程遥控与现场无人作业、全方位安全生产保隙的前提，是人员与设备的精确定位。这些都需要高速稳定的物联网平台。

3）满足对矿山井下大量人员和移动设备进行实时控制的要求：在精确定位的基础上，基于智能生产的要求，为人员与设备的实时控制提供基础环境。

4）满足大批量实时工业数据的采集与传输要求：智能生产过程必将伴随着大量的生产与监控数据，物联网需要精确采集并实时传输这些数据，以满足矿山生产管理的要求。

（2）三维可视化平台。在地表、井下虚拟漫游的基础上，进行多元数据融合与信息集成，使三维可视化平台在矿山的安全生产中发挥更重要的作用，并可作为紧急状态反应期的综合调度平台。所集成的信息主要包括三维管线和其他隐藏构筑物与设施；安全生产六大系统的集成展示；安全生产监测监控与预警；现场安全生产状态的集成管理；安全预案的实施模拟、效果评估与方案优化等。

（3）大数据分析与处理中心。建设大数据分析与处理中心，是为了支持海量生产数据的快速运算和大规模现场环境仿真模拟，进一步基于大数据分析计算资源依托于大数据分析软件，利用软件中封装的挖掘算法和分析模拟功能，对数据进行专业化处理，为矿山生产活动提供智能分析和决策支持。

（4）云平台。矿业云平台的搭建，需要从行业层面、区域领域、企业层面等诸多层次全面规划，从而形成公有云与私有云相集成的，包括云存储、云计算、云服务等体系在内的整体架构，为矿山的生产、安全、商品、市场等管理主题提供资源条件、科技技术、措施方案、分析模型、设备厂商、资源整合等功能，为智能矿山建设中的“地质资源”“技术装备”“安全管理”以及“智能决策”提供数据与模型服务平台。

（5）移动办公平台。在物联网与云平台的支持下，搭建广域的移动办公平台，实现远程的生产与经营监管，最终形成“生产现场＋区域调度＋广域监管＋云服务”的四项安全生产调度与信息管理架构。

第四节　智能矿山的应用体系

围绕智能矿山的建设定位，为实现全面覆盖矿山生产技术与管理的各个层面以及保证矿山智能化的规范和有序，智能矿山建设的应用体系应从以下七个方面规划与实施。

一、智能化生产条件准备

智能化生产条件准备的建设目标是形成智能矿山管理与控制的基础条件。将矿山生产的一切前提，包括生产要素和资源要素，尤其是地质资源要素要实现数字化，从而为矿山的智能生产与组织提供数字化的基础条件。智能化的生产条件准备应满足矿山生产的持续性和地质资源价值的动态评估等前提，因而具有动态性，并且能随着生产的实际进展而不断更新。

智能化生产条件准备的具体任务包括：①空间信息的智能化采集；②地质资源的精细化建模；③资源储量的动态评估；④基于矿业软件的露天矿开采境界优化；⑤基于三维可视化的矿山开采设计与生产布局优化等。

二、开采作业自动化

开采作业自动化的建设目标是实现现场作业无人化、少人化。在主生产作业或危险区域实现设备自主运行、关键生产辅助环节实现无人值守、矿石加工流程与矿石质量实现自动控制。

开采自动化的具体任务包括：①露天矿智能化生产调度；②卡车运行自动化；③胶带运输自动化；④地下矿采掘设备自主运行；⑤辅助作业的机械化与自动化；⑥矿石溜放的智能监测；⑦井下运输与提升的智能调度等。

三、固定设备无人值守

在矿山开采过程中涉及众多的辅助设施与固定设备。通过智能矿山建设，从而实现固定设备的无人值守。

具体任务包括：①通风系统的模拟仿真，实现“按需通风”；②实现经济最优的排水系统的自主运行；③在供风系统中实现“按需供风”；④在供配电系统中实现无人值守与数据采集；⑤在充填系统中实现地表充填站的全自动运行与基于任务的自主调节等。

四、选矿智能化与智能选厂

智能选厂的建设是以选矿自动化为基础，围绕装备智能化、业务流程智能化和知识自动化逐步升级，实现选矿自动化与选矿系统的智能控制。具体内容包括：①实现高精度的监测监控，包括料位监测、液面监测、浓度监测；②整个选矿系统的自主调节，不仅能够根据一个或者多个过程参数的反馈对控制周期和强度进行调整，还能够根据过程统计监控识别出的生产状况自动调整生产作业参数；③与矿石全面质量管理相结合，向多元化、品位导向下的集成优化发展，通过对整个生产过程的监控、管理，实现对整个矿石流的全流程监控；④选矿生产过程仿真。

五、智能化安全保障体系

智能化安全保障体系的建设目标是实现面向人•机•环•管的全方位主动安全管理。在现有安全生产六大系统的基础上，将人员行为安全、作业环境安全、设备运转安全、安全制度保障等安全生产要素加以全面集成和智能化提升，形成以全面评估、闭环管理、实时联动、智能预警为特征的主动安全管理保障体系。

智能化安全保障体系的具体内容包括：①井下通信联络系统；②井下人员定位系统；③作业环境在线监测与预警；④微地震监测与智能预警；⑤智能预警；⑥尾矿库在线监测与智能预警；⑦作业现场安全的闭环管理；⑧矿山安全评价与预警管理；⑨面向大数据分析的安全知识管理；⑩基于虚拟现实与增强现实技术的人员安全培训；⑪智能联动与安全预案管理等。

六、生产系统智能管理与优化

矿山生产系统主要包括地面生产系统和井下生产系统，所包含的环节多且管理复杂。实现生产系统智能管理与优化，即实现最优的生产组织与过程跟踪。因此，矿山生产系统智能管理与优化则要求在对矿山全部生产要素进行数字化评估的前提下，以矿山面临的生产任务为总目标，优化得出适宜的生产指标体系，并自动完成生产作业组织与排产，与生产过程自动控制体系相结合，实现覆盖地、采、供、选、销的生产管理全流程跟踪，以保证矿山生产的高效、经济。

生产系统智能管理与优化的具体内容包括：①资源储量动态管理；②生产计划优化编制；③地下矿智能化生产调度；④生产运营信息统计与核算等。

七、智能生产决策支持系统

智能生产决策支持系统的目标是实现生产经营效果的科学分析，并辅助生产决策，其特征是采用机器学习和集中分析的方法进行分析评价，从而实现决策的支持。

基于各环节形成的生产与经营数据，运用大数据分析与商务智能等工具，采用系统分析与评价、数据挖掘与优化模型等方法完成矿山的经济分析与决策支持，预测并及时修正矿山生命周期内的生产布局。其具体内容包括生产指标动态优化系统、基于商务智能的定制主题经济分析、面向大数据的全面决策支持系统等。

第六章　智能化生产条件准备

本章学习要点：精确把握并实时更新地质资源、科学迅速完成矿山规划设计以此形成矿山智能生产的基础条件，需要基于矿业软件，并且在三维可视化的平台下，通过智能化生产条件准备来完成。本章讲述了适用于矿山全生命周期规划与设计的矿业软件应用方式，空间信息智能化采集的装置与装备，地质资源和与之相关空间信息的三维可视化管理，以及在实时、精细化空间信息平台支撑下的露天矿优化设计和地下矿规划与开采布局。

生产条件准备是一切生产与经营活动前提和基础，对于矿山来讲，生产条件准备的核心是地质资源信息的精确把握，以及在此基础上所形成的开采方案、规划与设计。因此，智能化生产条件准备是将矿山生产运营所涉及的生产要素和资源要素进行数字化采集、加工与处理，形成智能矿山生产与管理的基础条件。这其中，最为核心的是地质资源要素，以及与之相关的各种空间信息。由于存在着地质资源的不确定性、生产作业的动态性与安全状况的复杂性等特点，智能化生产条件准备应满足矿山生产的持续性和对地质资源价值的动态评估为前提，因而具有条件准备的动态性，随着生产的实际进展而不断更新。

智能化生产条件准备的主要内容包括空间信息的智能化采集、空间信息的智能化处理和智能化开采设计与规划等，如图 6-1 所示。

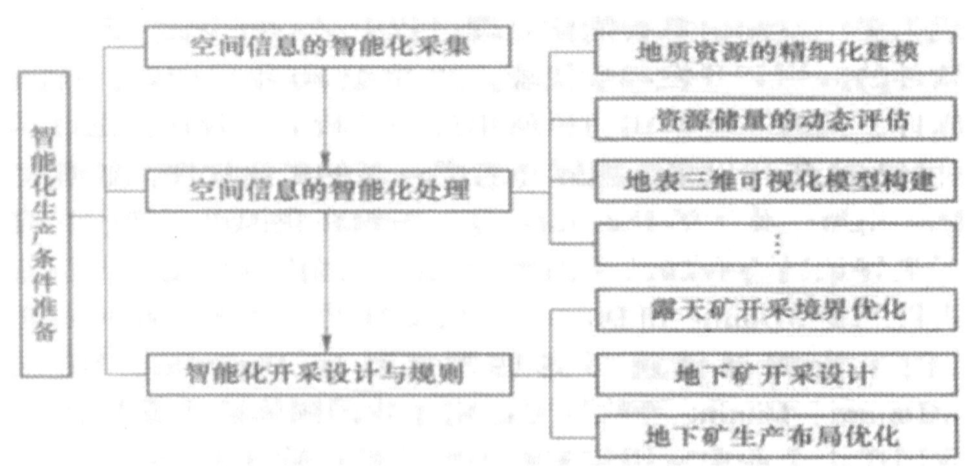

图 6-1　智能化生产条件准备内容

第一节　矿业软件应用的全面规划

智能化生产条件准备的基础是全面规划矿业软件的应用，搭建地质资源管理与生产设计相集成的三维可视化仿真平台，从而在三维条件下实现空间信息的采集、加工与处理，完成地矿工程信息的三维可视化、矿床品位估计与储量计算，实现三维工程数据和资源开采数据的实时共享，并在此基础上进行矿山的智能化开采设计与规划。矿业软件应用的全面规划如图 6-2 所示。

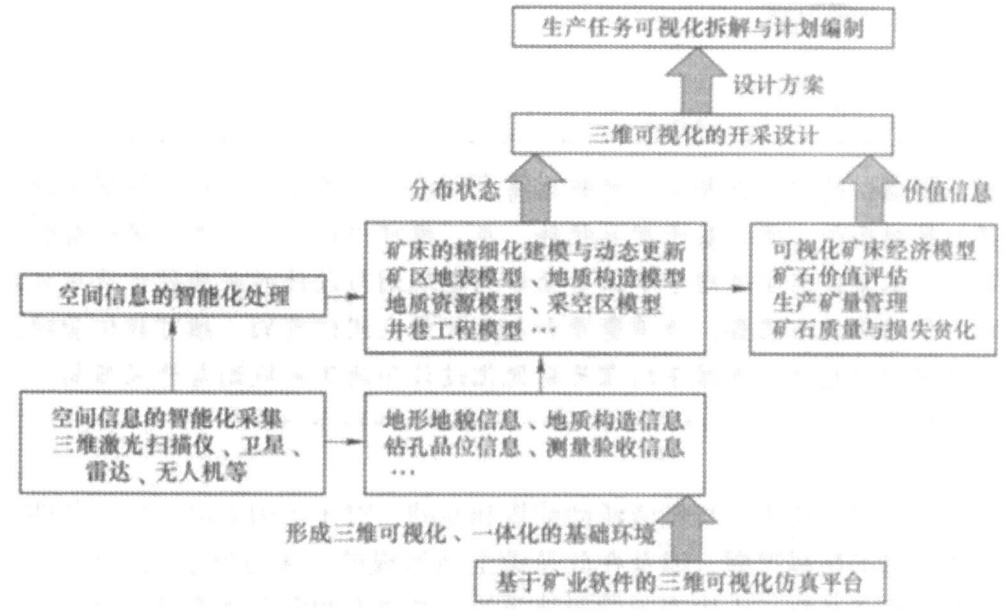

图 6-2　矿业软件应用的全面规划

矿业软件是在地质建模的基础上实现三维可视化开采设计的软件系统，它以地质统计学和采矿学为基础，以数据库为中心，以优化开采为目标，采用定量化、自动化和可视化的方式对客观地质体进行解释，从而快速掌握矿体的三维空间分布形态，并为矿山的地质资源评价、开采规划、采矿设计等工作提供数字化方式。

矿业软件的开发和应用始于 20 世纪 70 年代，目前已在矿业发达国家的矿山生产中发挥了巨大作用，成为矿山空间信息智能化处理过程中必不可少的工具。

我国对矿业软件的应用和开发起步较晚。20 世纪 80 年代中期，我国才出现一些学者寻找合适的矿业软件，与此同时一些矿山与科研单位和高校展开合作，把计算机技术应用于矿山山生产中。自 20 世纪 90 年代以来，国际知名度较高的矿业软件，如澳大利亚的 Surpac 和 Vulcan、美国的 Minesight、英国的 Dalamine 等，纷纷在我国进行推广和应用，矿业软件用户急剧增加。为了更好地适应我国的矿山生产实际情况，国内也研发了一些适用性更强的矿业软件，比较有代表性的是3Dmine和Dimine。进入21世纪以来，我国对矿业软件的推广和应用日益重视，国土资源部储量司先后发文认定Dalamine、Minesight、Micromine、Surpac、Vulcan、3Dmine、Dimine等软件可以用于我国固体矿产资源储量计算和评估。

现阶段，在我国矿山企业中应用较多的国内外矿业软件主要有：

一、Datamine软件

Datamine软件，全称Datamine Studio，是一款矿业三维数字化解决方案软件，1981年由英国伦敦的MICL公司（Mineral Industries Computing Limited，后被加拿大CAE公司收 购旗下的Datamine相关业务）开发推广，得到世界各国矿业公司的广泛使用。

Datamine软件在1997年由中国有色工程设计研究总院引进中国市场并在设计项目中 得到应用，此后在矿山及相关设计单位逐步推广，其储量计算功能于2001年通过了国土资源部储量评审的认证。这是我国国土资源部最早认证的国外矿业软件。

Datamine软件主要包含10个功能模块：核心模块、地质统计、数据输入/导出、可采资源优化、露天采矿设计、块体模型、矿体空间演变、地下采矿设计、三维分析显示、线框模型。在以上10个功能模块支持下，软件主要有以下几个方面的应用：

（1）基本功能：交互式真三维设计，数据管理、处理及成图；

（2）勘探：岩样数据输入输出，统计分析，钻孔编辑，地质解译；

（3）地质建模：地质统计，矿块模型，矿床储量计算；

（4）岩石力学：构造立体投影图和映射图、建立岩石模型；

（5）露天开采：资源优化，短期生产计划，采场及运输道路设计；

（6）地下开采：采场设计、优化，开拓系统设计、优化；

（7）辅助生产：测量，品位控制，进度计划编制，配矿；

（8）复垦：环境工程，综合回收，土地复垦和利用研究。

Dalamine软件具有如下特点：基于基础数据建模的外延广，适合矿山开采方案规划设计；能够兼容多种第三方软件的输入和输出；拥有VR功能，可直接加载卫星照片、采矿设备等现实数据；对外开放命令接口和用户界面，便于软件的二次开发利用等。

二、Minesight软件

Minesight软件是由美国MinteC公司开发研制的三维矿山建模与规划软件，可应用于矿山地质、测量、采矿设计及进度计划安排等工作中，目前已被世界上众多国家的矿山所使用。

Minesight软件在1998年由江西铜业集团引入国内，并在德兴和永平两大铜矿山进行了推广和应用，此后江西有色地勘局、南昌有色冶金设计研究院、贵州地矿局 117 地质大队等先后引进并应用该软件完成了矿山的地质建模及储量估算等工作。

Minesight 软件将模块功能分割并以镶入的方式进行融合，具体功能如下：

（1）建模工具：包括地表建模、构造建模、矿体建模、巷道建模等；

（2）统计分析：包括钻孔数据分析、物料管理分析、爆破数据分析、品位统计分析等；

（3）管理工具：包括采场管理、采掘管理、储量管理、物料管理、设备管理等；

（4）计划工具：包括采掘计划编制、短期计划编制、长期计划编制等；

（5）出图工具：包括剖面出图、地质平面出图、地表地形出图、采矿二维出图和采矿三维出图等。

Minesight 软件的三维功能强大，数据管理简单快捷，特别针对大型露天矿山的地质建模、采矿设计以及日常生产管理，具有很高的技术水平，同时该软件还提供了开放式的 PythOn 和 C 语言录入平台，便于软件的二次开发与需求定制。

三、Micromine 软件

Micromine 软件由澳大利亚 Microniine 公司研发，是一套用来处理地质勘探和采矿数据的矿业软件，其在国际上拥有 5000 多个注册用户，遍布全球主要矿产生产国，国内包括矿山、地勘单位、设计院等在内的各领域矿业企业也均有应用。

该软件以模块化形式构建，共有七个模块：综合软件平台（核心模块）、地勘模块、测量模块、开采模块、资源评估模块、线框模块和输出模块，能够实现以下功能：野外数据采集；坑道掌子面采样；异常图、地球化学图、地球物理剖视图；勘探和钻孔数据库、数据有效性检查和校正；钻探计划及优化；地质建模；三维可视化显示；三维动画；资源评估；采矿设计；矿山及勘探测量；采矿计划；经济评价；地下、露天爆破设计；露采品位控制和露采采场设计等。

MiCromine 在数据采集和处理上方便快捷，特别是在地质解译、三维建模及储量估算上操作简单、快速，同时对三维图形处理功能强大，并具有较好的动态管理功能。

四、Surpac 软件

Surpac 软件全称为 Geovia Surpac，是 GEMCOM 国际矿业软件公司（2013 年被法国达索公司收购，现已更名为 Geovia）的一款全面集成地质勘探信息管理、矿体资源模型建立、矿山生产规划及设计、矿山测量及工程量验算、生产进度计划编制等功能的大型三维数字化矿山软件，在 1996 年进入中国市场，是国内应用最为广泛的国外矿业软件，并于 2004 年获得了国土资源部储量评审的认证。

Surpac 软件的主要功能如下：

（1）地勘领域：建立地质数据库及管理、矿体及构造模型、储量资源量估算、生成地质图件等；

（2）矿山生产领域：露天境界优化、露天采矿设计、露天爆破设计、采矿生产进度计划、地下采矿设计、中深孔爆破等；

（3）测量领域：地表测量、地下测量、形成测量数据库和工程量验收等。

Surpac 软件是地质、采矿、测量和生产管理的共享信息平台，兼容多种流行的数据库和数据格式，并提供简单易学、功能强大的二次开发函数库，软件功能全面并且易于扩展。

五、Vulcan 软件

Vulcan 软件由澳大利亚 MapLek 公司研发，主要应用于地表及地下三维数据的处理，包括地质工程、环境工程、地理地形、采矿匚程、水库工程、地震分析等方面的数据处理及工程设计。

Vulcan 软件主要分为四个功能模块：

（1）地质工具：地质勘探、地质建模、地质统计、隐式建模等；

（2）排产工具：矿山排产、甘特图进度计划、短期计划等；

（3）露天矿山设计工具：露天矿山建模、采石场建模、交互式道路设计、露天矿穿孔爆破设计等；

（4）地下矿设计工具：地下矿山建模、矿山测量、采场优化、地下矿山品位控制等。

该软件不仅适用于矿山的地质模型、测量验收和采矿设计，还适用于水库工程、地震分析等工程的数据管理和工程设计等，而且能够通过不同功能模块的组合使用，服务于矿山服务年限内的各个阶段。

六、3DMine 软件

3DMine 软件是北京三地曼矿业软件科技有限公司于 2006 年开发的一套重点用于矿山地质建模、测量、储量估算、采矿设计与技术管理工作的三维软件系统。随着其功能的不断升级和完善，逐渐在国内的地勘单位、生产矿山、科研设计院所、专业教育机构等推广应用。

3DMine 软件的主要功能模块包括：三维可视化核心、CAD 辅助设计与原始资料处理、勘探和炮孔数据库、矿山地质建模、地质储量估算、露天采矿设计、地下采矿设计、采掘计划编排、测量仪器接口与数据应用、打印出图等，而且支持二次开发，可以接受 C++、VBA、C# 以及其他的开发语言接口，从而满足定制化需求。

3DMine 软件结合了二维和三维界面技术，既具有与国际主流矿业软件相同的理念和功能模块，储量计算方法符合国际标准，又符合中国的矿山情况和工作流程；结合 AutoCAD 和 Office 的使用习惯，易于操作，而且兼容各种数据库 AutoCAD、MapGIS

及其他通用的矿业软件文件格式，便于进行数据和图形转换。

七、Dimine 软件

Dimine 软件是在地质建模的基础上实现三维可视化开采设计的软件系统，以地质统计学和采矿学为基础，同时以优化开采为目标，为矿山提供数字化和智能化手段，以此来完成地质资源评价、开采规划、采矿设计、测量验收等工作。该软件是长沙迪迈数码科技股份有限公司于 2008 年研发，并逐步在冶金、煤炭等矿业相关行业和领域推广应用。

Dimine 软件的主要功能包括：地质数据库管理、地质统计分析、资源储量动态评价分析、地表实测 DTM 建模与应用、地下采矿设计、智能计划编制、境界优化与分析、露天矿配矿与爆破设计等，以数据库为中心，实现地、测、采等专业技术协同与可视化管理，为矿山生产、安全管理提供实时数据与工程模型。

与 3DMine 软件一样，Dimine 软件的设计结合了国际各矿业软件的优点和国内矿山企业生产管理的特点，并且与我国矿山生产实际紧密结合，易于操作。采用数据库技术管理用户数据，实现了矿山生产、安全各类数据的实时更新与共享，并支持多用户协同工作。

第二节 空间信息的智能化采集

矿山的空间信息是指在矿山勘查、设计、建设和生产经营的各个阶段所涉及的矿区地面与地下空间、资源和环境及其变化的信息，其采集过程通过矿山测量工作完成。传统的矿山空间信息采集主要通过常规测量技术实现，采用水准仪、经纬仪、全站仪等仪器设备及相应的测量方法，效率和精度都有待提高，且所采集的数据最终输出均为二维结果，无法满足矿山智能化的要求。为实现空间信息的智能化采集，需要借助新的技术与手段。

一、卫星测量仪

随着全球卫星导航定位技术和实时动态差分（RTK）技术的发展，卫星测量仪已成为矿山空间信息采集的重要设备。目前，卫星测量仪在矿山测量中，主要用于矿区地表移动监测、水文观测孔高程监测、矿区控制网建立或复测、改造等，实现对目标物的实时、动态监测。

卫星测量系统主要由三部分组成：设置在具有较高精度控制点的基准站、数据传输系统以及收集数据的流动站，如图 6-3 所示。基准站接收卫星发送的数据后，将相关数据通过数据传输系统快速传递给流动站。流动站不仅要接收基准站数据，还要接收同一卫星发出的卫星观测数据，对观测的数据进行精细化处理后，最终根据相对定位原理，通过计算机实时计算，显示出目标物的三维坐标和测量精度。

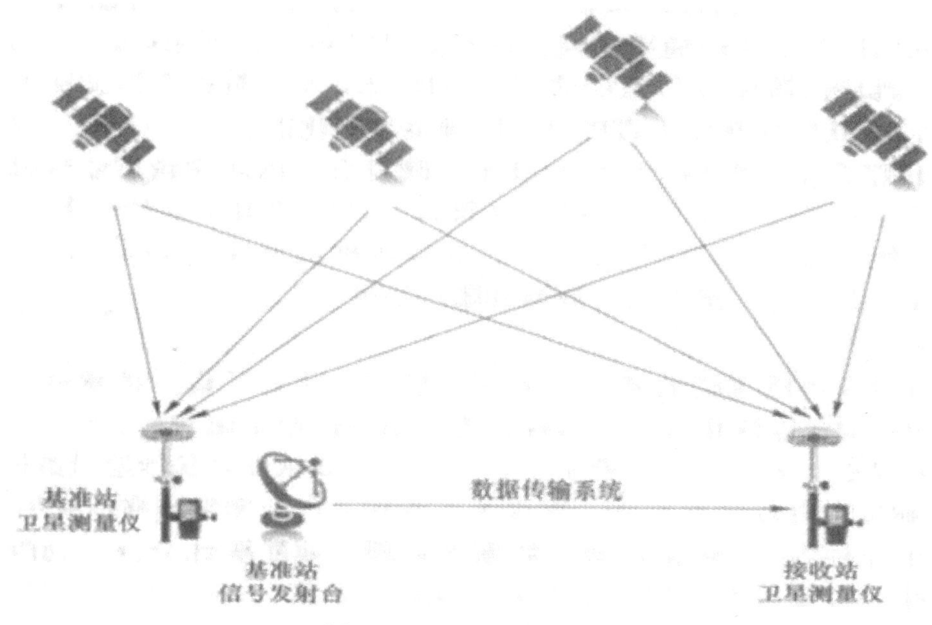

图 6-3　卫星测量系统构成

运用卫星测量仪对矿区进行空间信息采集，可以得到每一个测点的三维坐标，形成采集点的数据库，并采用数据、图形和位置等不同的表现形式反映到不同的应用环境中。通过对数据库数据格式的转换、编辑，采用管理软件可以形成地形图件、管理工矿设施坐标及对已知坐标进行放样，对于图形的数字化管理和使用也起到了促进作用。

卫星测量不仅具有全天候、高精度和高度灵活性的优点，而且与传统的测量技术相比，无严格的控制测量等级之分，不必考虑测点间通视、不需造标且不存在误差积累，可同时进行三维定位，因此在外业测量模式、误差来源和数据处理方面，是对传统测绘观念的革命性转变。

二、雷达遥感测量仪

20 世纪 70 年代，美国成功发射第一枚地球资源卫星，标志着卫星遥感时代的到来。随着传感器技术的不断革新，以遥感技术为基础的雷达遥感测量仪在矿山地质测绘方面扮演着越来越重要的角色。

遥感依据不同物体电磁波特性的不同来探测地表物体对电磁波的反射和发射，提取这些物体的信息，以此完成远距离物体识别，得到的遥感图像具有直观性、宏观性、综合性、真实性的特点，是一种成本低、反应灵敏且信息收集量大的信息采集方式。

应用遥感测量仪，可以得到瞬时的遥感成像，获取矿区实时、动态、综合的信息源，从而获得大面积矿区真实可靠的地形地貌、矿区实况以及地质构造，为区域地质分析、地质构造机理研究、矿产勘探、灾害预测等，提供实时、丰富的信息。遥感测量仪在矿山空间信息采集中的作用如图 6-4 所示。

遥感地质调查从宏观的角度，着眼于由空中取得的地质信息，即以各种地质体对电磁辐射的反应作为基本依据，结合其他地质资料及遥感资料的综合应用，分析、判断一定地区内的地质构造情况。与传统的地质调查方式相比，采用遥感资料进行大面积多幅联测方式，在岩性识别、断裂解译、侵入单元、超单元划分及中新生界地质研究方面，都展现出优势，提高了地质调查的数字化与智能化水平。

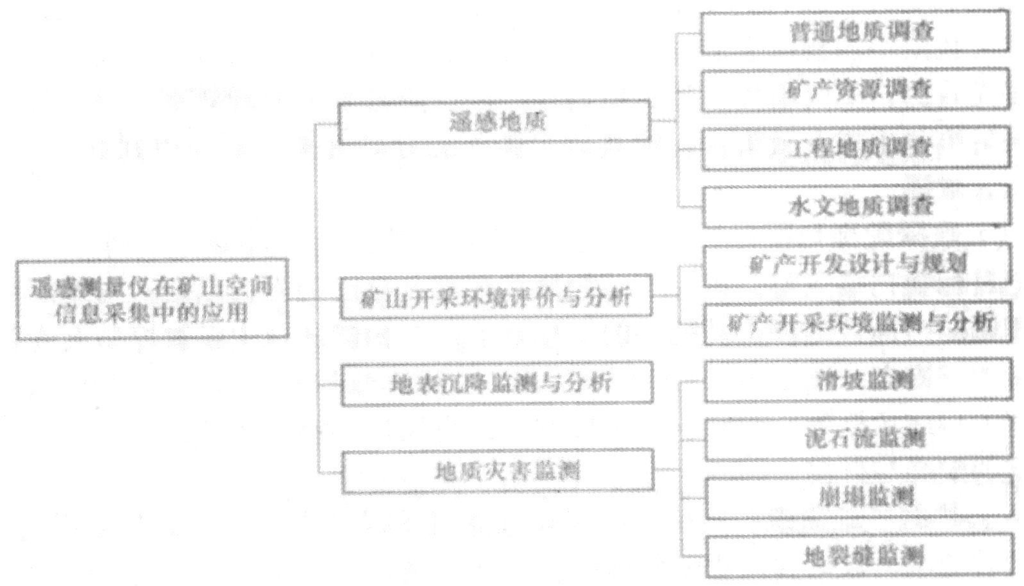

图 6-4　遥感测量仪在矿山空间信息采集中的作用

矿产资源调查方面，由于遥感影像中所观测的目标地物不同，其所反射或发射的电磁波信号强弱也存在一定的差异。在矿山环境中，矿产资源、非矿产资源两类地物所辐射的热度也不同，借助雷达遥感测量仪可以敏感地获取并区分这种差异，并将其差异以图像的形式直观体现出来。因此，借助遥感技术可以高效地获取大面积范围内、可达性较差的矿山区域中矿产资源的分布情况，并以像素（栅格）为单元、以像素值为目标地物的辐射亮度值，直观表达矿产资源在遥感成像时间内的矿产资源空间分布状况；通过遥感测量仪进行电磁波信号的不断采集，可以反映长时间序列下的矿山矿产资源时空演变情况。

在地表沉降监测与分析方面，结合合成孔径雷达差分干涉测量技术（D-InSAR）和高分辨率卫星遥感技术以及地质调查，通过区域监测可以分析由于采矿干扰和不同岩体下陷速度加快或延缓导致的区域差异沉降特征，从而实时监测地面沉降，提高地表形变信息获取技术及信息处理的智能化水平。

三、三维激光扫描仪

三维激光扫描技术又被称为实景复制技术，通过高速激光扫描测量的方法，可大面积高分辨率地快速获取被测对象表面的三维坐标数据，大量采集空间点位信息，实现物体三维影像的快速建模，具有实时、动态、主动性、非接触性、高精度、数字化等特点，可以应用于矿山三维数字模型的构建、采空区的数字化验收管理、矿产资源储量动态监测和矿山露天爆破设计等方面。

利用三维激光扫描仪进行空间信息采集与建模的步骤如下：

（1）数据获取：通过现场踏勘制定扫描方案，针对不同的扫描目标或建模的精度要求，合理选择扫描密度和各项参数进行扫描，以此获得点云数据。

（2）数据预处理：也称为数据滤波。三维激光扫描仪在扫描时，往往由于障碍物的遮挡，在点云数据中的物体表面形成空洞，造成数据缺失，同时也会形成冗余数据。这些冗余数据是无效的，不仅占据了计算机内存，还会降低数据处理效率，因此需要将冗余数据提取出来后单独生成点云集合，使其与主体点云分离开来，从而得到有用的点云数据，删除杂质点云数据。

（3）点云数据配准与拼接：由于目标物的复杂性，通常需要从不同方位扫描多个测站，才能把目标物扫描完整，每一测站扫描数据都有自己的坐标系统。三维模型的重构要求把不同测站的扫描数据存贮到统一的坐标系下。在扫描区域中设置控制点或者靶点，使得相邻区域的扫描点云图上有三个以上的同名控制点或控制标靶，通过控制点的强制附和，将相邻的扫描数据统一到同一个坐标系下，从而得到目标物整体的点云数据。这一过程即为点云数据的配准与拼接。

（4）点云数据三维建模：利用空间采样或随机采样的方法对点云数据进行采样抽稀，然后将处理后的点云数据导入建模软件中，建立扫描目标物的三维模型。矿山中常用的建模有矿区地表及设施建模、巷道工程建模和采空区建模等，如图 6-5 所示。

（a）点云数据

（b）采空区及工程模型

图 6-5　三维激光扫描数据建模示例

三维激光扫描技术可以将矿山的所有实景信息复制到计算机，并且可以转换为计算机可以浏览和分析的数字化信息，在矿山空间信息的智能化采集中具有如下优势：

（1）根据三维激光扫描仪获取的点云数据，可以建立矿山地表建筑和其他设施的三维模型，并通过三维后处理软件，对三维模型附加详细的属性信息，建立模型的索引目录。技术人员可以通过三维模型准确地了解各设施的具体属性，通过点击索引目录便可直接跳转至对应的模型进行浏览和属性查看，从而实现矿山的数字化管理。

（2）根据三维激光扫描仪获取的点云数据，可以建立巷道工程的三维模型，直观、立体地展现地下工程的实际进度，实现地下巷道的三维可视化，为实现井下设备信息查看、井下人员实时定位、三维可视化安全监测等提供基础。

（3）根据三维激光扫描仪获取的点云数据，可以建立矿山采空区的三维模型，实现采空区的数字化管理，得到实时更新的保有地质储量，从而实现三维矿床模型的动态更新与进一步细化，为后续的智能开采设计及排产提供基础数据。

（4）可以将多次扫描的数据模型进行会加分析，从而精确计算出目标的结构形变、位移以及变化关系等，为指导矿山安全生产提供真实可靠的基础数据。

四、无人机航测技术应用

无人机航测技术，即无人机航空摄影测量与遥感技术，是指通过无线电遥控设备或机载计算机远程控制飞行系统，利用搭载有小型数字相机作为遥感设备，使无人机在一定的空域内飞行，获取高分辨率的数字航片的测绘技术。

我国对无人机航测的研究起步较晚，直到20世纪末，我国的第一架无人机才由中国测绘科学院牵头研制成功，并完成无人机的关键性试验，随后逐步引入到矿山的环境监测、测绘、地质地形建模、储量动态监测等工作中，能够实现矿山的地形信息提取、地理高程建模、高分辨率正摄影像获取、宏观场景查看等。

采用无人机进行矿山空间信息采集的工作主要包括影像数据采集和内业数据处理两部分。无人机在经过飞行技术设计之后，进行航拍测绘获取图像数据，回到地面后将图像导出。由于导出的是一系列的单张图像，则需由地面工作站进行业内图像数据处理、质量检查等流程，最终完成模型构建与成果输出。

无人机以其在云下低空飞行的能力，弥补了卫星光学遥感和普通航空摄影易受云层遮挡影响的缺点，具有巨大的应用潜力。无人机航测具有体积小、成本低、机动灵活、成像分辨率高、响应快速等特点，可在恶劣环境、危险性高的矿山开采区域开展作业，结合现代化数据通信技术、卫星定位技术、遥测遥控以及传感技术等手段，可实现矿山空间信息的智能化采集，特别是与三维扫描技术和SLAM技术（即时定位与地图构建技术）相结合，能够更好地实现三维点云数据采集，并将无人机航测应用于无卫星导航信号的矿山井下作业环境中。

第三节　空间信息的智能化处理

空间信息的智能化处理是指在智能化采集的基础上，运用计算机图形技术、遥感图像解译处理技术、三维建模技术、虚拟现实技术、三维可视化显示技术等，将矿山生产建设的空间数据规律生动形象地展示出来，并对这些图形携带的大量信息进行分析研究。主要内容包括：采用矿业软件进行地质资源的精细化建模与储量估算；基于三维 GIS 技术等实现地表三维可视化模型的建立，提供矿区及周边近邻地区有关信息资料的存储、查询和表述；精确定位矿山地下地上各种管线的空间位置，并附加属性信息，从而实现三维管线及其他隐藏构筑物的智能化管理等。地质资源是矿山生产的基础要素，对地质资源信息的智能化处理是其核心内容。

一、地质资源信息的智能化处理过程

地质资源信息的智能化处理，是智能矿山建设中必不可少的基础环节，是实现矿山可视化开采设计、生产作业智能组织与生产任务智能分配的前提和基础。

（一）空间信息的预处理

在地质资源信息的智能化采集的基础上，将得到的各类地测资料，如钻孔工程资料、探槽工程资料、坑道工程资料、勘探线与中段位置资料、物化探资料、各类储量表格以及水文测量资料等，按照一定的数据存储格式进行预处理，形成基础信息资料库，从而为地质资源的精细化建模、品位估计与储量计算、资源储量动态评估等，提供基础数据支持。

为保证数据的通用性和可读性，根据矿业软件通用的数据库规范，对收集的钻孔、探槽等数据进行分析、整理、处理后，通常将其分解为孔口定位表、测斜表、化验表和岩性表四个文件：

（1）孔口定位表包含以下字段信息：所有探矿工程的工程编号、钻孔深度及孔口三维坐标信息。此外，还可以根据生产需要，添加勘探线编号、工程描述、编录信息、开孔日期、闭孔日期、工作单位、编录人以及该探矿工程的总体特征、备注等字段信息，来提高三维平台下数据的可操作性。其中勘探工程编号为数据库主键信息。

（2）测斜表包含探矿工程编号、钻孔深度、倾角及方位角等字段信息。

（3）化验表包含以下字段信息：探矿工程编号、样品编号、起始结束深度及金属化验品位等。此外，还可以根据实际需要添加副产品元素品位化验信息、氧化率化验信息等其他字段。

（4）岩性表包含探矿工程编号、样品编号、起始结束深度、岩性等必要字段信息。

（二）基于矿业软件的地质资源精细化建模

以预处理后的地质钻孔数据为数据源，来创建地质数据库，在矿业软件中实现地质数据的三维空间显示，包括钻孔的孔迹线、品位值、岩性等，并能进行数据的编辑、查询、更新及统计分析等操作。

以地质数据库和采集的空间信息为数据源，建立包括砂床模型、开拓系统模型、地表断层模型等在内的矿山三维地质模型。根据地质规律、采用交互式手段，从相互垂直方向解译矿体，反复地进行矿体圈连、验证、复核、修改，最终形成由一系列三角面集合构成的实体表面或轮廓，来形象展现出矿体、断层、地表等的几何空间形态，以及开拓系统和地表构筑物之间的关系，同时也为后期品位模型的估值奠定了基础。

（三）品位估计与储量计算

矿床的三维实体模型虽然给出了矿体的几何空间形态，但无法描绘出矿体内部的分布情况，因此必须结合地质数据库中已知样品点的品位信息，在矿体的实体模型内部应用地质统计学原理进行品位赋值，从而揭示出矿体内部品位的具体分布情况，为矿山生产动态管理提供科学的依据。

首先，以地质统计学为基础，对数据库中的地质数据进行基础统计分析、样品组合与变异函数分析。通过对区域化变量的分布特征进行研究，了解其数值分布特征与矿床成因的内在联系，确定品位的统计分布规律、变化程度及其特征值，为资源模型的品位估计提供数据基础。

其次，建立用于品位估计的块体模型，综合考虑开采方式、勘探网度、变异函数及模型可操作性等因素，确定块体模型尺寸，并根据矿山实际需求建立相应属性，如密度属性、品位属性、阶段属性等。

再次，选择适合于矿床自身特点的资源储量估算方法进行品位估计。我国常用的资源储量估算方法主要分为传统几何法、地质统计学方法、SD 法及距离塞次反比法，其中广泛应用于矿业软件的是地质统计学法和距离哥次反比法。应结合矿床地质特征与勘查工作实际，选择合适方法进行资源储量估算。

最后，完成品位估计之后。根据矿山的实际需要，以地质资源模型为基础进行储量计算，按不同的边际品位、品位区间、中段高度等计算块段的体积、矿量、平均品位和金属量，并提交资源储量报表，为矿山采矿设计、生产计划编制等提供数据支持。

二、资源储量动态评估

资源储量估算具有明显的动态性特点，估算结果具有显著的时效性。资源储量的动态评估主要包括地质资源模型更新和边际品位调整优化两个方面。

（一）地质资源模型更新

地质资源模型应随勘探和生产数据的增加以及变更定期更新。在三维矿业软件平台上，将经测量验收系统反馈的地测采信息，及时在地质资源模型中给予体现，实时把握地质资源的消耗速度与更新状况，使地质资源信息管理与实际生产进度相匹配。一方面，根据生产勘探实际，以矿块为单位动态实现局部模型品位信息更新；另一方面，根据新增勘探信息量，定期进行整体地质资源模型更新，包括矿体实体轮廓改变、各种矿岩特性等地质资源属性的更新等，从而实现三维矿床模型的动态更新与进一步细化。

在测量验收工作中，采用三维激光扫描技术对地下采空区进行扫描测量作业，可以获得实时扫描数据，将获取的点云数据真实、快速、精确地生成三维实体模型并导入到三维矿业软件中，能够实现露天作业台阶、井下采空区、采掘工程的数字化处理（如图6-15 所示），得到实时更新的保有地质储量，为后续的智能开采设计提供基础。

（二）边际品位调整优化

边际品位是指确定储量大小的依据，按照不同的品位标准圈定矿体会得到不同的储量。矿山的边际品位指标受矿产品价格、采选回收率、生产成本等多因素的共同影响，对于同一矿床，在不同时间节点和不同采出条件下所采用的边际品位不同。边际品位调整优化是对地质资源估计的不确定性、经济条件变化、企业生产目标调整等的一种动态响应。

品位指标优化的前提是对于地质资源状况的准确把握。在传统的矿业生产中存在着大量的纸制地质资料，这种“纸制书库”存在着表达信息不充分、缺乏直观感等缺点，已经不能满足现代矿业的快速发展。随着矿业技术的进步，越来越多的矿山已经在运用矿业软件进行生产的储量管理和品位指标优化。

品位指标优化的基础是矿床经济模型。将市场经济条件、成本信息、技经指标等附加于所建立的矿床地质资源模型，即可得出数字化矿床经济模型。基于此模型可以从经济获利的层面对矿床进行评价，针对企业所面对的内、外部经济条件，迅速、实时地计算出每个矿块的价值，以此计算出开采收益，为矿床的边际品位等生产指标优化创造基础条件，在对市场加以预测的前提下，实现可视化的动态经济评价与长期生产规划的制订，是数字矿床模型与企业生产经营之间必要的衔接环节。

边际品位优化的过程为：以盈亏平衡原理、边际收益原理和最大净现值（Net Present Value，NPV，指未来资金（现金）流入（收入）现值与未来资金（现金）流出（支出）现值的差额）原理等为基础，构建边际品位优化的数学模型，与矿床经济模型相结合，分别计算不同边际品位下的矿体储量、金属量和平均品位，进而计算不同边际品位下的NPV值，从而得出一定价格、成本水平下的盈亏平衡边际品位及经济最优边际品位，使矿山企业可以根据市场经济条件的变化，改变边际品位，动态圈定矿体，通过新的储量报告进行经济评价，以保证矿山生产经营始终处于最佳的盈利状态，从而最大限度地满足市场经济要求，提高市场竞争能力。

第四节　露天矿开采境界优化

地质资源可视化只完成了矿山空间信息与地质资源信息的数字化问题，为了充分利用所建立的数字矿床模型，需要将数字化后的地质资源信息应用于矿山的生产实际。这是通过建立在地质资源数字化基础上的智能化开采设计与规划来实现的。在露天矿山，主要体现在露天矿的境界优化。

一、境界优化方法

在露天采矿作业中，剥离掉上部覆盖岩石，采出有价值的矿石后形成的三维几何空间，即为露天境界。露天境界形态由地质、技术和经济条件决定。

露天开采要在保障安全的前提和基础下进行，因此采场边坡必须稳定，即露天边坡根据围岩工程地质条件受到一个保证边坡稳定的安全角度（最终帮坡角）的制约。决定露天境界形态的另一重要因素是经济效益。剥离上部覆盖岩石、采出矿石、矿石加工成产品等要带来资金的消耗（成本 C），产品销售后获得收入（P），只有在 P＞C 的情况下，才有开采的价值。从理论上看，存在一个使矿山企业效益（P-C）最大化的最终开采境界，因而境界优化的实质即求解（圈定）一个经济上最优的最终开采境界。

传统确定露天开采境界的方法，是根据矿床地质条件、采矿技术参数、选矿试验指标、经济指标计算出经济合理剥采比，在剖面图上绘制并计算不同开采深度的境界剥采比，并用境界剥采比等于经济合理剥采比的原则，确定各剖面的开采深度，经调整后再根据选定的参数进行露天境界的平面圈定。这种传统圈定露天开采境界的方法实质上是一种试错法，存在工作量大、精度较差等问题，难以实现境界最优化的目标。

露天开采境界的计算机优化算法包括二维动态规划法和三维图论法、浮动圆锥法、三维动态规划法、网络最大流法等，其中应用最为广泛的就是浮动圆锥法和 LG 图论法。

这两种方法的数据基础是三维块体价值模型，简称价值模型，是地质、成本与市场信息的综合反映。价值模型是在地质模型的基础上增加经济属性构成的。地质模型中每一块体的特征值是其品位和地质特征，而价值模型中每一块体的特征值则是假设将其采出并处理后能够带来的经济净价值。块体的净价值是根据块体中所含目标元素的品位、开采与处理中各道工序的成本及产品价格计算得出的。

（一）浮动圆锥法

矿床价值模型可以明确表达矿床中每一矿体的净值，由此最终露天开采境界的确定就转变成为一个在满足几何约束（即最大允许帮坡角）条件下找出使总开采价值达到最大的矿体集合问题。浮动圆锥法的本质是用系统模拟来实现露天开采境界优化；它用一个截头体倒圆锥来模拟最简单的圆形露天坑，圆锥的锥顶位于矿石方块之上，圆锥的上部达到地表，圆锥母线与水平方向的夹角与露天矿的边坡角相等。在实际开采中，露天矿坑不是由同一锥度的圆锥组成的，而是由不同锥度的椭圆锥组成，因为各个露天矿坑有不同的岩性、节理与裂隙性质，所以露天矿坑在不同的方向与深度，其边坡角一般是不同的。

决定一个单圆锥是否被开采，首先要计算在该单圆锥内矿石与岩石的净价值之和，如果净价值之和大于 0，那么这个单圆锥可以开采，反之则不能开采。在考察某个块体是否值得开采时，应该考察以该块体为中心的倒圆锥内所有块体的净价值之和，若净价值之和为正，则开采，否则不开采。这就是浮动圆锥法的基本原理。因为实际中的露天坑相当复杂，远不止单个圆锥这么简单，故可由多个圆锥来模拟实际露天矿坑。这些圆锥可以相互交叉和重叠，用于模拟矿坑的圆锥越密集，越能真实地模拟露天坑。

浮动圆锥法的计算逻辑为：首先从矿床范围内选取经济有利的矿段，建立初始圆锥。从该初始位置，发展出一系列的圆锥形移动增量。计算每个圆锥体范围内的矿岩增量及净利增量，将正值的净利增量圈入境界。逐个分析圆锥体计算结果，如果所圈定的境界范围内累计净利值为最大，即获得优化的设计开采境界。

（二）LG 图论法

LG 法是具有严格数学逻辑的最终境界优化方法，只要给定价值模型，在任何情况下都可以求出总价值最大的最终开采境界。

在 LG 图论法中，价值模型中的每一块用一节点表示，模块的净价值称为节点的权值。“弧”指点与点之间的定向连接，用以表示开采的允许坡度，即露天开采的几何约束。弧是从一个节点指向另一节点的有向线。有向图由一组弧连接起来的一组节点组成。

“树”是一个没有闭合圈的连通图，图中存在闭合圈是指图中至少存在一个这样的节点：由该节点出发经过一系列的弧能够回到出发点。“根”是树中的特殊节点，一棵树中只能有一个根。由图论法定义可知，最大闭包是权值最大的可行子圈。从境界优化的角度来看，最大闭包是指具有最大开采价值的开采境界。因此，最佳开采境界的求解实质上是在价值模型所对应的图中求最大闭包。

LG 图论法要求用单元块表示开采超前关系和边坡角限制条件等空间要素。LG 图论法用初始有向图描述了以块体模型表示的露天矿开采所必须满足的几何约束条件，是露天境界优化的基础。显然，基于块体模型生成的初始有向图对最终边坡角的表达精度与块体尺寸有关。一般而言，单元块尺寸越小，边坡角表达精度越高。露天开采的几何约束可以用一组有向弧表示，在最终边坡角 45° 的情况下（如图 6-16 所示），若要开采 6 号块，则必须首先采出 1~5 号块，由弧（x6，x1），（x6，x2），（x6，x3），（x6，x4），（x6，x5）构成的集合就是 6 号块开采的几何约束。

二、基于矿业软件的境界优化过程

自 20 世纪 80 年代开始，矿业发达国家已开始利用矿业软件进行露天境界优化。大多数矿业软件均含有基于先进的露天境界最优化设计理论、方法的功能模块，随着这些软件的开发和应用，露天矿最佳境界的圈定则成为可能。工程应用实践表明，通过矿业软件可实现系列境界快速、高效生成，提高了境界优化效率，减少了境界优化工作量，使露天开采境界优化和矿床品位指标优化工作变得更为方便和科学。

基于矿业软件的露天矿山开采境界优化过程主要包括矿床模型构建、边坡角等技术参数选取、价值模型构建、采用一定算法的境界优化等。

Whittle 软件是目前国际上应用最广泛的矿山境界优化软件之一。该软件不仅能在三维空间上进行境界优化，同时还能够考虑资金的时间价值，以最终所确定的净现值最大化为判定标准；综合考虑采选成本、贫化损失率、选矿回收率、金属价格和采场边坡参数等进行境界优化，而且能利用数学规划模型实现矿山自动快速排产，一次性排出一系列露天境界方案，方便技术人员选择净现值最大的露天矿境界。

Whittle 软件进行露天矿境界优化的原理，是以矿床矿体模型、地表模型以及价值模型为基础，输入圈定露采境界相关的技术经济参数，通过编排进度计划，计算各经济参数条件下的净现值，圈定最优露天开采境界。主要包括以下六个步骤：

（1）矿体块段模型数据分析整理。分析矿体模型的品位分布情况，求出块段个数、不同元素的最高品位、最低品位、平均品位、各金属量统计，确定各金属计价单位等。可以根据各不同情况对模型进行适当调整，以此来满足下一步的需要。

（2）边坡分析阶段。根据岩石力学研究提供的边坡各区域的边坡参数，将地质模型分区，每个区域采用块段质心耦合选取相应边坡参数。在模型里的台阶边坡是通过各个连接最小单元块段的质心来模拟设计边坡角。由于单元块大小和尺寸的限制，该质心连线形成的角度与设计边坡的角度必然存在一定的误差，为保证优化露天境界形状的精确性，必须尽可能地使这两个角度耦合在一起，尽量确保误差降到最小。

（3）建立价值模型，对单元块开采的经济价值进行计算。在价值模型中，每个块都要被赋予一个属性。该属性表示假设将其采出并处理后能够带来的经济价值。块的净价值是根据块中所含可利用矿物的品位、开采与处理中各道工序的成本及产品价格计算得出的。因此，代表矿石的块体是正值，代表废石的块体是负值，而且不同块之间具有先后开采顺序。

（4）露采境界初步圈定。该阶段根据设计边坡角、采选成本、采矿损失率、矿石贫化率、产品基础价格等参数，利用浮动圆锥法和 LG 图论法，对不同价格条件下的价值模型，初步圈定一系列露采境界。在其他参数不变的条件下，每一价格只能对应唯一的境界，不同金属的价格对应不同的境界方案。

（5）露采境界静态优化及参数影响分析。根据设计输入的年采剥总量和选厂生产能力，自动编排上述各露采境界在最佳条件下的进度计划，并计算各境界方案在静态条件下的最大净值。同时，还可进行各参数的敏感性分析。

（6）动态优化。考虑资金的时间价值，并引入贴现率。①根据已经圈定的一系列露采境界内矿岩分布情况，确定开采顺序，编制采剥进度计划；②计算各境界逐年累积的净值；③考虑贴现率后，求出各个方案的净现值；④选择最优境界。在净现值最大的靠前的第一个突变点选取最优境界。该境界不但可以获得好的经济价值，并且能够预防一定的不可预计风险，即确定为最优开采境界。

第五节　地下矿山开采设计

地下矿山智能开采设计与规划的主要任务，是通过将矿床模型的应用加以扩展，结合矿山的生产实际，实现多目标、多方案、复杂约束条件下的方案优化与设计，达到技术、经济、安全的全局最优和风险可控，并通过矿业软件实现采矿工程设计结果的三维显示及地下矿生产的可视化布局。

一、基于三维矿业软件的采矿设计

在矿业软件的基础上，基于所建立的三维矿床模型完成开拓、采准、切割、回采等设计环节，并实现矿块三维实体模型的自动输出、任意平剖面图纸的自动输出及相关生产报表的输出、分析与查询等功能。通过数据的实时传输实现生产成果的自动输出，为无人化生产过程控制提供基础数据，并通过矿块设计中实时数据的传输完成采切工程量、资源消耗、材料动力等的计算。

基于三维矿业软件的采矿设计流程为：

（1）根据矿山地质条件、采矿设计标准、采矿设计理论等，在已建立的矿床三维模型基础上，完成开拓系统设计，从已有的掘进达到需要开采的矿体位置。

（2）进行开采单元划分并计算矿石量、损失率等相关指标。对矿体在水平上划分不同的盘区，然后在盘区里设置不同的开采单元，即矿房和矿柱。对于规模比较小的矿体，也可以不划分盘区，直接划分采场。

（3）重复进行设计过程，得到多种设计方案，并对不同方案下的指标进行分析。

（4）根据指标分析结果，对设计方案进行优化调整，以贫化率、损失率等指标优化为核心，通过多方案优化确定合理的开采边界和工程位置。

（5）以最终确定的开采边界和工程位置为基础，完成最终的开采设计，进行工程施工图表的快速绘制，并对首采区域进行分析。

二、地下矿生产的可视化布局

利用矿床经济模型，可以从经济获利的层面对矿床进行评价，针对企业所面对的外部经济条件，迅速、实时地计算出每个矿块的价值，进而计算出开采收益。数字化矿床经济模型的建立为矿床的生产指标优化创造了基础条件，在对市场加以预测的前提下，实现可视化的动态经济评价，制定长期生产规划与生产布局，是数字矿床模型与企业生产经营之间必要的衔接环节。

在完成采矿设计的前提，基于工程网络拓扑，考虑工艺、工序有效衔接，以经济、生产需求为目标，采用最优化方法，进行地下矿生产的虚拟化、可视化布局，实现生产力要素和工程进度的有效衔接。

地下矿生产的虚拟化、可视化布局，将自上向下（由生产任务至生产排产）与自下向上（由基础作业条件至全矿生产能力）相结合，通过计划编制和生产任务分配系统，

自动生成具备实际指导意义的生产计划，包括年度、半年度和月度计划。智能化通常有如下功能表现：

（1）面向矿床模型完成矿山生产规划与布局，并进行三维模拟；

（2）基于三维可视化平台进行生产计划的可视化拆解，拆解的细度目前可以以年 / 半年 / 月为单位细化到矿块、采场，随着应用的成熟可以扩展到具体的作业地点；

（3）在矿床经济模型中模拟评价生产任务所承担的矿石价值与资源耗费，为全面预算管理中的生产预算提供指导；

（4）在三维经济模型的支持下，根据资源条件、市场条件实现生产任务的快速调整与优化。

第七章　安全高效采矿技术

第一节　概述

我国同世界主要采煤国家一样，井工矿井实现工作面安全高效主要为长壁综合机械化开采工艺，我国机械化开采主要方法发展现状如下：

（1）缓（倾）斜单一长壁及分层长壁综采技术已经成熟；

（2）缓（倾）斜厚煤层一次采全高综采达到国际先进水平；

（3）缓（倾）斜厚煤层综放开采技术达到世界领先水平；

（4）薄煤层通过引进国外先进设备实现全自动化开采；

（5）大倾角煤层普通综采及综放开采在国内普遍推广。

一、实现安全高效的主要采煤方法

目前我国井工开采矿井实现安全高效的主要采煤方法有：综放开采、大采高综采、单一长壁综采及旺格维利采煤法。由于连续采煤机成套装备国内尚不能生产，适用条件有限，并且采区采出率较低，因此旺格维利采煤法仅在我国少数矿区使用。我国实现安全高效的采煤方法主要为长壁开采方法。

（一）厚及特厚综放开采

自 20 世纪 90 年代起综放开采得到了迅速发展，出现了潞安、某地、阳泉等以综放开采为主的大型安全高效矿区。目前综放队最高年产量已超过 7.0Mt，根据有关学者研究，综放开采在条件满足的情况下具有了年产 10.0Mt 的能力。综放开采已经成为厚煤层矿区实现安全高效的主要途径。

（二）厚煤层大采高综采

我国自 1978 年以来，从德国引进了 G320—20/37 型、G320—23/45 型等型号的大采高液压支架及相应的采煤运输设备，与此同时我国也开始研制大采高液压支架和采煤机。目前，我国部分生产矿井已经采用大采高综采技术进行厚煤层的开采，并取得了良好的经济效益。2005 年，神华集团神东煤炭分公司哈拉沟煤矿综采队年产量达到了 1064 万 t、上湾煤矿综采队年产量 1048 万 t、补连塔煤矿综采一队年产量 1000 万 t。

（三）中厚煤层单一长壁综采

普通综采由于近年来大功率重型采矿设备（大功率电牵引采煤机、大功率大运量长距离刮板输送机及胶带输送机、高强度电液控制支架）、锚杆支护技术及无轨胶轮车等新型辅助运输技术的不断发展，工作面可靠性得到了明显提高，铁法晓南矿综采队在采高小于 3.5m 的条件下年产达 2.233Mt，效率为 127.59t ／工。

（四）薄煤层全自动化开采

我国薄煤层开采主要采用长壁采煤法，2001 年铁法小青矿通过引进德国 DBT 公司刨煤机、工作面输送机及计算机远程控制系统，在 1.7m 的煤层厚度条件下，平均月产达到 20.9 万 t、最高日产达到 9188t。铁法小青矿全自动化刨煤机开采技术应用的成功，为我国薄煤层实现全自动化开采提供了新的途径。

（五）大倾角煤层综放开采

甘肃华亭煤电股份公司砚北煤矿开采大倾角煤层，综采一队、综采二队分别在工作面倾角 43°、35° 的条件下，采用综采放顶煤工艺，分别生产原煤 254.4 万 t，167.3 万 t。

二、我国长壁工作面装备现状

国外综采单产效率的提高主要是增大工作面尺寸与截深、快速推进和扩展适用范围，特别是不断更新采用机电一体化重型设备的结果。如采用大功率电牵引采煤机、大运力输送机、电液控制液压支架、不停机自移转载机和胶带机尾、工作面设备高压供电以及微机控制的通讯系统等。目前国产的综采工作面装备已基本上满足我国安全高效矿井建设的需要，但与世界先进采矿设备制造国家相比仍存在一些差距。

（一）采煤机

我国采煤机自主生产自 20 世纪 70 年代起步，80 年代生产的液压牵引采煤机已能满足 1.5m 到 4.5m 煤层开采的需要，并解决了一些难采煤层的配套问题，改变了大量依赖进口的状态。直到至 90 年代，我国自行开发的采煤机已实现了大功率液压牵引采煤机的批量生产，并开发了高性能电牵引采煤机。我国采煤机目前已基本满足中厚煤层综采、大采高综采及综放开采实现安全高效的需要，但适于薄煤层安全高效开采需要的采煤机或刨煤机仍是空白。

（二）工作面液压支架

我国液压支架也同样从引进吸收消化到自主开发研制，形成了现在可应用于不同范围、适应不同生产工艺的多品种、多型式、多系列。ZY，QY 系列为支架主要架型系列，开发了适用于Ⅰ、Ⅱ类基本顶板中等稳定和一般不稳定顶板条件下的轻型支架系列，降低了支架成本。同时也开发了适用坚硬顶板、大采高、薄煤层、大倾角等特殊条件下的支架。近年来随着放顶煤开采技术的发展，放顶煤支架设计已达国际先进水平。在支架液压控制系统方面，我国以高压大流量快速移架系统为特征，形成了系统及相关阀组合，达到了平均移架速度小于 12s/ 架的水平。先进采煤国家安全高效工作面液压支架一般均配有电液控制系统，移架速度可达到 6~8s/ 架。我国综采工作面除一小部分进口液压支架配备电液控制系统外，绝大部分工作面尚未使用这种控制系统。天地玛珂公司采用德国技术，目前已生产出 PM31 电液控制系统，并在国内开始推广应用。

（三）工作面刮板输送机

20 世纪 80 年代中期，我国刮板输送机基本形成槽宽为 730mm 和 764mm 两种系列，以及多种机型的生产格局。1994 年煤炭科学研究总院太原分院与西北煤机厂协作研制出日运输量 7000t 的 SG7880/800 型整体铸焊溜槽、交叉侧卸式刮板输送机。在“九五”期间，煤炭科学研究总院太原分院分别与张家口煤机厂和西北煤机厂合作，研制出我国第一套具备可伸缩机尾调链装置的综放工作面配套输送机，即 SGZ960/750 型综放前部输送机和 SGZ900/750 型综放后部输送机及配套的转载机和破碎机，满足了兖矿集团日产 10000~13000t 的生产需要。在“十五”期间，兖矿集团有限责任公司、煤炭科学研究总院太原分院及西北奔牛实业集团有限公司共同研制了 SGZ1000/1200 型和 SGZ1900/1400 型长运距和高可靠性工作面前、后部刮板输送机。SGZ1200/1400 型长运距、高可靠性工作面后部刮板输送机是目前我国开发研制的功率最大、槽宽最宽、铺设长度最长的缓（倾）斜放顶煤综采工作面超重型刮板输送机，并首次采用自动伸缩机尾、液压马达紧链装置、调速型液力耦合器及紧凑链等国外先进技术，其主要指标以及可靠性达到了 20 世纪 90 年代中期的国际先进水平。

三、安全高效采煤方法发展前景展望

（一）应用机电一体化、自动化和计算机智能化控制高新技术

应用机电一体化、自动化和计算机智能化控制等高新技术，工作面生产能力达到日产万吨以上。工作面主要设备包括：新型电牵引多电机驱动采煤机，总功率达 1500~2000kW，装备了以微型电子计算机为核心的电控系统，采用先进的信息处理技术和传感技术，实现了机电一体化；液压支架普遍采用了微机电液智能化控制技术，工作

阻力达 8000~10000k、，移架速度达到 6~8s/ 架以上；工作面刮板输送机普遍采用可控启动和工况监测技术，输送能力一般为 2000-3000t/h，顺槽转载机装机功率最大已达到 525kW，具备自移功能；顺槽胶带输送机普遍采用液粘差速或变频调速及多电机功率均衡驱动技术，输送能力达到 2000-3500t / h，输送距离达到 2000-4000m。新型装备采用大功率传动技术、机电一体化技术及一系列先进结构，单机设备实时工况监测、故障在线诊断与预报、自动运行、信息储存和对外信息传输等功能；完成综采工作面自动化生产控制技术、网络化监测监控技术研究开发，总体达到国际 20 世纪 90 年代末期同类产品先进技术水平。

（二）提高中厚煤层长壁综采工作面推进度

根据当前国际先进采矿设备能力，中厚煤层在装备大功率、高可靠性设备的基础上，提高工作面产量的关键是加快支架移架速度，提高工作面推进速度。借鉴国外经验，采用电液控制液压支架，工作面可实现跟机即时移架，提高工作面推进速度，初步估算 3m 左右中厚煤层工作面产量可以实现年产 5.0Mt 以上。对于中厚煤层综采工作面，配备大功率、高可靠性采运设备及高强电液控制液压支架，加大工作面尺寸是我国中厚煤层综采工作面进一步提高产址的主要途径。

（三）大采高综采推广使用电液控制两柱掩护式支架

提高大采高工作面设备可靠性（根据美国学者研究成果，两柱掩护式支架更适于大采高综采）是进一步提高大采高工作面单产水平的主要方法。根据国内神东矿区大采高综采实践经验，在条件适宜煤层大采高综采工作面年产可达 8~10Mto 随着大采高综采技术与装备水平的提高，大采高综采将成为 3.5~6.0m 厚煤层实现安全高效开采的重要途径。

（四）大采高综放开采

综放工作面的产量在理论上具有超过大采高综采面的可能性。根据综放开采实践，限制综放工作面提高推进速度和产量的原因主要是工作面长度加大后，在顶煤厚度较大的情况下，工作面循环放顶煤时间长，严重制约工作面的推进速度，限制了工作面产量的进一步增大。为进一步提高综放工作面产量，国内有关学者提出采用大采高综放开采的思路。工作面采煤机割煤高度大于 3.5m 的综放开采，结合综放工作面和大采高综采两种采煤方法优点。由于大采高综放工作面割煤高度加大，放煤高度相应减小，不仅可缩短放煤时间、提高工作面采出率，还为工作面配备大功率后部输送机提供了空间，为工作面增加放煤口数量提供了保证。因此大采高综放开采可以有效地缩短工作面循环时间，加快工作面推进速度，是综放开采实现进一步高产的重要途径。分析当前工作面设备能力，在适宜的条件下，采用大采高综放开采可以在 7m 以上厚煤层工作面实现年产煤炭 10.0Mt。

（五）实现薄煤层工作面自动化开采

薄煤层安全高效采煤方法的发展方向主要是提高长壁工作面自动化程度。由于薄煤层工作面内作业困难，所以应提高薄煤层工作面采、支、运工序的自动化程度，减少工作面内的操作人员。薄煤层工作面刨煤机落煤比采煤机落煤易于实现自动化，由计算机控制的定量割煤刨煤机与配有电液系统的液压支架配套，是实现薄煤层工作面自动化开采重要的发展方向之一，工作面年产母可达 1.0~2.0Mt。

第二节　厚煤层安全高效综采放顶煤开采技术

一、概述

（一）国外综采放顶煤技术的发展演变过程

放顶煤采煤法由来已久，早在 20 世纪 40 年代末和 50 年代初，法国、苏联等国就开始使用放顶煤技术。20 世纪 70 年代，法国玛雷尔公司研制出支撑掩护式放顶煤支架，英国道梯公司为前南斯拉夫维雷耶煤矿研制出掩护梁开天窗式双输送机放顶煤支架，前联邦德国赫姆夏特公司研制出多种放顶煤支架，匈牙利于 20 世纪 70 年代末研制出单输送机开天窗式放顶煤支架。这些放顶煤支架的出现和发展，推动了放顶煤开采设备及技术的发展和完善。通过数十年的实践，放顶煤开采技术逐步改进完善，已成为开采 6~20m 特厚煤层有效方法之一。法国和前南斯拉夫开采特厚煤层效果显著，采煤工作面产量比传统式开采法翻了一番，工作效率提高 2~3 倍，掘进巷道和维护工程量减少 50% 以上。

（二）影响国外综采放顶煤技术发展的几个因素

综采放顶煤技术在国外经过了数卜年的试验和发展，尤其是在法国、前南斯拉夫和匈牙利等国取得了较好效果，但由于受各方面因素的影响，从 20 世纪 80 年代中期开始，其发展势头逐渐减弱，工作面越来越少，目前仅有东欧极少数矿仍在使用。其主要原因有:

（1）受客观条件的限制，适合放顶煤开采的煤层少。

（2）受严格的安全规程和放顶煤技术自身弱点的制约，回收率、瓦斯、粉尘、防火等问题均未得到彻底解决。例如美国规定粉尘标准为井下最高允许浓度 2mg/m³（一个工作班内），英国井下工作地点最高允许浓度为 11mg/m³，德国为 20mg/m³ 就目前的技术水平来说，综采放顶煤是很难达到这些安全规程要求的。

（3）环境保护方面的要求。综采放顶煤势必导致地表严重塌陷，危及自然环境。

西方国家非常重视这个问题，德国即便目前开采中厚煤层也仍要进行采空区充填。

（4）传统综采的效益优势。西方主要产煤国家的中厚煤层一次采全高综合机械化采煤技术已成熟，安全、效益极好。

（三）我国综放技术的发展历程

放顶煤开采技术在我国的发展进程可大致分为以下三个阶段：

第一阶段为探索试验阶段（1982~1990 年底）我国从 1982 年开始研究引进综放开采技术，并于 1984 年 6 月在沈阳蒲河矿开始试验。1988 年 12 月，阳泉矿务局一矿开始试验掩护梁开天窗综采放顶煤工艺，取得了工作面月产 585243 效率 25.1t/ 工的好成绩。到 1990 年下半年，该矿 8603 工作面月产突破 10 万 t，比该矿分层综采工作面产量和效率高 1 倍以上，工作面煤炭回收率超过 80%，为放顶煤技术的发展打下了良好的基础。

第二阶段是成熟阶段（1990~1995 年）。它标志着我国综放开采技术走上了成熟的独立发展道路，不仅超过了分层综采的技术经济指标，还在装备上特别是在放顶煤支架的研制上摆脱了完全靠引进国外技术的模式，取得了创新性的进展。1991 年研制出新一代低位放顶煤支架，实现了综放技术的重大突破，使综放技术在全国许多矿区开始推广使用。

第三阶段从 1995 年到现在，是完善提高阶段。这一阶段综放开采巨大的技术优势引起了广大煤矿企业的高度重视；对“三软”、“两硬”、“大倾角”、“高瓦斯”、“易燃”、“较薄厚煤层”等难采煤层的放顶煤开采技术有了长足的发展，并且形成了各自的开采特色。某地、潞安、阳泉等矿区的一批综放工作面的生产指标已超过国外，处于世界领先水平。

（四）我国综采放顶屎技术取得的成就

1. 实现了低投入、高产出的安全高效

①综放工作面能实现安全高效是带有普遍性的规律，与同等条件下的综采分层工作面相比，绝大多数综放工作面的产量和效率都可提高 1~3 倍；而工作面直接成本可降低 30%~50%。

②有利于减少工作面数量，减少和简化生产环节，减少并上下辅助工人数，更有利于矿井实现集中化生产。

③在实现安全高效的同时，降低了巷道掘进率，减少了资源的浪费。

2. 研制成功了适应综采放顶煤的系列架型

在综放开采技术发展的最初阶段，我国的放顶煤支架架型繁多，大多是模仿产品。其中既有仿制东欧的高位放煤支架，也有仿制西欧的多种类型中位及低位放煤支架。由于这些类型的支架存在一些严重的缺陷，在我国都没有得到发展。潞安矿务局和郑州煤机厂研制出的新一代低位放顶煤支架得到应用，并取得了很好的效果后，放顶煤支架架型才逐渐统一定型。以后又陆续研究出了几种新的低位放煤支架架型，形成了我国放顶煤支架自己的、也是国内外最好的支架系列。

3. 提高了放顶煤回采率

根据统计，我国放顶煤开采工作面的回采率平均达到 81%~83%，并呈现出增长的趋势；区段之间不留护巷煤柱，采区回采率可以达到 75% 以上，符合国家要求。

4. 建立了综放的安全保障体系

随着矿井生产集中化、大型化、系列化的实现，因煤炭自燃、煤矿粉尘及矿井瓦斯带来的安全隐患尤为突出，做好矿井瓦斯、煤矿粉尘和自然发火的防治工作就显得极为重要。我国在放顶煤开采的瓦斯、煤矿粉尘及自然发火的防治方面取得了可喜的成果。

5. 综放开采的基础理论研究工作取得很大成绩

生产技术的发展带动了技术研究和基础理论研究工作的发展，最主要的成果有放顶煤开采工艺、放顶煤工作面矿山压力及岩层控制、顶煤运移和顶煤破坏规律、顶煤和直接顶冒落后的散体煤岩运动规律、顶煤可放性评价标准和放顶煤开采瓦斯运移特点等。

（五）我国综采放顶煤技术发展趋势

①通过优化工艺参数，合理加大工作面长度，提高装备的自动化程度，使工作面单产水平继续提高，将工作面的年产量提高到 600 万 ~800 万 t。

②为满足矿井大规模集中化生产的需要，大功率、高性能的设备是必不可少的。进行综放工作面成套装备与技术研究，大幅度提高技术与装备的生产能力、可靠性和自动化程度。

③提高设备可靠性和寿命，解决大型设备中一些主要元件体积大、重量大、性能差的问题。

④建立健全安全管理体系，提高矿井防范事故的能力，在传统长壁开采方法已有安全技术体系基础上，根据放顶煤开采特点建立与之相应的安全技术体系。

二、某地矿区厚煤层安全高效综采放顶煤开采技术

（一）某地矿区综采放顶煤技术的发展历程

1. 试验、推广阶段（1992~1994 年）

试验阶段（1992 年 7~12 月）“以综放工艺成功、单产水平突破 100 万 t”为标志。1992 年某地矿区针对自己的条件，在某地煤矿采用综合机械化放顶煤新工艺，并将原铺底网用 ZZP5200-1.7/3.5 型液压支架改造成 ZFS52OO-1.7/3.5 型放顶煤支架，于 1992 年 6 月在某地煤矿 5306 工作面试运转、试生产。从 1999 年 7 月 1 日正式生产到年底采完，共生产原煤 64.4 万 t 回采率达到了 81%，平均月产煤 99750t，回采工效达到 32.803t/ 工，

真正实现了安全、高产。

推广阶段（1993~1994 年）“以大面积推广应用、更新部分设备和单产首次突破 200 万 t”为标志。通过对刮板输送机、转载机和顺槽胶带输送机等煤流运输设备进行了更新，1994 年有 2 个综采队年产量突破 200 万 t。

2，完善提高阶段（1995~1998 年）

该阶段以“工艺参数优化、设备更新和单产水平达到 300 万 ~400 万 t”为标志，初步形成了适合矿区开采特点的专用放顶煤装备和工艺技术。在这期间使用了以 ZFS5600 为代表的新型专用放顶煤支架，刮板输送机等煤流运输设备升级上档。1998 年矿区有四个综采队达到年产 300 万 t 以上的水平。

3. 创新发展阶段（1999~2000 年）

该阶段以“加大截深，优化工艺，设备升级，提高单产”为目标，以成功推广应用“九五”攻关专用型放顶煤设备为标志。同时，加大截割深度，优化工艺参数。结合矿区特点对采区与工作面进行总体设计，并使各设备之间、环节之间达到配套协调与优化，系统的综合能力得到了充分发挥。东滩综采队创造了年产 513 万 t 的最好成绩。

（二）某地矿区先进的综采放顶煤技术

综放开采推动了某地矿区的整体技术进步，使各项技术经济指标产生了质的飞跃。

①解决放顶煤液压支架改造和设计选型问题；

②研制成功低位端头放顶煤支架；

③研制配套成功年产 300 万 t 以上无煤柱综放开采技术；

④提高综放工作面、采区回采率的技术；

⑤完善和发展了防灭火技术，满足了综放防灭火的要求；

⑥攻克了假顶下硬煤层、无煤柱孤岛工作面和含夹肝煤层综放开采技术难题；

⑦具有世界领先水平的采煤机负压二次降尘装置及极难注水煤层注水降尘技术。

某地矿区综采放顶煤核心技术进一步得到发展，陆续实施“缓倾斜特厚煤层高产高效开采成套技术及装备研究”、“600 万 t 综放工作面设备配套与技术研究”、“高效集约化综放开采技术及关键装备”等项目。这些项目以综采放顶煤技术为龙头，集机械制造、自动控制技术、计算机技术、通讯技术、传感与检测技术、专家系统和人工智能于一体的综合性应用技术，具有创新性、先进性、实用性和安全性相结合的特点。这些研究工作的完成，将使综放工作面年生产能力达到 600 万 ~1000 万，回采工效达到 800-1000t/ 工；工作面生产高度自动化，每班作业人员由目前 20 人降至 8~10 人；实现综放工作面设备自动化，大幅度提高工作面的自动化水平和劳动工效，并通过相关产品的产业化，实现技术与装备的出口。

三、工作面块段参数研究

回采工艺是关系到安全高效工作面产量、安全、效率、煤炭质量和资源回收的重要问题。优化开采工艺技术参数，最大限度地发挥设备效能，是实现工作面安全高效的可靠保证。

（一）工作面长度

合理的采煤工作面长度是实现安全高效的重要条件。从工作面内部条件来看，在一定范围内加长工作面长度能够实现工作面安全高效，达到减人增效、降低成本的目的。但当工作面过长时易导致推进度下降，反而不利于稳产高产；反之当工作面布置较短时，又会致使巷道万吨掘进率提高，获得的煤量少，带来工作面生产能力达不到充分发挥的弊端。因而有必要对采煤工作面长度进行分析研究，以确定合理的工作面长度范围。

根据对某地矿区的 1992 年到 2004 年综采综放工作面的调研，结合我国其他矿区的经验，影响工作面长度的因素主要有地质、技术和经济三个方面的因素。

①地质因素是确定采煤工作面长度的主要因素。它主要包括地质构造、煤层厚度、煤层倾角、围岩性质、瓦斯含量以及矿山压力等。

②技术因素的影响主要包括回采工艺、装备条件和管理水平。我国目前刮板输送机的设计长度一般为 150~200m，最长能达到 300m。在综放工作面，当顶煤厚度大于 5m 时，要求后部输送机输送能力大，其铺设长度不应超过设计长度。

③工作面工效是工作面日产量与工作面工人数量的比值。工作面的工人数量可以分为两大部分，与工作面长度无关的固定数量和与工作面长度有关的人数量，因此，工作面长度的确定也对工效构成影响。

④综放工作面长度对端头顶煤损失率的影响是显而易见的。从端头架到中间架一般安设 2~3 架过渡架，过渡架目前基本不放煤或少放煤，因此每个工作面都有约 5 架左右的顶煤丢失。若使端头损失率降至 2% 以下，则工作面长度应大于 160m。并且，工作面长度的增加，相应减少了护巷煤柱的煤炭损失，也提高了煤炭资源的采出率。

由上可知，确定工作面长度涉及地质、技术和经济方面诸多因素。在这些因素中地质和技术因素对工作面长度起制约作用，而经济因素在具有制约作用的同时也是确定工作面合理长度的参考目标。

（二）工作面推进长度分析

工作面推进长度的合理确定对于保证设备在较长时间内连续运转，减少搬家次数，充分发挥设备效能，合理集中生产，改善矿井各项经济技术指标均具有十分重要的意义。工作面推进长度的确定也受到地质和技术因素的影响。

1. 地质影响因素

煤层的地质构造，如断层、褶曲以及煤层倾角或厚度的急剧变化等地质因素对推进长度有重要影响。工作面通过这些地带，既困难又不安全。虽然大的地质构造在采区划分时已经尽量避开，但是未知的小的构造对工作面生产的影响也不容忽视。

煤层顶底板岩石的性质对推进长度也有影响，当煤层顶底板岩石很破碎时，如果推进长度很大，顺槽巷道的维护时间加长，相应得要增加巷道的维护费用。煤层的自燃对推进长度也有影响，自然发火期短的煤层，要求其工作面回采期不宜过长，即工作面推进长度不宜过长。

2. 技术因素

综采工作面推进长度的技术因素主要考虑胶带输送机的铺设长度、可靠度以及其他工作面设备大修期限。我国生产的可伸缩带式输送机一般为 800-1000m，多段驱动的带式输送机的长度可以达到 2000~3000m。工作面设备的大修期以采煤机为最短，一般为一年，因此工作面推进长度一般不超过 2500m，但随着设备可靠性的加大，大功率、快速推进的实现，工作面推进长度有加大的趋势。

放顶煤综采工作面初采时，因支承压力小，顶煤不易冒落，或者冒落的块度过大，不易放出，大多数工作面都有 8~12m 的顶煤被丢失在采空区。放顶煤综采工作面的末采收尾要铺设顶网，一般丢失 12m 的顶煤，因此初末采造成顶煤损失。初末采的损失率随着工作面推进长度的增加而减小。若使初末采顶煤的损失率降至 1.0% 以下，工作面推进长度一般在 1500m 以上。工作面搬家时间随工作面推进长度的加大而增加，工作面推进长度过长也会给供电、通风和辅助运输带来相应的困难。

综合以上分析，合理的工作面推进长度应在 1500~2500m 之间，在不受地质条件限制的情况下，一般不应少于 800m。

四、安全高效综放开采的设备配套

综合机械化开采设备配套作为实现普通综合机械化开采和综采放顶煤开采的一个重要环节，是工作面达到安全高效生产的关键，也是进行工作面设备优化配置的一项至关重要的工作。随着机械化设备机型的日益增多，国产和引进设备交叉互配使用，设备间可形成多种匹配，只有选型合理、配套适当的成套设备才能获得良好的使用效果。要发挥工作面成套设备的最大生产潜力，就必须在性能参数、结构参数、工作面空间尺寸以及相互连接的形式、强度和尺寸等方面互相匹配，只有这样才能保证工作面发挥出最佳综合性的整体技术经济效益。

（一）放顶煤液压支架

1. 综放液压支架

工作面设备的重点是“三机”，其中液压支架是核心。选择液压支架实质是考虑“支架围岩”相互关系，确定液压支架的工作阻力及结构形式，既要考虑工作面顶板分类类别，也要考虑煤层赋存条件。不同的采煤方法和顶板类别对液压支架的选型有不同的要求。正确选用液压支架，以及创造一个安全和稳定的工作空间，是实现工作面安全高效的前提条件。

矿区经过二十多年的综采综放开采，使用综采和综放液压支架共 40 种之多，剔除使用次数不超过 1 次的设备，剩余 20 种液压支架应用较多，液压支架的支护阻力从起初的 5100kN 提高到了近期的 6800kN；液压支架高度变化不大，保持在 1700~3500mm 范围内，最小高度为 1300mm（ZY6200 / 13 / 28），最大高度 3800mm（ZY6400 / 18 / 38）。

综放液压支架工作阻力与工作面平均生产能力的对应关系，支护能力为 6200kN 的综放配套设备适应能力最强，工作面平均生产能力达到了 27.5 万 t/ 月；而支护能力为 540OkN 和 6800kN 的配套设备，其工作面平均生产能力也达到了 20 万 t/ 月。

综合考虑液压支架使用次数、支架工作阻力适应性以及产量增长的需要，能够较好适应矿区各个矿井生产需要及煤层地质条件的液压支架优选结果为：综放液压支架有 ZFS5400/17/32（35），ZFS5600 / 17 / 32（35），ZFS62OO / 18 / 35 和 ZFS6800/18/35。

2. 排头放顶煤液压支架

排头放顶煤支架与一般放顶煤支架一样，支架应有足够的工作阻力，有足够的拉架力、推移力，还要有合理的结构形式使顶煤放得下来，又应有适当的维护的空间。排头放顶煤支架的设计与工作面中间支架相比难度较大，其一是工作面两端为输送机的机头和机尾，它们位置较高，要想把顶煤放在输送机槽内，要求支架后部空间特别大。其二是两端头为工作面与上、下顺槽的交叉口，空顶面积较大，顶板比较难以维护，要求支架的稳定性好。兖矿集团公司结合自身实际情况，开发出后部过煤空间大，满足机头、机尾安装，又具放煤的高可靠性放顶煤排头液压支架，其疲劳试验由 6000 次提高到了 20000 次。

（1）排头放顶煤支架的特点

①工作面两端部是进出工作面内部的必经之路，所需支护面积较大，要求支架具有较强的支护力和较高的可靠性，当沿空掘巷时支架的支护能力更应加强；

②工作面两端部设备多、体积大、空间紧张，要求尽量压缩支架立柱及稳定机构等占用空间，加大前、后输送机机头（尾）安装及工作空间；

③放顶煤排头支架工作时，一般尾梁处在较高位置（与水平线夹角较小），垮落的顶煤作用在尾梁上，对支架形成了较大的附加外载，并且增大了移架阻力，因此在确定支架工作阻力及移架力时应充分考虑尾梁附加外载的影响；

④由于前、后输送机机头（尾）较重，受结构限制支架顶梁较长，底座较短，造成底座前端的底板比压较大，因此要求支架具有可靠的推移机构及足够的推移力；

⑤通常放顶煤排头支架处的工作顺序为先推溜，后移架（即滞后支护）。

（2）架型确定

排头放顶煤支架支护和管理输送机机头机尾区域顶板，冒落顶煤，隔离采空区，并能自动移置和推拉输送机。它与工作面支架、采煤机、输送机等设备配合使用，实现采煤综合机械化。

（3）排头放顶煤支架的主要技术参数

①在不配用端头支架的放顶煤工作面，放顶煤排头支架工作阻力应高于工作面支架工作阻力。在配用端头支架的综采放顶煤工作面排头支架工作阻力可与工作面支架工作阻力相同。

②由于输送机过渡段设备升高，一般放顶煤排头支架最大高度不小于工作面支架高度，但也不大于端头支架高度。放顶煤排头支架最小高度的确定原则与工作面支架相同。

③放顶煤排头支架一般应采用正推式推移机构，移架力应大于3倍的支架重量，推溜力应大于5倍移架力。拉后溜力也应大于中部架拉后溜力。

（4）排头放顶煤液压支架架型及放煤机构

依据支架稳定机构形式，可将排头放顶煤液压支架分为反四连杆式及单摆杆式两种。依据尾梁支撑形式，可将排头放顶煤液压支架分为悬伸尾梁式、两级悬伸尾梁式、托梁式及辅助支撑式四种。依据支架放煤口及放煤机构形式，可将排头放顶煤液压支架分为天窗式和插板式两种。组合后，使用较多的有以下几种架型：

①反四连杆辅助支撑天窗式；

②反四连杆托梁天窗式；

③反四连杆悬伸尾梁插板式；

④反四连杆两级悬伸尾梁插板式；

⑤单摆杆悬伸尾梁插板式。

3. 端头支架

综采工作面端头是指工作面与回采巷道的交汇处，端头区是采运设备的交接点，设备布置密集，而且是行人、输煤的咽喉，端头管理和支护的好坏，是决定工作面能否正常运转、工作面安全程度的关键。据不完全统计，在使用木支护、摩擦式金属支柱或单体液压支柱维护端头时，因支护状况不佳而在综采工作面端头出现的人身伤亡事故占综采事故的53%。因而，改善综采工作面端头支护状况，实现综采工作面端头作业的机械化自动化，是提高综采工作面安全程度的重要途径。

端头支护状态不佳，多台设备得不到维护，多项工序不能正常进行等多方面的问题存在，不仅提高工作面单产是不可能的。而且综采工作面端头作业劳动量相当大，据有关资料介绍，德国的综采工作面端头劳动量消耗占工作面用工总数的 25%，我国一些使用较好的局、矿端头劳动量消耗在 30% 以上，个别达到 40%，因而，实现端头作业的机械化，是减少工人繁重的体力劳动，降低事故率，提高工作面的推进速度，实现安全高效的关键因素。

（1）端头支架架型选择

端头支架有三种类型：

①三架一组；

②二架一组（前、后架型式）；

③主架一组，副架一组。

这几种架型在不同局矿均有使用，使用效果均不理想，主要是端头支架重量太重，结构复杂，移架不顺利。结合兴隆煤矿的地质条件及端头区的顶底板维护情况，通过调研、对比分析和专家组多次讨论分析、确定端头支架架型为两架一组，简易式端头。

（2）工作原理

端头支架布置在综采工作面与工作面运输巷的交汇处，端头支架与综采工作面第一架过渡相邻，转载机布置在端头支架中间，前、后输送机机头布置在端头支架左架前部和后部顶梁下端。

端头支架相邻的第一架过渡支架当采煤机割煤后，前移支架，再拉后部输送机到位，工序完成后，转载机靠自移机构和端头支架前部二个推移油缸向前行走一个步距，然后操作端头支架左架控制阀，降端头左架前、中、后立柱使左架离顶。通过与转载机联接的推移千斤顶使左支架前移一个步距，行走过程中为了防止支架倒塌或歪斜，在支架前、中、后顶梁及掩护梁上设有拉架千斤顶以便及时调整顶梁、掩护梁。支架行走一个步距后，同时升前、中、后立柱及时撑顶，完成左架动作后，操纵右架控制阀，降右架前、中、后立柱使右架离顶，通过右架前端推移千斤顶使右架前移一个步距。右架行走过程中，及时调整顶梁及掩护梁拉架千斤顶使顶梁不歪斜，底座偏离时通过调整三个底座侧推千斤顶，使底座保持直线行走，右架到位后同时升前、中、后立柱使右架及时撑顶，完成一个循环。

（3）端头支架主要技术参数的选取

煤矿 4301 综放工作面，上顺槽为胶带运输顺槽。运输顺槽断面规格为巷道上部净宽 4000mm，下净宽 4600mm，净高 3000mm，均为锚网、锚索联合支护。

端头支架的主要技术参数如下：型号型式前架高度后架高度支护长度初撑力工作阻力支架面积支护强度底板平均比压泵站压力立柱数量多：

（4）端头支架的特点

①该支架形式为简易式两架一组的端头支架。

②端头支架由两组单独支架组成，结构简单、重量轻、移架方便。

③两组单独支架均有四连杆机构，稳定水平位移。

④每架最前顶梁带校接前梁，适应前端顶板的变化。

⑤两架顶梁处设置四组拉架千斤顶，防止支架拉移时支架歪斜，起稳定作用。

⑥在其中一架底座上，设置调底千斤顶，以便调整底座。

（5）端头支架的组成

端头支架主要由金属结构件、执行油缸和液压控制元件三大部分组成。

①主要金属结构件有：左右前梁、左右前顶梁、左右中顶梁、左右后顶梁、左右掩护梁、左右连杆、左右后底座、左右中底座、左右前底座等。

②执行油缸有：前、中立柱（6 根），后立柱（2 根），推移千斤顶（2 根），前架防倒千斤顶（3 根），后架防倒千斤顶（2 根），底座侧推千斤顶（3 根），前梁千斤顶（2 根）。

③液压控制元件主要有：液压控制阀、操纵阀、单向锁、安全阀、截止阀及液压辅助载元件。

（三）采煤机

采煤机按牵引控制方式可以分为机械牵引采煤机、液压牵引采煤机和电牵引采煤机。矿区采用了液压牵引采煤机和电牵引采煤机，并且已由液压牵引向电牵引采煤机过渡。在二十多年的综采综放生产中，采煤机由早期使用液压牵引变化为目前较多采用的电牵引，采高范围从 2.2~3.5m 加大到 1.8~3.62m，电压等级由 1140V 过渡为 3300V，牵引力不断提升（350~512kN），卧底量也持续加大（200~560mm）。在煤层地质条件好的工作面，使用能力等级高的采煤机可以收到预期的效果；而在煤层地质条件差的工作面，采煤机能力就不能得到充分的发挥。从投入产出总体经济效益方面考虑，采煤机性能等级与煤层地质条件之间存在一种适用优化关系。

（四）工作面运输设备

矿区 1992 年至 2004 年共使用了刮板输送机近 20 种，刮板输送机的中部槽宽度由 764mm 增大到 1000mm，电动机功率由 264kW 增大到 1200kW，运输能力由 700t/h 增大为 2000t/h，设计长度也由 200m 增大为 305m；除了技术参数的加大，刮板输送机的性能和使用寿命也大幅上升，满足了矿区安全高效工作面生产发展的要求。矿区的主力刮板输送机为 SGB830/630、SGB960/750、SGZ1000/1050（1200）和 SGZ1200 / 1400。

（五）工作面设备配套模式

工作面设备由液压支架、采煤机、刮板输送机、转载机、破碎机、胶带输送机以及配套的乳化液泵站组成。矿区在二十多年的开采实践中，共形成了 61 种综放设备配套模式，分析优选出了在矿区应用效果较好的液压支架、采煤机和刮板输送机；在此基础上结合工作面煤层地质条件，有针对性的分析设备配套模式的应用效果。

1. 矿区工作面设备配套水平评价

对工作面设备配套水平的考察应当基于装机功率、支护能力、输送能力及设备配套的可靠性等方面考虑。装机功率、支护能力和运输能力是工作面设备配套的能力基础，配套设备的可靠性则是在装机功率和支护能力基础上实现的，它们与运输能力综合反映出设备的生产能力。可用工作面的产量来代替工作面设备配套的生产能力。

工作面配套设备中对其生产能力起主导作用的是采煤机和刮板输送机。在工作面内，采煤机落煤能力和刮板输送机的运煤能力从一定程度上决定着工作面的生产能力。因此，设备配套的装机功率定义为采煤机功率与刮板输动机功率相加。一般而言，设备配套装机功率越大，说明配套设备水平越高，其对地质条件的适应性也越强。随着装机功率的增大，配套设备的生产能力也在逐步地增强。

2. 矿区综放设备配套模式

综放配套模式Ⅰ，1997 年首先在鲍店煤矿 1304-2 工作面使用，之后在东滩、济宁二号煤矿等得到广泛应用，工作面单产平均 18.12 万 t/ 月。综放配套模式Ⅱ是“九五”攻关配套设备，1999 年首先在某地煤矿 5318 工作面使用，工作面单产达 27.5 万 t/ 月，之后逐渐在东滩、鲍店、某地、济宁二号和济宁三号煤矿得到广泛使用，其采煤工作面平均产量为 24.48 万 t/ 月。综放配套模式Ⅲ是 2000 年首先使用在济宁三号煤矿 4301 工作面，工作面单产达 15.98 万 t/ 月，之后作为“十五”攻关配套设备在某地煤矿 4326 工作面使用，单产达 37 万 t/ 月，在已应用的工作面内，其平均单产为 27.29 万 t/ 月。

五、安全高效综放开采的回采工艺

（一）综采放顶煤工作面采高

目前我国缓（倾）斜综采放顶煤工作面的采煤机割煤高度一般为 2.5~3.0m，某地矿区放顶煤工作面采高在 2.6~3.5m 之间，多为 2.8~3.2m。放顶煤综采工作面的出煤量由采煤机割煤和放顶煤两部分组成。综放工作面的合理采高主要根据工作面的通风要求、放顶煤液压支架的稳定性、煤壁的稳定性、合理采放高度比以及工作面合理操作空间等因素所确定。

1. 工作面通风要求

由于放顶煤工作面增加了放顶煤出煤点，工作面粉尘浓度高于普通综采工作面，因此，工作面的风速不能过高，以免给防尘带来不利影响，一般工作面风速应控制在 2.5m/s 以下，工作面供风量按 1200~1500 π / min 计算，工作面采高应达到 2.6~3.20m。

2. 支架造价及稳定性

一般来说采高越大，支架的造价越高，而且稳定性越差，尤其当采高超过一定限度后，支架的重建和造价会大幅度增加。因此在确定工作面采高的时候，应考虑支架一次性投入多少的因素。

3. 煤壁的稳定性

采高越大，煤壁的稳定性越差。尤其是松软煤层，采高增加会增加煤壁片帮冒顶的可能性，当采高在 2.5m 以上时，为保证煤壁的稳定性，支架就需加设防片帮装置。

4. 工作面合理工作空间

综放工作面的生产能力不同，对前后刮板输送机的能力和尺寸要求也不同，对于安全高效综放工作面而言，由于后部刮板输送机能力、溜槽宽度和高度增加，要求液压支架的后部有较大的空间，特别是采用中位放煤液压支架，要保证后部输送机的工作空间，支架高度应相应地提高，一般应不小于 2.8m。

5. 合理的采放比

在一次采全厚综放开采条件下，根据煤层厚度的不同，采放比可变化在 1：1~1：3 之间。从提高综放工作面采出率的角度考虑，应尽量加大采高，减小放顶煤高度。放顶煤高度的大小，决定着循环放煤时间，两者之间为正相关。矿区适合放顶煤开采的煤层厚度为 5.8~8.5m. 割煤高度为 2.8~3.2m，采放比 1：1~1：2。

（二）采煤机截深和放煤步距

放煤步距是放顶煤开采的一个重要参数，放煤步距太大或太小，都不利于顶煤回收，最佳的放煤步距应是顶煤垮落后能从放煤口全部放出的距离，在架型确定以后，放顶煤步距应当与支架放煤口的纵向尺寸相一致。对于综采放顶煤工作面而言，放顶煤步距应与移架步距（或采煤机截深）成倍数关系，也就是说支架放煤口的纵向尺寸亦应与采煤机循环进刀量成倍数关系。否则，如果放煤步距大于支架放煤口的纵向尺寸，则会有一部分冒落的顶煤留在支架放煤口的后方而被丢在采空区中。如果放煤步距小于支架放煤口的纵向尺寸，那么必然有一部分砰石处于放煤口的上方，放煤时这部分肝石被一并放出，增加了含砰率。放煤步距与顶煤垮落角、支架结构、放煤口位置有关。低位插板式放顶煤液压支架，可按支架放煤口长度的水平投影确定放煤步距。

选择采煤机截深应满足放顶煤工艺参数的要求，并有利于工作面采煤机割煤和放顶煤工序最大限度地平行，在采煤机截深为 600-1000mm 的情况下，根据具体情况选择一刀一放或两刀一放的循环进度。根据矿区技术装备情况依上式计算，结合矿区生产实际，采煤机截深为 800mm 及以上时采用一刀一放，采煤机截深为 600mm 及以上 800 以下时采用两刀一放较为合适。

（三）顶煤放出的控制

综放工作面垮落的顶煤是通过放顶煤液压支架的放煤口放出的，而放煤口的开启大小和放煤口与后部输送机的位置关系在放煤过程中是变化的。放煤口的构成要素由 3 部分组成，即放煤尾梁、插板和刮板输送机。控制这三个要素之间的关系即可控制煤流。所谓顶煤放出的控制，不只是指控制放煤口的开启大小和位置，也包括控制放煤口开启的时间和次数以及整个工作面各支架放煤口的开启顺序。除了由顶煤冒放性决定之外，工作面顶煤回收率的高低和矸石混入率的多少，顶煤放出的控制是起着举足轻重的作用的。

顶煤放出控制的目标有二：一是提高顶煤回收率，二是降低混肝率。要达到放煤控制的以上两个目标，必须遵循以下准则：多轮、顺序、均匀放煤、大块破碎、见矸关门。

六、安全高效综放开采的矿压规律与岩层控制

（一）综放采场上覆岩层结构与活动规律

综采放顶煤工作面与普通长壁综采工作面的主要区别是：顶板为煤层，相对松软易破碎；切顶线后方的顶煤要能及时冒落，即采场支架直接支护的顶煤介质属性处于不断变化中，从而给采场围岩控制带来了困难。因此，针对不同煤层顶板条件及顶煤介质属性的变化，弄清综采放顶煤采场的顶板结构形式及支架围岩之间关系，是科学进行采场支护设计，采取相应措施控制综放采场矿山压力，提高放顶煤开采综合效益的重要前提。

1. 综放采场上覆岩层活动及结构特点

综放开采与薄煤层、中厚煤层和厚煤层分层综采及大采高综采岩层结构及“支架—围岩”关系的主要区别是开采空间与支护空间不相一致。单一煤层开采（包括薄煤层、中厚煤层和厚煤层顶分层开采）时，支架直接支撑的是完整性较好的直接顶岩层，与煤体具有明显的分界面，且两者强度差异较大。由于一次采出煤体的空间较小，直接顶垮对采空区充填比较充分，因此工作面上覆岩体冒落带及裂隙带发展高度较小。老顶断裂时，其回转运动首先通过直接顶作用于支架顶梁，呈现支架增阻现象，煤壁会出现片帮现象，支架顶梁前部载荷较后部载荷大。老顶来压首先表现为煤壁片帮，随回转量增大出现支架增阻。但由于松散顶煤的传力效果较差，通常支架增阻不明显。

随顶煤的回收，采空区空间成倍增加，只有更高的垮落带才能维持整个采场岩体的平衡。由于顶板岩层的分层垮落特性，原直接顶岩层垮落后不能充满采空区时，一定厚

度的下位老顶岩层将作为规则垮落带来弥补采空区充填的不足。这一层位的岩体将成为上位直接顶，或呈嵌固悬臂梁结构，或呈“半拱”式结构与前方岩体相作用，而在更高层位上的原裂隙带岩体，才能形成较接的砌体梁结构。下位直接顶破坏程度较高且呈不规则垮落，上位宜接顶的破坏程度较低且块度较大，可形成“半拱”式结构。其后拱脚作用在垮落的砰石上，拱顶为支架或煤壁上方的岩体。

综上所述，厚煤层综放开采时采场上方仍可形成稳定的砌体梁式岩层结构，但形成的位置离采场远，并且与半拱式岩层结构相结合，共同构成综放采场岩层结构的基本形式，这也是综放开采矿压显现复杂化的重要原因之一。

2. 综放采场老顶岩层结构与活动规律

鉴于综放采场矿山压力显现及支架工作阻力呈周期性变化，因此采场上覆岩产生层中仍然存在周期性运动的岩层结构，正是这种结构的运动，导致综放采场矿山压力显现的变化。

（1）砌体梁结构

随工作面的推进，顶板岩层的垮落高度不断增大，在距煤层（2.0~2.5）M 处的坚硬岩层断裂后，块间的相互咬合可形成稳定的老顶结构。经分析，该结构仍为外表似梁而实质为拱的砌体梁结构。与单一煤层或厚煤层分层开采相比，该结构形成的位置远离煤层，同时由于支架与老顶之间松软“垫层”的影响，老顶对矿压显现的影响将有所缓和。

（2）砌体梁结构的平衡与失稳

综放采场上方“砌体梁”式的老顶结构位置远离煤层。在此主结构之下的“半拱”式结构为次结构，半拱式结构对老顶结构的稳定及顶煤的破坏和支架受载都产生明显影响。经分析，该结构的失稳主要表现为滑落失稳和回转变形失稳两种形式。

①顶煤刚度较低，顶煤及顶扳又产生较大的回转，故综放采场结构产生滑落失稳的可能性较小。影响砌体梁结构滑落失稳的关键因素是形成结构的岩层厚度（h+h1）及断裂线进入煤壁上方时的回转角。此外，支架上方顶煤及直接顶的刚度和完整性、“半拱”结构的稳定性对砌体梁结构的滑落失稳也具有一定影响。

②随工作面推进，组成砌体梁后部的岩块将随顶煤的放出、直接影响顶冒落发生回转，由于岩块间挤压力越来越大，其结果可能导致转角处岩块挤碎，发生回转变形而失稳。影响砌体梁结构回转变形失稳的关键因素是结构岩层的最大回转角 GaX，其值完全取决于直接顶冒落后对采空区的充填程度，即 ∑h ／ M 的比值。

3. 综放采场直接顶结构与活动规律

（1）直接顶垮落高度

综放开采时，由于一次采出煤层厚度大，直接顶的垮落高度与煤层的采出厚度显著相关，即随开采厚度的增加成倍增加。由于顶板岩层的断裂和垮落是因弯曲沉降发展起的，因此当充填系数大于 0.8 时，采场支架可免受老顶动压冲击的影响。这时，若采场上方存在厚度较大的坚硬岩层，可形成老顶结构；若岩层的分层厚度较小，则可形成“半拱”式临时结构。

（2）综放工作面直接顶稳定性及其控制

大量现场实测与理论分析表明，综放开采时直接顶的冒落高度随采高的加大而成倍增加，可达煤层采出厚度的2.0~2.5倍，形成“砌体梁”稳定结构的位置远离采场，同时考虑顶煤塑性垫层的作用，因而综放采场矿压显现一般不明显。实测结果表明，通常综放支架的受载远小于全部直接顶岩层的重量，而且直接顶的周期性活动也可对采场造成来压。这都说明在上位直接顶中存在某种“小结构”。

这种“小结构”形似“半拱”式结构，拱顶为支架或煤壁上方的顶煤或岩层，后拱脚为已垮落的矸石，与砌体梁结构相结合，共同构成综放开采覆岩结构的基本形式。这两种结构的稳定及其对采扬的影响不同，我们称“砌体梁”结构为主结构，而“半拱”式结构为次结构。综放采场上方直接顶和老顶结构是相互影响的，直接顶结构的失稳和来压可诱发老顶来压，而老顶来压促使直接顶中“半拱”式结构失稳高度的增大，使支架载荷增加。

（二）综放采场矿山压力控制

综放采场矿山压力控制主要是对支承压力和支架受力的控制，也就是对岩层运动和变形的控制。在综放开采条件下，矿山压力控制，还包括如何更好地利用矿山压力破碎顶煤，从而取得理想的放顶煤效果。

1. 综放采场矿山压力显现规律

（1）综放开采工作面支承压力分布规律

随工作面推进距离增大，工作面超前支承压力峰值也逐渐增大。当工作面推进200m左右时，工作面超前支承压力达到最大；此后，随推进距离的增大，工作面超前支承压力分布及其峰值无明显变化。在非采动影响区段，受侧向支承压力影响，工作面两侧槽附近支承压力值明显大于工作面中部；在采动影响区段，工作面采空区侧超前支承压力与工作面中部超前支承压力均大于工作面实体煤巷道侧超前支承压力。

综采放顶煤与一般的机采相比，具有一次采出厚度大，回采工艺增加了放顶煤环节，故工作面及两巷矿压显现必然有其独有的特征。

支承压力是上覆岩层重量和一些岩层的旋转力矩共同作用的结果。显然，随着采出厚度增大，参与旋转作用的岩层将增多，应使放顶煤工作面中产生的支承压力峰值增大。但是，实验得到的结果却是，在放顶煤采煤工作面中前方支承压力和稳定峰值比一般中厚煤层工作面中的峰值要小。这是由于顶煤比岩石松软，在顶底板岩层间它相当于塑性垫层，使承载能力减弱。或者说，一部分支承压力用于顶煤变形和破坏的做功上，因而，使应力集中系数的稳定值降低。顶煤处支承压力峰值较采面顶部水平处的峰值点前移，支架前方端面处的顶煤煤体，将受较高压力的作用，因而在回采中必须注意及时护顶或移架，以防支架前方冒顶和片帮，为放顶煤工艺创造有利条件。

①初采阶段煤壁前方支承压力较小，对顶煤的破碎作用不明显，可适当地采取强制放顶煤的方法，为以后矿压破煤开出自由面。

②虽然综采放顶煤一次采出厚度成倍地增加，支承压力的瞬时系数应比小采高工作面增大，但其显现却较小，只要保证正常的推进速度和及时护住机道顶煤，煤壁片帮现象是可以减轻或消除的。

③由于超前支承压力的存在，煤体上压力的峰值超过煤体单向抗压强度，煤体边缘进入塑性破坏状态，支承压力的高峰向煤体内部转移，煤体边缘一定范围内出现卸压现象。但煤壁前方不出现内应力场，压力分布是单一峰值曲线。

④顶板中应力的峰值区要比顶煤中应力峰值区距工作面煤壁近 5m 左右，因此对顶煤的破碎效果比较明显。

（2）综放采场矿山压力显现的基本特征

综放开采时的矿山压力显现特点：

①上位直接顶中“半拱”式小结构的存在，会对矿压产生明显的影响；

②支架直接支撑的为松软顶煤，缓和了顶板与支架之间的相互作用，使支架上的压力显现并不能真实地反映上覆岩层的活动；

③由于形成老顶结构的位置远离采场，加之直接顶岩层垮落角的影响，其失稳来压也将滞后于采场，从而表现为采场内矿压呈现不明显；

④由于放顶煤工艺的特殊性，不仅使支架掩护梁受载较大，而且处于不断的变化之中，由此将造成支架受力变化较大，进而导致对支架的设计也提出了新的要求。

综放开采矿压显现的特殊性如下：

①由于老顶对工作面的影响较小，顶煤对顶板运动能量有一定吸收作用，综放工作面支架阻力普遍小于单一煤层和分层综采工作面，且在老顶来压前后并无明显的变化，支架以初撑和一次增阻工作状态为主。

②与分层综采相比，综放工作面老顶初次来压步距小幅度增加，周期来压步距大幅度减小。这是由于砌体梁与“半拱”式结构的存在，直接顶来压的步距和强度均小于老顶来压，即工作面大小来压交替出现。

综放采场矿山压力呈现的基本特征与厚煤层分层开采及大采高整层开采的岩层活动及矿压显现对比，在岩层活动与结构方面，大采高开采与综放开采具有许多相似之处，但由于综放开采直接支护的为松软顶煤，使两者矿压显现具有显著区别。同时由于顶煤的滞留而被放出，当直接顶厚度较大时，易在上位直接顶中形成某种“半拱”式结构，这也是综放开采岩层结构的特点之一。随放煤工作的进行，结构发生失稳。在矿压显现方面，大采高综采煤壁较高，易于片帮并诱发端面冒顶，同时支承压力的增大也使得煤壁更加破碎，加剧了片帮和冒顶。由于直接顶岩石的传力效果较好，因此其支架受载及支柱缩量较综放开采增大。综放开采时机采高度较小，故煤壁稳定性优于大采高综采。

2. 影响综放开采矿压显现的主要因素

综放开采时，因回采空间与支护空间的不一致性，以及一次采出厚度的绝对增加，使得综放开采的“支架一围岩”关系及矿压显现都不同于分层开采和大采高综采。综合数十个综放工作面矿压观测结果及理论分析，影响综放开采矿压显现的主要因素包括：

（1）顶煤刚度是影响综放采场矿压显现强度的关键因素

观测结果表明，综放开采工作面矿压显现仍然呈周期性变化，但来压强度小于顶分层开采和大采高综采。其显现程度不仅取决于上覆岩层活动，而且主要取决于顶煤破碎状况及其刚度大小。在综放开采情况下，进入支架上方顶煤强度较低、刚度较小，通常老顶和高位直接顶运动的结果主要表现为顶煤的塑性变形，使工作面矿压显现不明显；但当垫层刚度较大时(如顶煤及直接顶强度较大且厚度较小),则表现出明显的矿压显现。

实测结果表明，直接顶是逐层垮落的，因此老顶初次来压前采场压力出现多次波峰，但在老顶来压前均出现一次较大的波峰，即为综放采场的直接顶初次来压。直接顶初次来压步距因煤层条件不同而有较大的变化，一般为 30~50m 不等。由于顶煤的影响及直接顶垮落高度增大，综放采场老顶初次来压步距均较顶分层开采明显增大，一般均大于 50m，如东滩煤矿 143 上 07（东）综放工作面为 63mo 由于顶煤及直接顶厚度较大，以及后部自由空间的增大，顶板超前断裂严重，因而老顶的周期来压步距较小，约为初次来压步距的 1 / 3。

（2）老顶对综放工作面矿压显现的影响程度降低

由于综放工作面采出空间大幅度增加，使老顶稳定结构位置上移，其失稳的几率相对减小，同时老顶的回转和失稳在时间上和空间上均滞后于采场，因而对矿压显现影响减弱。

（3）高位直接顶对综放工作面矿压显现的影响较大

综放工作面高位直接顶形成“半拱式”结构，该结构的稳定性不如老顶，失稳时具有一定的突然性。且该结构距开采空间较近，与分层综采相比的运动空间较大，势能大幅度增加，加之综放工作面液压支架长度较大，故综放工作面有时要遭受高位直接顶的冲击载荷。

（4）支架工作阻力对综放工作面矿压显现有显著影响

支架工作阻力较大时其矿压显现缓和，而工作阻力较小时则出现较为明显的矿压显现现象。不同煤层条件下综放工作面矿压实测结果表明，在相同或类似条件下综放开采时支架载荷均不大于分层开采的情况，综放开采工作面实测的支架阻力、支架初撑力和工作阻力的利用率为 50% 左右，显然支架阻力有较大的富余。

（三）顶煤运移和破坏规律研究

顶煤的变形、运移和破坏是一个极其复杂的过程，实现顶煤破碎和顺利放出是综采放顶煤工作的核心，是实现安全高效的关键所在。也就是说，实现有效破碎顶煤是顶煤顺利放出的前提和支架选型的依据，也是衡量顶煤冒放性与放顶煤效果的主要指标，因此有必要对顶煤的变形运移、破坏机理及其结构进行系统研究。

1. 顶煤的变形与破坏机理

（1）顶煤的变形过程

煤系地层成煤后，经历了复杂漫长的地质演化过程和众多的构造运动，在煤层中形成大量原生裂隙。采动影响又使煤体中的裂隙进一步增加，因此在综采放顶煤过程中，所采煤体的破坏伴随着裂隙的发展和贯通程度增强。原生裂隙和采动裂隙是控制煤体破坏的主要因素，并由其决定煤体破裂后形成块度的大小，裂隙密度大、组数多，煤体破碎块度就小。

在不同围压条件下煤体应力一应改变关系。可见，围压发生变化时，煤体破坏过程及残余强度表现出明显不同。鉴于综放开采时，顶煤围压条件处于不断变化之中，且要承受多次“卸载一加载”的作用，这都将使顶煤破坏过程更加复杂化。

（2）顶煤的破坏过程

从煤体结构特征分析知，软煤结构不致密，含有大量微裂隙；中硬煤结构致密，微裂隙少，仅有几条明显的裂隙。正是这种内部结构上的差异，造成顶煤块度不同，软煤破碎后块度较小难以形成结构，呈散体状，因此矿压控制的重点是防止架上冒空和端面漏顶。

随工作面推进，在煤壁前方出现较大的应力集中，当超过了顶煤的强度极限时，便发生强度破坏，产生裂隙，进入塑性变形状态，”假塑性结构”也随之形成。随破坏的发展，顶煤中裂隙不断发育，“假塑性结构”稳定性降低，伴随结构的失稳和破坏，即实现顶煤的完全破碎，这就是顶煤破坏的发展过程。顶煤进入放煤口位置时的块度大小及“假塑性结构”的稳定性由顶煤破碎状况来确定，由此可评价顶煤的可放性。

（3）顶煤变形分布规律

据多个综放工作面的观测结果，顶煤的变形始于煤壁前方，开始的位置及变形量因煤层及开采条件不同有较大差异。自煤壁至采空区方向，裂隙密度逐渐增加，裂缝宽度逐渐增大。一般说来，顶煤的变形特点是在煤壁前方顶煤以水平变形为主，可达垂直变形的 2 倍以上；进入控顶范围，则顶煤的垂直变形远大于水平变形，有时可达水平变形的 10 倍以上。进入支架上方的顶煤由三维应力状态变为二维或单向应力状态，顶煤中的层理和弱面得到了发展，进而产生离层，表现为顶煤垂直变形的迅速增大。

（4）支架对顶煤变形的影响

顶煤的变形表现为挠曲下沉。支架阻力减小时，煤壁前方 3~5m 处顶煤的下沉量开始增加，在煤壁附近出现明显增大现象，愈靠近采空区，下沉量变化愈大，距离大于 5m 的前方煤体，几乎不受支架阻力的影响。支架阻力对顶煤水平变形的影响与此相类似。支架阻力较小时，支架前部及煤壁上方产生较大应变值，这使顶煤易在此处发生破坏；支架阻力较大时，支架前部应变值较小，支架后部的应变值较大，显然这对放顶煤是有利的。支架对顶煤作用的实质是使其产生变形，从而使顶煤破坏进一步发展，因此支架对顶煤变形的影响，决定了对顶煤破碎程度的影响。

（5）“支架—围岩”作用特点

综放开采时，顶煤的架前完整和架后破碎是相互矛盾的，而实现这一矛盾转化的关键是支架的作用。由具体的煤层条件，选择合理的支架架型及参数直接影响到综放开采的效果。对于松软（或层理、节理发育）煤层，控制顶煤架前冒落和煤壁片帮是放顶煤管理的主要任务，此时放顶煤支架应具有较高的初撑力 P，工作阻力 R 不必过高，以 P0 / Pt 大于 80% 为宜；对于中硬以上（或层理、节理不发育）煤层，实现顶煤架后破碎则是主要任务，此时支架的初撑力 P0 不宜过大，以使顶煤得到充分的早期下沉，同时也使顶煤在端面位置就得到变形和破坏，有利于顶煤破坏的发展。而较高的工作阻力可提高支架后部顶煤的变形和破坏程度，因此支架 P0/P1 宜小，从而可较好地解决架前完整和架后破碎的矛盾。

2. 顶煤破坏分区

沿工作面推进方向，顶煤裂隙发育和破坏程度可分为 4 个破坏区，自煤壁前方至采空区方向依次为完整区、破坏发展区、裂隙发育区和垮落破碎区。由于工作面的移动特性，顶煤将顺次经过以上 4 个区，破坏逐渐发展，直到完全破碎随后从放煤口放出。当煤层及开采条件发生变化时，各破坏区的范围有所不同。

第三节　大采高煤层安全高效综采技术

一、概述

我国煤层赋存条件的复杂性和多样性，使得放顶煤开采在一些厚煤层中受到限制。煤层厚度 5.0m 左右条件下，一次采全厚的大采高综合机械化开采是有效的工艺方式，也是国内外 5.0m 左右厚煤层条件下实现安全高效开采的发展趋势。近年来，随着综采工作面装备水平的提高，大采高综采在我国厚煤层矿区逐渐得到推广使用。目前，国内大采高综采面使用全引进综采设备的神东公司年产已达到 1000 万 t 以上，晋城寺河煤矿大采高综采工作面，支架最大高度可达 5.5m.2004 年工作面产量达到 520.58 万 t、最高日产 3.332 万 t。采用国产设备的邢台东庞矿大采高综采工作面采高 5m，年产达到 220 万 t。

二、年产 800 万 t 大采高综采工作面成套技术

（一）年产 800 万 t 大采高综采工作面的关键技术

1. 研究并掌握“浅埋深、薄基岩、厚风积沙”特殊地质条件下的采场矿压显现规律

神东矿区开采侏罗纪煤层，成煤期较晚，煤层埋深浅、基岩薄、地表有厚风积沙，矿压显现规律与我国其他矿区截然不同，传统的矿压理论不适用于该矿区条件，无法指导矿区生产和设备选型。建矿初期对这一地质条件和矿压特点认识不足，导致了大柳塔煤矿、补连塔煤矿第一套液压支架选型失败，支架活柱被压死、结构件断裂、底座箱开焊等故障，井下 T 作面无法进行正常生产。因此，必须对工作面采场顶板破断、垮落机理和矿压显现规律进行研究，指导工作面生产和研制新型液压支架。

2. 综采关键设备研制和配套优化

神东矿区初期生产时大柳塔矿选用了 YZ3500 型液压支架，补连塔矿选用了首套国产大采高、高强度 YZ6000 型液压支架，实践证明这两种支架均不能满足使用要求。后来直接引进了德国 DBT 公司生产的 WSI.7 型液压支架，虽然基本满足生产要求，但要达到安全高效生产仍存在以下问题：

①工作阻力 6054kN 较小，回采过程中，顶板沿煤壁全厚度切落，产生台阶下沉，最大下沉量达到 300mm；

②顶梁前端支撑力小，顶板有逆向回转下沉的特点，常发生抽条冒顶现象；

③采高达到 4.1m，立柱前行人不安全，支架立柱与四连杆间的行人空间小，仅为 280mm；

④侧护板设计不合理，不能适应快速自移的使用要求。

因此，需研制新型液压支架并按照三机尺寸配套、性能配套、生产能力配套、输送设备的配套、成套系统的寿命配套及工作面外围环节配套的设备配套原则，研制综采工作面成套设备。

3. 优化工作面长度和推进长度，研究与安全高效综采设备配套的生产工艺和工作面循环作业方式

传统的采煤工作面参数确定方法已不满足安全高效工作面生产需要，必须根据新型大功率综采设备和安全高效的要求优化工作面长度和推进长度。研究与安全高效综采设备相配套的生产工艺，改进工作面循环作业的方式。

4. 综采工作面辅助巷多通道快速搬迁技术

传统的搬面由于受回撤安装工艺、辅助运输方式等因素的制约，难以实现快速搬迁。一般回撤安装一个综采工作面约需 35d，需投入 15000 个工时，难以保障综采工作面实现单产 800 万 t 以上的目标。研究与安全高效工作面生产工艺相配套的快速搬迁新工艺，是保证矿井采用“一井一面一套综采设备”实现安全高效、均衡生产的关键技术之一。

（二）采场矿压显现规律

1. 神东矿区采场覆岩构造特征

神东矿区目前及今后相当一段时期内，各矿所开采区域大部分集中于埋深在 200m 以内的浅部煤层。浅埋深、薄基岩、上覆厚松散沙层是该区煤层的典型赋存特征。大柳塔 2-2 煤层上覆岩层柱状及力学性质。

2. 采场矿压显现规律

虽然神东矿区煤层倾角近似水平，赋存稳定，断层等地质构造均不发育。但矿井初期开采实践表明，长壁工作面普遍呈现出台阶下沉现象，其矿压显现剧烈，严重影响了开采的安全性以及产量和效益的提高。例如大柳塔煤矿建井初期的试采工作面（C202），来压期间普遍出现 350~600mm 的台阶下沉。大柳塔煤矿正式投产的第一个综采工作面（1203），埋深 50~60m，采高 3.5-4.0m，用 YZ3500—23/45 型液压支架支护顶板，初次来压期间工作面中部 91m 范围顶板出现台阶下沉，其中 31m 范围顶板台阶下沉量高达 1000mm，部分支架活柱压得没有行程，并出现溃沙现象。周期来压时，不少支架的立柱因动载强烈而出现涨裂，支架损坏严重。这一现象说明在神东煤田浅埋深、薄基岩、厚松散沙层的条件下，工作面顶板岩层破断运动具有特殊性，根据现场观测分析，神东矿区浅埋深条件下，工作面来压特征同样表现为直接顶初次垮落、老顶初次来压和老顶周期来压。

①直接顶初次垮落步距在 17~24m，平均 20.5m；直接顶初次垮落阶段，有煤壁片帮现象。

②基本顶初次来压步距为 24-54.2m，来压持续时间 2~3d，基本顶初次来压时工作面煤壁片帮严重。

③基本顶周期来压有大小周期之分，一般情况下，小周期步距为 7~15m，大周期步距 18m，来压时支架最大工作阻力在 3750-7880kN 之间，平均工作阻力为 3400~5600kN，来压持续时间 1~2d。

④周期来压期间动载系数在 1.26~1.58 之间，平均 1.41。

⑤高速推进下支架初撑力仅为额定初撑力的 58%，周期来压步距增大，但工作阻力并没有增加。快速推进还减缓了工作面台阶下沉量，因此加快推进速度对顶板控制对实现安全高效有积极作用。

（三）综采设备选型配套及关键设备

年产800万t安全高效综采工作面生产系统的机电设备必须具备生产能力大、安全性及可靠性高、自动化程度高、操作简便、易于维护等特点，同时还必须适应神东矿区特殊条件的要求。

1. 设备选型配套的基本原则

综采成套设备主要由采煤机、液压支架、刮板输送机、转载机和破碎机及胶带输送机等组成。这些设备不是孤立的“单机”，而是结构上相互配合和联系，功能上需要协调和配合，具有较强的配套要求和较高的可靠性要求。组成综采成套设备的每一种机械设备，都有严格限定的适用条件。选型配套是高产、高效、经济和安全生产的前提与保障。综采工作面设备选型必须遵循以下原则：

①能适应工作面的地质条件。选用的设备应能适应特定的工作条件，正常发挥其功能。

②能满足工作面生产能力的需要。主要是指采煤机生产能力与工作面生产任务要求相适应。

③设备结构性能相互匹配。主要包括：工作面输送机的结构形式及附件必须能与采煤机的结构相匹配；刮板输送机的中部槽与液压支架的推移千斤顶连接装置的间距和连接结构相互匹配；采煤机的采高范围与支架最大和最小支护高度相适应，采煤机截深与支架推移步距相适应。

④综采设备选型配套应与矿井原有的运输、通风等系统相适应，或改扩建原有系统的土程量要小。

⑤设备的主要技术参数相互匹配。各设备的技术性能是综采成套设备技术性能的基础，只有各设备的主要技术参数相互匹配时，它们的技术性能才可能很好地发挥。不能一味地追求单一机械设备的先进性能。

2. 电牵引弄煤机

神东矿区所选用的采煤机为美国JOY公司生产的6LS-3及6LS-5系列产品。6LS采煤机是第四代滚筒式采煤机，具有采煤效率高、结构合理、安全可靠、控制方便等特点。

①多电机驱动提高了传动系统的可靠性和传动效率，降低了制造成本，且操作简易安全，维修方便，为大幅度提高采煤机安装效率创造了条件。

②装机功率大大提高，截割功率达2×610kW，牵引功率达2×100kW. 液压泵电机功率达1X40kW或2X30kW，破碎机功率达110kW。装机总功率已达1840kW。

③电牵引调速简化了牵引部传动系统，不但为大功率开采提供了足够的牵引力（750kN）和牵引速度（10~15m/min达到了液压牵引来煤机的3~4倍而且采用微机控制系统，实现整机恒功率调速，使采煤机自动保持在额定负荷下工作。

④装备了以微型电子计算机为核心的电控系统。采用先进的信息处理和传感技术，对采煤机的运行工况及各种技术参数进行采集、处理、显示、存储和传输，并通过编程对采煤机进行全面控制、监测和保护，以及实现采煤机电气系统的自动调节，截割电机功率自动平衡和机械故障自动查寻诊断等功能。

⑤手动控制和遥控提高控制方式的灵活性，大大改善了工人的工作环境，提高了操作的安全性。

3. 可弯曲刮板输送机

选用的工作面刮板输送机是美国 JoY 公司生产的系列产品，主要技术特点有：

①采用了交叉侧卸式机头卸载装置，具有卸载能力高，底槽回煤少，卸载高度低等特点。

②中部溜槽结构尺寸和强度大幅度提高。采用了铸焊结合，中板和封底板厚度分别为 40mm 和 30mm，最厚已达 60mm。中部槽内宽普遍加大到 1000mm，槽长度已达 1.75m，中部槽高度也增至 345mm，中部槽的过煤量已达到 600 万 t，实际已超过 1200 万 t。

③刮板链条多选用双中链，链环直径为 38~42mm，同时采用紧凑链等新型链条。链条强度、寿命和可靠性大幅度提高，为实现 2500t/h 大运距、大运量创造了条件。

④链速的提高减小链条运行阻力系数，刮板输送机链速已达 1.4m / s。

⑤装机功率不断增大，其装机功率已达 2X525kW~2X700kW0

⑥采用双速电机 + 限矩离合器 + 行星减速箱驱动装置，以缩小机头、机尾部体积。

⑦采用液压自动紧链技术，改善了紧链操作的可靠性和安全性。

⑧采用机尾自动伸缩张紧装置，改善了链条工作状况，提高了链条工作可靠性和使用寿命。

4. 桥式转载机和破碎机

转载机装机功率已达 200~300kW，破碎机装机功率为 200~250kW。转载机链速为 L4m / s，输送量为刮板输送机的 1.2 倍左右。采用整体自移技术，实现了快速自移，与带式输送机的搭接采用了马蒂尔装置，实现了带式输送机机尾的快速自移，改善了两者的搭接状况。

5. 可伸缩带式输送机

选用的工作面带式输送机为澳大利亚 ACE 公司生产的 ACE 系列，可伸缩带式输送机的铺设长度已达 5000m，运输能力为 2000-3000t/h；带速度达 5m/s，装机总功率为 2X400kW 或 3X375kW。

① ACE 系列可伸缩带式输送机配套 MATILDA 机尾与桥式转载机相连，随着工作面的推移和转载机的前移，MATILDA 装置可实现胶带输送机自动缩机储带和自动张紧。

②采用 CST 可控传动系统实现带式输送机的软启动、软停车及电动机的功率平衡驱动。

③可伸缩带式输送机运输设有监控和安全保护系统，实现了自动顺序开停机、全机分段通讯和紧急停机，并配备了防胶带跑偏、打滑、断裂、堵塞和自动洒水降尘等装置，滚筒和主要轴承的温度监测系统，驱动装置的油位、油温监测系统，烟雾报警及消防灭火装置，输送带纵向撕裂及接头强度监控系统等。

综采工作面主要设备均实现机电一体化，具有自诊断功能和通讯功能，为工作面生产自动化，提高系统的开机率，保障系统的安全可靠运行及为全矿井的自动控制及信息化管理奠定了基础。

（五）综采工作面回采工艺

神东矿区具有较好的煤层赋存条件，目前正在开采 1-2、2-2、3-2 煤层，煤层平均厚度 3.7~6.1m，倾角 1°～3°，属近水平煤层，煤层顶板以中、细砂岩和砂质泥岩为主，底板以砂质泥岩和细砂岩为主。采用长壁综合机械化一次采全高全部垮落法回采工艺方式。

1. 工作面长度的优选

对采煤工作面成本进行分析，有一部分费用是随着工作面长度加大而增加的，有一部分费用是随之减少的，还有一部分是固定不变的。这样就可以通过对有关费用（工作面设备的折旧和大修费、回采巷道掘进费用、工作面工人工资、工作面搬迁费用）的计算，由此得到按吨煤费用为最低准则的经济上最佳工作面长度取 240~250m。

2. 工作面合理生产能力确定

计算综采工作面采煤机开机率 K=85.2%

确定割一刀煤所需时间 f=42mino.

计算综采工作面日生产能力 Qr=31796t/d

按五天工作制，每年生产 255d 计算，采煤机割煤牵引速度为 6m/min 时，综采工作面生产能力可达到 810.8 万 t/a。

3. 综采工作面顶板管理技术

神东矿区煤层顶板完整，岩性以中、细砂岩和砂质泥岩为主，硬度中等。工作面初次来压步距为 24~54m，来压时强度不大。在初次来压过后 100~180m 范围内，工作面压力普遍增大，片帮严重，顶板活动频繁，随工作面推进基本顶逐渐稳定，顶板压力也随之减小，推进 180m 以后工作面压力恢复正常。

工作面周期来压存在大小周期之分。小周期来压步距 8~12m，来压时工作面中部片帮严重，液压支架立柱安全阀卸载，顶板破碎，持续时间 3 刀煤左右，推进速度快时持续时间相对较短；大周期来压步距为 17~25.75m，来压时工作面压力普遍增大，片帮严重，支架立柱安全阀卸载严重。如果平巷支护强度不够，顶板顶煤较薄，在顶板离层、裂隙发育的情况下，周期来压时有可能导致平巷超前范围内冒顶。

神东矿区初次来压和周期来压时的顶板管理具有以下特点：

①加强工作面工程质量的管理，保证工作面“三直、两平、两畅通”；

②割煤后及时拉架，升架必须达到初撑力；

③加强管路管理，确保液压管路系统在工作压力下正常运行，无漏液现象；

④顶梁端面距不得大于400mm，顶煤厚度留够300~400mm；

⑤来压期间加快推进速度，非特殊情况不得在来压期间停采。

4. 工作面平巷超前支护技术

神东矿区工作面两平巷均为矩形断面，断面尺寸一般高3.6m，宽5mo平巷两帮为裸煤壁，顶板为锚杆支护，锚杆间距1.0mo两平巷超前支护方式为单排点柱支撑方式，点柱间距为1.0m。两巷压力增大时采用带帽点柱或架设棚子以加强支护。

神东矿区多为大采高工作面，采高一般在4.5~4.8m。工作面运输平巷靠近采空区一侧，超前支撑压力较大，超前10m范围内小冒顶、片帮较为严重，若采用传统的超前支护方式，工作面生产时回柱危险性较大，工人劳动强度高，不利于工作面安全高效生产。针对这种情况，研制了超前支架，安装在转载机旋转槽上方，与转载机互为支点进行前移。超前支架具有以下优点：

①减少超前单体支柱，实现了工作面超前支护的自动化；

②取消了运输平巷超前维护工；

③避免了端头维护工在工作面端头的安全隐患；

④极大地改善了巷道围岩条件，减少了平巷超前段的冒顶事故。

5. 回采工艺方式

神东矿区煤层稳定，倾角为1° ~3° 的近水平煤层，采用双向割煤方式。矿区综采工作面长度一般为240~250m，超前维护简单，运输、回风平巷宽敞，机头、机尾顶板完好，工作面进刀采用端头斜切进刀方式。使用支架为高工作阻力支架，对顶板支撑效果好。一般采用单架依次顺序式移架。在采煤机速度较快的工作面，液压支架使用电液阀，支架可成组移架。

综采工作面的工艺过程为：采煤机破煤→装煤→刮板输送机运煤→液压支架支护及采空区处理等工艺过程。

端头斜切进刀方式，刮板机弯曲段长度为18m，采煤机全长15m，端头做缺口总长度48m，正常割煤长度192m。割煤方式为双向割煤，采煤机上滚筒割顶煤，下滚筒割底煤，往返割两刀，每刀截割深度0.85m。ZYY8670-2.4/5.0型大采高两柱掩护式液压支架，支撑高度为2.4~5.0m，支护宽度为1.75m，移架步距为0.85m。

6. 劳动组织与循环作业图表

神东矿区在不断提高工人素质和技术熟练程度的基础上，提倡一职多能，积极推行兼职兼岗，队内取消材料员、办事员，由值班队领导兼职，工程质量验收、设备标准化检查由跟班队长兼职，普通员工一般可以兼职两岗或三岗，岗位工兼职设备点检，为综采工作面降本增效创造了条件。

正常割煤时工作面共有作业人员4人，即采煤机司机2人，拉架工1人，推输送机1人，另外控制台电工1人，转载机司机1人，看大块工1人，跟班队长1人。综采工作面作业方式改变了传统的“三八”制或“四六”制作业方式，采用“8、2、7、7”工作制度，即出煤班分为三个班，分别为：8h、7h、7h，准备班检修2h，设备专列的前移在准备班完成，（每5~7d拉一次移变，拉移变需时2h左右）；采用静态检修和动态点检相结合的方式来完成设备检修。

三、综采工作面辅巷多通道快速搬迁技术

（一）概述

综采工作面存在设备多、重量大，矿井巷道空间有限，工作面的撤除一般需要较长时间等问题，严重影响矿井的产量提高。因此，能否实现综采工作面快速搬迁是实现矿井安全高效的重要保证条件。我国绝大多数矿井的辅助运输方式为轨道运输，综采设备的运输只能采用轨道运输的方式，工作面搬迁普遍采用采煤机自做回撤空间的方法，在工作面停采线附近进行最后几刀煤的截割时，通过采煤机与输送机整体前移实现正常截割，而液压支架则保持不动，以形成足够的设备调向及回撤空间。采用轨道运输的方式进行综采设备的装运工作，需设置设备的装车平台，设备的撤、装、运环节较多，耗时多，辅助设备多，安全性差，无法实现快速回撤。传统搬面由于受回撤工艺、辅助运输方式等因素的制约，难以实现快速搬迁，一般地一个综采工作面搬迁约需35d左右，需投入15000个工时。

（二）辅巷多通道快速搬迁技术

1. 辅巷多通道搬迁技术的提出

神东矿区通过多年来的探索与实践，创立了“一井一面一套综采设备”的安全高效矿井生产模式，没有备用工作面和备用设备，打破了传统矿井采取的“二保一”、“三保二”矿井模式。开发快速搬面的技术，成为神东矿区亟待解决的技术难题。如果搬面时间缩短到10d左右，就相当于设备增加一个月的运转时间，为矿井实现高产、高效创造条件。

掘进与工作面平行，长度相等的辅助巷道成巷后，再掘出多条联络巷与工作面联通，进入采煤工作面，完成回撤支架的任务。但是回撤支架必须要有一定的回撤空间，实施支架的调向作业，安全回撤支架。在工作面停采线位置，平行于工作面掘进一条3m宽的支架转向回撤巷；同时平行于原工作面，相距10m掘出一条辅助巷道，作为支架撤

出的运输巷；然后相隔一定距离在两巷之间掘出 9 条联络巷，可从工作面多头分别回撤支架。回撤通道的作用在于当工作面采到停采线时，不需要在支架前专门切割支架回撤时的调向空间。

2. 辆巷多通道工艺设计

在采煤工作面停采线预先掘出两条平行于采煤工作面的辅助巷道，然后根据煤层的地质条件、搬迁的技术装备及人员配置等情况，在两条辅巷之间掘出若干条联络巷，构成辅巷多通道系统。辅巷断面净宽 4.5~5.0m，净高 3.6~3.8m。

作为辅助运输的回撤辅运通道，采用锚杆支护，与采煤工作面相贯通的回撤通道，除采用锚、网联合支护外，配以单体液压支柱、矿用工字钢梁、液压支架等支护，根据顶板的具体条件来配套使用。液压支架系矿区设计的专用垛式支架，纵向支设在回撤通道中，一方面强化对顶板的支护，另一方面作为采煤工作面支架回撤时的掩护支架。支护参数：网 40mm × 40mm，8= 铁丝编织；锚杆 1.8m × ≠ 1.6mm；工字钢 11s；单体支柱 3.6-3.8m；垛式支架 DZ4500—2.2/3.9。

靠工作面停采线的第一条辅巷，是作为采煤工作面液压支架回撤时的调向通道，工作面与此巷道采通，称之为回撤通道；外侧一条辅巷是作为工作面液压支架撤出时的运输通道；两辅巷之间的联络巷则成为工作面采取多头作业，分段放顶的安全出口。

3. 辅巷多通道搬迁技术

①预掘辅巷和联络巷，充分利用连续采煤机快速掘进的优势，以掘代采，预先形成工作面支架回撤的调向通道和撤回通道。

②应用无轨胶轮车，将支架装、运、卸集于一体，对于正对联络巷口（通道）的三组支架可直接装车外运，省去其他工序。

4. 辅巷多通道回撤工艺

（1）回撤通道设计

回撤通道用于确保在回撤工作面液压支架及采煤机有足够的回撤空间。回撤通道断面为 3.6m × 5.0m，通道用单体液压支柱支护，底板铺设 200mm 厚的砧。回撤通道顶板采用锚网支护，靠近工作面采空侧采用双层网支护，锚杆间排距均为 1m。金属网下使用 11# 工字钢梁支护，工字钢梁间距为 0.865m（每台液压支架挑两根工字钢梁），工字钢梁下采用垛式支架与单体液压支柱联合支护的方式，工作面中部工字钢梁下共支设有 40 台垛式液压支架，有垛式支架的工字钢梁下采用一梁三柱支护，没有垛式支架的工字钢梁下采用一梁四柱支护。

（2）辅运通道及联络巷设计

为了实现多点平行作业、快速回撤工作面设备而专门设置的辅助运输通道。辅运通道与回撤通道间以同样断面的联络巷来相互连接。

回撤辅运通道及联络巷采用 3.6m × 5.0m 的断面，底板铺设 200mm 厚的电，顶板采用锚杆支护，联络巷采用锚杆及单层金属网联合支护。辅运多通道新工艺的采用，使神东矿区搬面的速度大大加快。其主要特点为：

①工艺简单，操作方便。

②安全通道多，避灾路线短，增加了职工的安全感。

③工作面顶板易于管理，实现了回撤支架多头平行作业，分段放顶，最大限度地减少了工作面矿压显现的强度，改善了支架的承载状况，为快速搬面创造了良好的作业环境。

④由于预掘出了工作面架前的回撤通道，并张挂高强度网，缩短了撤架前的准备时间。

（3）回撤工艺

综采工作面搬迁倒面过程中，全部使用无轨胶轮车进行设备的搬运，与轨道运输、单轨吊、齿轨车等运输方式比，无轨胶轮车运输有着使用方便、灵活机动、转弯半径小、牵引力大、对坡度适应性好、运行速度快、环节少、配套设备少、安全可靠、对道路的适应性强等特点，集装、运、卸为一体的支架搬运车，可以直接将支架自己装车，不需要其他辅助设备，也不需要转载倒运，实现自卸，提高了设备利用率，实现了快速搬面。

（三）技术经济效益

矿区辅巷多通道快速搬面新工艺，采用国际上最先进的无轨胶轮车运输方式，全部有运输线路的路面均实现了殖硬化，通过预掘回撤通道和联络巷，利用大功率支架搬运车和多功能车装运综采设备等手段，实现快速搬面的目的。小班回撤 17 台液压支架、6 天零两个小班回撤全工作面 135 台液压支架和小班安装 19 台液压支架、圆班安装 42 台液压支架。只用 4 天时间便完成除液压支架外所有其他综采设备的回撤安装并达到试转条件。从 1997 年采用辅巷多通道快速搬迁新工艺以来，矿区已经实施搬迁 18 次（面），与全国平均搬面时间相比，每次（面）减少 20 余天；与传统的搬迁工艺相比，节省费用 890 余万元，为全矿区多生产煤炭约 900 万 t，相当于为矿区增加了一个大型骨干矿井。

第四节　2.5~3.0m 中厚煤层安全高效开采技术

一、概述

在 2.5-3.0m 中厚煤层实现安全高效开采的最佳技术途径是采用综合机械化开采。某地矿区在中厚缓斜煤层的综采设备配套方面向高强度高可靠性方向发展，改革发展使用二柱掩护式架型，装备使用大功率采煤机和高强度大功率输送机，实现了采煤工作面的快速推进，综采生产技术得到了长足的发展。ZY6400/18/38型掩护式液压支架于2002年9月在鲍店煤矿23下09工作面开始安装生产。11月份生产28天（检修两天），在工作面通过泄水巷的情况下，创出了月产31万t，最高日产1.6万t，最高班产6342t的好成绩，达到了年产300万t的水平。该套支架可与1000mm截深MGTY400/930~3.3D采煤机配套，具有年产400万t的生产能力。

二、煤层地质赋存条件

鲍店煤矿23下09工作面回采山西组3下煤层，3上煤已回采完毕。3上煤与3下煤间距为9.15-13.37m，平均IL38m，煤层埋藏深度为426~454m。3上煤层属半暗半亮型煤；煤层硬度 f=3.1~3.9，煤层倾角3° ~10.5° ，平均5.5° ；厚度为2.80-3.57m，平均3.20m，赋存稳定。煤层老顶为灰色细砂岩，坚硬致密，泥钙质胶结，平均厚度10.24m，硬度/=6~8。直接顶为深灰色粉砂岩，裂隙发育，比较破碎，平均厚度0.34m，硬度f=4~6。煤层直接底以深灰色粉砂岩为主，局部为泥岩，粉砂岩，平均厚度1.17m，硬度f=4~6。老底为灰色细砂岩与粉砂岩互层，以细砂岩为主，水平、波状层理及斜层理发育，成分主要为石英、长石，泥钙质胶结，致密坚硬，平均厚度12.43m，硬度/=6~8。

工作面走向横跨某地向斜的核心部，构造以褶曲为主，倾斜方向煤层伪倾角为3.5° ~10° ，平均6.50。工作面在实际生产过程中推进15~50m时揭露内错布置的23下09号回风联络巷，工作面推进490~530m时揭露横穿工作面的2309泄水巷，工作面生产过程中揭露一条落差L2m的隐伏煤层。

23下09工作面基本参数如下：轨道顺槽为矩形，高3.0m，宽4.1m，锚网支护；运输顺槽为矩形，高3.0m，宽4.4m，锚网支护；切眼为矩形，高3.0m，宽7.0m，锚网支护；工作面长开始为198m，后变为136m；面长由198m段走向长度755m，面长由136m段走向长度315m。

三、设备配套

（一）综采设备配套模式

某地矿区从1992年到2003年，在生产实际中逐渐形成了38种综采设备配套形式，其主力综采设备配套可归类为三种模式。

（二）工作面液压支架

1. 架型分析

两柱掩护式支架是中厚煤层条件综采工作面支护设备的发展方向，两柱掩护式液压支架由于具有结构及液压系统简单，操纵方便，降、移、升循环速度快，工作可靠，不存在前后排立柱升降不同步的憋卡现象等，所以被广泛应用在综采工作面。20 世纪 70 年代中期以后，德国全力发展两柱掩护式液压支架，到 20 世纪 90 年代掩护式液压支架使用率达到 62% 以上，美国、澳大利亚综采工作面中使用的液压支架基本上为两柱掩护式。目前我国综采工作面中两柱掩护式支架使用率仅为 30% 左右。确保两柱掩护式支架正常工作的技术关键如下：

（1）支架工作阻力

支架工作阻力大小直接影响支架的支护能力，选择较大工作阻力有利于提高支架的适应能力及可靠性，根据兖矿 3 τ 煤层地质条件、矿压观测资料及多年使用液压支架经验，考虑 1000mm 截深，配套设备尺寸较大、支架顶梁较长等因素，支架工作阻力应尽量提高。受支架中心距（1500mm）及立柱缸径 320mm 限制，在立柱安全阀合理开启压力（≤40MPa）范围内，最后确定支架工作阻力为 6400kN（安全阀开启压力 39.79MPa）。

（2）顶梁前后比

立柱上钦点到顶梁前端长度与立柱上钦点到顶梁后端长度之比称为顶梁前后比。顶梁前后比直接影响支架顶梁载荷分布及支架承载能力。此值越大顶梁前端承载能力越小，顶梁前后比过大时将严重影响支架前端支护能力，甚至造成支架顶梁低头，移架困难，最终使支架丧失支护能力。实践表明：当顶梁为整体顶梁时，顶梁前后比一般应控制在 2.6：1 以内；当顶梁为较接顶梁时，顶梁前后比可控制在 1.25：1~1.5：1 之间。

（3）掩护梁仰角

掩护梁背板与水平线间夹角称为掩护梁仰角。掩护梁仰角越小，掩护梁水平投影越长，矸石作用在掩护梁上的载荷越大，造成支架对顶板的支护能力下降，严重时，造成平衡千斤顶损坏或连接耳座损坏。另外，掩护梁水平投影加长，支架总体尺寸必然加大，重量增加，影响运输并增加成本，因此设计中应尽量增大掩护梁仰角，降低掩护梁载荷，一般掩护梁最大仰角应控制在 55° 以上，最小采高时掩护梁仰角应不小于 18°。

（4）底座前端比压

受结构限制，一般来说底座前端比压两柱掩护式支架比四柱支撑掩护式支架大。支架顶梁合力作用点到底座前端的有效水平距离直接影响底座前端比压大小，设计中应尽量加大底座前端长度，并采取措施使支架合力作用点后移，在满足其他要求前提下，立柱倾角应尽量小，采用大缸径平衡千斤顶，增大平衡千斤顶承拉能力是使支架合力作用点后移的另一有效方法。一般支架顶梁立柱作用点到底座前端的有效水平距高应大于 500mm。

（5）平衡千斤顶平衡力矩

两柱掩护式支架平衡千斤顶在支架承载时通过承受拉压力的变化起到调节支架合力作用位置、改善顶板控制效果的作用。当顶板比较完整顶梁后部压力较大，需较大承载及切顶能力时，平衡千斤顶承受拉力，并将支架合力作用位置后移，增大支架后部承载及切顶能力。当顶板较破碎，顶梁前部压力较大，需较大承载能力时，平衡千斤顶承受压力，并将支架合力作用位置前移，增大支架前部承载能力。随平衡千斤顶从受拉到受压，顶梁合力逐渐减小，合力作用位置逐渐前移，切顶力逐渐减小，底座前端比压逐渐增大。平衡千斤顶受拉，顶梁合力后移，平衡千斤顶受压，顶梁合力前移。平衡千斤顶承载能力越大，合力作用位置调节能力越大，因此设计中应尽量提高平衡千斤顶承载能力。平衡千斤顶另一个重要作用是当支架前部或后部冒空，顶梁无法正常接顶或支架状态不正常时，操纵平衡千斤顶，使支架状态保持正常（顶梁、底座平行或顶梁稍前高后低），支架上仰和低头都将严重影响支架正常工作。

2.ZY6400/18/38 型掩护式液压支架主要技术参数

ZY6400/18/38 型掩护式液压支架，执行油缸包括：立柱 2 个、推移千斤顶 1 个、护帮千斤顶 2 个、侧推千斤顶 3 个、侧推千斤顶 3 个、平衡千斤顶 1 个、抬底千斤顶 1 个、前梁千斤顶 3 个。

3. 支架结构特点

ZY6400/18/38 型掩护式液压支架是在认真总结国内外掩护式支架使用经验，充分研究分析支架结构参数基础上，针对集团 3 下煤层地质条件设计的。该支架融合了国内外掩护式液压支架的特点，支架经过参数优化，结构合理，与同类型支架相比，具有适应性强、可靠性高、结构紧凑、支护能力大、操作方便、移架速度快等特点。

（三）工作面设备总体配套

工作面配置 ZY64OO/18/38 型掩护式液压支架 129 架，ZY6400/18/38 型排头支架 4 架，与采煤机、刮板输送机等设备的配套。

四、回采工艺与生产效益

工作面采用倾斜长壁顶板全部垮落采煤法。回采工序为割煤—移架—推溜。采煤机割煤方式为双向割煤，端部斜切进刀—返回割通三角煤—割煤。采用“四六”工作制，即每天四班作业，每班工作六小时，其中三个班生产，一个班检修。生产过程受人、机、料、法、环等多因素的影响，该流程中任一工序发生问题，都会造成停产，影响生产。实际生产过程中，通过采取优化工艺、合理组织人员和工序等手段，提高开机率，提高了工作面的生产能力，达到生产组织最优化。

五、顶板活动规律与支架适应性

（一）直接顶垮落

直接顶的管理是工作面顶板控制的主要内容之一。当工作面推进到距离切眼 9m 时直接顶冒落，冒落时整体性好，为中等稳定性Ⅱ类顶板。

（二）老顶初次来压

23下09工作面的老顶初次来压步距为36m，从现场观测看，23下09综采工作面老顶来压时的压力较大，个别支架工作阻力达到了5546kN/架，占额定阻力的87%，但支架平均受力较低，工作面推进速度较快，影响时间较短，没有发生大面积冒顶事故，受回风巷的影响，只产生了局部片帮、掉顶现象，没影响工作面的正常生产，期间片帮C=92Om，冒宽人=1000m，安全阀开启率为4%。

（三）周期来压

工作面周期来压步距平均17m，来压期间支架的工作阻力平均为4532kN/架，动载系数KD=L21，但个别支架工作最大阻力达到了6109kN/架，占额定阻力的95%，没有发生冒顶、大的片帮等现象。

（四）平衡千斤顶的观测

支架平衡千斤顶的拉伸力平均为364kN/架，压缩力平均为445kN/架，压缩力大于拉伸力。由于工作面的运输机头部位是调面的重点部位，受力变化较大，拉伸力为497kN/架，压缩力为602kN/架；中部拉伸力为353kN/架，压缩力为427kN/架；尾部拉伸力为242kN/架，压缩力为306kN/架。

（五）支架的工作状态

支架的承载反映了工作面顶板压力对支架的作用情况，也是支架工作状态的表现，从统计的数据得出：63%的支架处于初撑状态，一次增阻的占33%，而二次增阻的只占2%，由此可见，ZY6400／18／38掩护式支架满足鲍店矿3下煤层顶板压力的要求，对顶板的支护是有效的。

（六）支架的主要优点

①支架额定工作阻力大，对有效支护顶板，防止顶板来压对支架的冲击有着明显的优势，较好地解决了掩护式支架支撑能力小的问题。

②采用大流量快速移架系统，提高了移架速度（一般在10s左右），使支架在较短的时间内能够有效支护顶板，大大减少了空顶时间。

③支架的梁端距小，对顶板的支护效果好。

④支架设有抬底座千斤顶，降低了移架时的阻力。

⑤平衡千斤顶能调整主顶梁的角度，以适应顶板的变化。

⑥较接前梁结构对工作面的复杂地段有较好的适应性。

⑦设置三个前梁千斤顶，使得前梁承载能力大大提高，有效减少端面顶板破碎及冒

顶事故发生。

ZY6400/18/38 两柱掩护式液压支架试验与应用的成功，开创了某地矿区中厚煤层（3.2m 左右）条件下，实现煤炭安全高效集约化生产的先例。该架型支架与矿区内现有电牵引采煤机、大功率刮板输送机配套形成了技术含量高、设备配套性能好的综采成套装备与技术。建立了在 3.2m 左右中厚煤层条件下，实现安全高效的工艺与保障技术体系，使我国国产安全高效装备又跃上了一个新台阶。

第五节　中厚（1.5~2.5m）煤层安全高效开采技术

一、概述

国外主要产煤国家在 3m 厚度以下煤层安全高效开采，取得了良好的技术经济效益，国内能实现安全高效的工作面均布置在 3m 以上的煤层中。对于 2m 左右的煤层，综采成套设备存在着以下问题：

①设备配套能力低，薄弱环节多，有些设备的潜力不能充分发挥；

②支架移架步距小（截深 600mm），移架速度慢；

③可野性低，且无故障运行时间短；

④手动操作，自动化程度低等缺点，目前尚无年产 150 万 t 及以上安全高效生产的纪录。因此，在中厚（1.5~2.5m）煤层中发展安全高效工作面在国内还是一个空白。

某地矿区二号煤矿主采煤层为三层煤，分 31、3 下两层。3 上煤层可采储量 9546.8 万 t，3 上煤层厚度变化较大，为 0~6.0m，平均 2.1m. 在二采区和九采区内，3 上煤层赋存较稳定，煤层结构简单。解决适应该煤层工作面安全高效综采的设备和技术，研究相关的工艺及矿山压力以及相关保障系统等问题，是实现中厚（1.5~2.5m）煤层工作面安全高效生产的技术关键。

二、煤层地质赋存条件

3 上煤层是济宁二号井第一水平主采煤层之一，可采储量为 9546.8 万 t. 其中，九采区可采储量为 996.96 万 t、二采区可采储量 792.6 万 t。分别占矿井 3 上煤层可采储量的 10.4% 和 8.3%。

23 上 01 综采工作面位于济宁二号煤矿二采区中部，开采 3h 煤层。工作面煤层倾角 2°　~12°　。煤层底板标高一 453—480m，平均标高一 466m。煤层厚度 1.1-2.6m，平均 1.75m，工作面北部煤层较厚，南部煤层较薄。煤层结构简单，局部含一层厚 0.1~0.3m

的泥岩夹矸。煤层裂隙发育。普氏系数（f）一般在 2.1 左右。煤层为软、中等坚硬煤层。3 上煤与 3 下煤层最小间距 0.7m。

工作面老顶为厚 14~18m（平均 16m）的细砂岩，浅灰色，成分以石英为主，斜波状层理，含泥岩或粉砂岩薄层，f=6.0~13.5；直接顶为厚 0~8m（平均 5.2m）的粉砂岩，深灰色，由上向下颜色变深，斜波状层理，含植物化石碎片，松软易破碎后落 f=2~4；直接底为厚 0~3m（平均 1.5m）的泥岩，灰黑色，含植物根部化石碎片，具有膨胀性，f=2~5；老底为厚 1.06~6.31m（平均 3.4m）的粉砂岩，深灰色，含泥质较多，水平层理，含小量植物碎屑化石和炭质，f=5~8。

工作面总体为一背斜构造：东西两端低，中部高；西部煤层起伏较大，小褶曲发育。该工作面西部地质条件相对简单，东部复杂。两顺槽及切眼在掘进过程中，揭露落差 0.2-5.3m 的断层 49 条，均对回采有一定影响。工作面中部有一断层发育带，西北一东南方向斜穿 T 作面，对回采影响较大，工作受白庄背斜及八里铺断层的影响，面内次级褶曲及中小断层发育。

三、中厚（1.5~2.5m）煤层安全高效开采的回采工艺

（一）采煤工艺方式分析

目前我国高产综采工作面常用的工艺主要有以下两种：

1. 端部斜切进刀双向割煤往返一次进两刀

端部斜切进刀双向割煤往返一次进两刀工艺方式为采煤机沿工作面往返一次进两刀，采煤机效率高。在工作面端头支护和推移输送机机头作业较繁重、机械化自动化条件差、采煤机装煤效果差、煤层倾角较大、工作面两端头顶板破碎条件的工作面存在采煤机两端头等待时间长、维护条件差、上行割煤速度慢等弊病。

2. 端部斜切进刀，单向割煤，往返一次进一刀

端部斜切进刀，单向割煤，往返一次进一刀工艺方式为采煤机割完一刀煤后，立即反向跑空刀清浮煤。对于采煤机装煤效果差的综采面来说，是十分必要的。

（二）采煤机割煤

1. 采煤机割煤速度

采煤机平均割煤速度考虑 80% 的开机率按下式计算：

$$Ve=Q/3\times 6\times 60\times K\times B\times H\times r\times C\times K1$$

式中 K1- 一采煤机行程系数，为工作面长度与采煤机实际割煤长度之比；

K—采煤班采煤机实际开机率，取 0.8。

2. 采煤机运行工序

在工作面长 196.3m 的情况下，采煤机斜切进刀段的长度为 38m（25 架），斜切煤壁长度按 23m 计，正常割煤段的长度为 158mo 端部斜切进刀双向割煤时，下行割一刀煤时间为 38.5min，同理可算得上行割煤时间为 47.3min，完成割一刀煤平均所需时间：42.9min。端部斜切进刀单向割煤时，循环割煤时间为 36.74min（未考虑停顿时间）。

3. 不同工作面长度条件下循环时间模拟分析

模拟所取数据根据实测资料分析所得。对不同工作面长度条件下的两种循环作业方式的循环时间进行模拟分析。

在本工作面采煤机割煤速度条件下，工作面长度在 150~330m 之间变化，采用单向割煤循环时间均小于双向割煤循环作业时间。随着工作面长度的变大，单向割煤的优越性逐渐减小。

通过上述定性优缺点比较分析和计算机模拟，端部斜切进刀单向割煤循环方式明显优于端部斜切进刀双向割煤循环方式。因此，济宁二号井在此薄及中厚煤层条件下采用端部斜切进刀单向割煤循环方式。

（三）移架

1. 移架顺序

采煤机割煤后，端头支架必须在输送机机头推移后才能移架，因而造成工作面的基本支架和端头支架不能顺序前移，使得移架工序变得复杂。

（1）采煤机端部斜切进刀单向割煤移架顺序

①采煤机斜切进刀割透煤壁反向时，采煤机反向完成割底煤进入正常割煤，滞后采煤机前滚筒 2 架，顺序将基本架移一个截深，直到工作面下端最后一架基本架（130*~3”架 * 当采煤机后滚筒到达 105/ 架时，将输送机机尾推向煤壁，为下一个割煤循环斜切进刀做准备。

②机尾推移后，将工作面上端端头支架（132#~130# 架）移一个步距。

③采煤机自下而上清扫浮煤时，输送机自下而上推向煤壁。

（2）端部斜切进刀双向割煤移架的顺序

①当采煤机割透下端煤壁并反向后，随着采煤机割煤，当 3= 支架滞后采煤机前滚筒 2 架时，开始顺序移架，直至 130# 支架。当采煤机割煤到 20 台支架时，开始推移输送到机头，并滞后采煤机后滚筒 2 架，顺序推移输送机。

②输送机机头推移完成后，即开始拉移 1#~2# 端头支架。

③当采煤机完成斜切进刀后，应将输送机的剩余部分全部推向煤壁，并开始拉移 131#~132# 端头支架。

④在采煤机完成斜切进刀向上割煤，当采煤机割透上端煤壁反向后即开始下一个割

煤循环，移架的顺序同上。

2. 移架方式

采煤机正常割煤的情况下，滞后采煤机后滚筒 3m 移架，同时移架架数 1~2 架之间。

（四）推移输送机

工作面输送机的推移顺序，根据采煤机割煤方式的不同有所差异。

1. 采煤机端部斜切进刀单向割煤输送机的推移顺序

当采煤机采用端部斜切进刀单向割煤时，推移输送机顺序为：在采煤机从工作面一端向另一端跑空刀清浮煤时，跟机顺序前移输送机，在采煤机完成斜切进刀反向割底煤后进入正常割煤，其后滚筒到达 108# 架时，即将输送机机尾推向煤壁。

2. 采煤机端部斜切进刀双向割煤输送机的推移顺序

①当采煤机割煤到 26# 支架时，开始推移输送机机头，并随着采煤机正常割煤和滞后移架两架，顺序推移输送机，直到工作面上部 108# 支架处斜切进刀段。

②当采煤机完成上端斜切进刀后，从 108# 支架开始，将输送机的剩余部分连同机尾全部推向煤壁。

（五）采煤工作面工艺参数实测分析

1. 采煤机割煤速度和循环作业时间的统计分析

采用端部斜切进刀双向割煤方式，分别观测了采煤机割煤速度、移架速度、工作面生产系统的故障情况，实测统计了工作面割岩石百分比以及对采煤机割煤速度的影响关系。

2. 移架速度实测统计分析

工艺试验期间移架速度实测方法采用测定单架移架时间方式，包括支架工换位时间，实测单架移架速度为 16.5s/ 架。23 上 0l 工作面单架移架作业时间在 12S 以内，加上支架工换位和支架调整时间，平均实际移动一架作业时间为 16.5s/（架·人），采用一人移架时，折合移架速度 5.4m/min，两人移架时，移架速度 10.8m/min 左右，能够及时跟机移架，且移架时间相对较为充足。

3. 工作面停机因素与开机率

工作面设备运行是否正常，各工序之间衔接是否合理，工作面日产能否达到预期的 8000t 水平，直接决定于工作面设备的开机率。

工作面停机因素主要是外围运输提升能力限制造成的。工作面设备自身的可靠性较高，自身停机率较低。观测期间各停机因素及影响原因按所占比例大小分析如下。

①外围影响：停机率 47%，主要是矿井工作面生产能力大，而主井提升和大巷运输能力相对不足，地面洗选能力相对不足造成的。

②其他故障：停机率 33%，为工作面清理机道底煤、过断层、端头维护、交接班、

拉转载机、供水等影响。

③采煤机故障：停机率 9.26%，由于煤层厚度变化大，小断层等构造多，试采实测期间工作面平均切割岩石比例达 29%。

④电器故障：停机率 6.16%，主要为开关掉电等影响。

⑤输送机：停机率 1.90%。

⑥支架及顶板：停机率 1.42%，多为支架歪斜、断层带冒顶等影响。

23 上 01 工作面 8.9.10 月份总计生产 66 天，累计生产原煤 37.9 万 t，平均开机率为 66.1%，循环平均时间 40min 左右，能够满足安全高效的生产要求。从工作面设备运行状况来看煤层厚度小、地质构造复杂、在外围运输系统能力小、可靠性差是制约工作面产量提高的主要因素。23h01 工作面 9、10 月份产量分别完成 16.5 万 t、7.5 万 t，达到了年产 150 万 t 的生产能力。

4. 工作面采煤机割岩比例与采煤机割煤速度关系

工作面实测统计可得，工作面断面岩石比例影响采煤机割煤速度。从图可以看出，它们之间存在一定的反比关系，采煤机割砰比例小，采煤机行进速度快，否则就慢。因此为保证工作面安全高效，在煤层厚度小，断层构造复杂的区域，工作面应尽可能降低采高，以利于采煤机快速推进。

第六节　薄煤层安全高效开采技术

一、概述

勘探和开采统计资料表明，我国薄煤层资源不仅分布广泛，且煤质较好，一些省区薄煤层储量比重很大。据统计我国有重点煤矿 1.3m 厚以下的薄煤层，其可采储量约占全部可采储量的 20% 以上。

目前我国薄煤层机械化开采程度较低。由于薄煤层开采工作条件差、设备人员移动困难、地质构造对生产影响大、投入产出比低等原因，开采 1.3m 以下薄煤层一直是困扰我国煤炭行业的难题之一。1997 年薄煤层产量仅占 6.73%。我国多数矿区厚薄煤层共存，少数矿井采厚丢薄，不但浪费了资源，还造成矿井安全生产隐患。因此，薄煤层开采已成为制约煤炭企业发展和可持续生产的突出矛盾。加快发展我国薄煤层自动化开采工作面装备技术是实现煤炭工业可持续发展、解放生产力、实现行业跨越式发展的紧迫要求。

（一）国外薄煤层开采技术现状

国外薄煤层开采除俄罗斯等东欧国家采用过螺旋钻、气垫支护外，以德国、美国为代表的先进采煤国家大多采用刨煤机、综采，并发展薄煤层自动化工作面成套设备技术，部分实现了无人工作面。下面简单介绍国外薄煤层刨煤机的发展趋势：

①装机功率越来越大。德国刨煤机 1984 年平均功率为 315kW，目前最大已达 2X400kW。随着装机功率的提高，刨煤机的生产能力、刨削煤能力都有很大提高，平均刨速为 1.5m/s，最大 2.4m/s。

②改进结构，减小运行阻力。发展非后让式机型，保证刨削深度，提高刨煤机工作面自动监控技术水平。

③增设水平控制机构，提高适应能力。

④提高刨煤机刨削硬煤和围岩的能力。

美国综采装备与技术水平处于国际领先地位。美国井工开采煤层厚度不大，从最小开采厚度到 0.9m~L5m 的占 46.2%。使大功率综采设备在采高较小的煤层条件下，完全能够取得良好的技术经济效果。

（二）国内薄煤层开采技术现状

综合机械化在薄煤层开采中的应用促进了薄煤层开采技术的发展，我国有 10 多个矿井薄煤层实现了综合机械化开采。但我国现有薄煤层综采设备特别是采煤机技术性能落后，生产能力低，可靠性差，缺少强力、可靠的采煤机。薄煤层综采设备出故障后，因空间狭小，维修极其困难。薄煤层综采工作面生产管理复杂，经济效果差，影响了薄煤层综合机械化开采的发展，其产量只占薄煤层的 5%，综采发展极为缓慢。

我国薄煤层的开采经历了三个发展阶段。20 世纪 50 年代我国在薄煤层中主要使用炮采工艺。20 世纪 60 年代开始使用深截煤机掏槽爆破落煤，平面环行式薄煤层输送机运煤，人工装煤，木对柱或丛柱支护顶板，回柱绞车放顶的工艺系统。在鸡西、淄博等矿区出现了爬底式改装 MLQ-64 型薄煤层采煤机，工作面单产达 6OOO~10000t/ 月，比炮采工作面提高了 0.5-1 倍。20 世纪 70 年代以来，薄煤层机组得到了较大的发展，1974 年开始研制新型薄煤层采煤机。20 世纪 80 年代以来单体液压支柱的成功应用，促进了薄煤层机组的发展。BM-100，MLL-150，YRG 型等采煤机等相继出现，并在鸡西、双鸭山、七台河、开滦等局使用，取得了较好的技术经济效果，使产量和效率都有了很大提高。

近年来，我国薄煤层开采取得了一定的进展。辽宁铁法煤业集团开发的薄煤层安全高效自动化工作面，以国际最先进的薄煤层自动化开采技术为目标，以集成创新为思路，提出了集国内外先进技术装备组建薄煤层安全高效开采配套技术模式，通过研制德中两国薄煤层开采设备之间的动力传动、信号采集、传输和利用等技术结合界面，实现了支架控制系统与德国刨煤机控制系统之间的技术集成与配套，创建了我国第一个薄煤层全自动化开采工作面。使用国产的液压支架，德国DBT公司生产的刨煤机和电液控制系统，在煤厚1.5m时平均日产3712t，最高64803生产能力可达120万~150万t/a。枣庄田陈煤矿用国产综采设备开采1.1m厚的煤层，最高日产达3504t，基本达到了年产百万吨的能力。新汶对薄煤层进行了钻采法试验，取得一定成效。

二、含硬夹矸薄煤层安全高效开采技术

（一）概述

兖矿集团有限公司北宿煤矿，开采煤层为16上、17层煤，煤层平均厚度分别为0.89m、0.97m。煤层中含有坚硬的硫化铁结核和硬夹矸，硫化铁结核普氏系数f值高达11，硬夹矸普氏系数值高达7，由于硫化铁结核和硬夹矸的存在，使得开采机械化程度低、劳动强度大、生产效率低、经济效益差、安全管理难度大。

为探索薄煤层安全高效矿井发展道路，进一步提高薄煤层炮采工作面工艺技术水平，提高采煤T作面装备水平和安全生产工作环境，解决现场职工劳动强度大、安全管理难度大等问题，北宿煤矿经过两年来的不断探索、试验，先后完成了适合薄煤层炮采工作面现场条件的安全高效工艺技术，主要有以下三点：

①含硬夹矸薄煤层炮采工作面高分子聚乙烯挡煤板应用；

②薄煤层炮采工作面推进铲煤（铲装）系统；

③薄煤层炮采工作面转载机、胶带机尾液压自移系统。

以上三个项目井下工业性试验获得了成功，取得了较好的安全、经济、技术效果，使薄煤层炮采工作面的开采工艺有了质的飞跃，采煤工人基本上从繁重的体力劳动中解放出来。通过使用挡装煤和铲装煤，人工装煤量减少80%以上，装煤时间缩短60%，每个循环时间由原来的8小时左右缩短为6小时左右；通过使用转载机、胶带机尾液压自移系统，在安全操作方面有了很大提高，工作环境得到改善，劳动强度大大降低，每个循环时间可节省半小时以上。安全高效开采工艺技术的研究成功，使北宿煤矿采煤工作面劳动生产率大幅度提高，取得了显著的社会效益，薄煤层炮采年产达60万t。

（二）薄煤层地质赋存条件

1，生产工作面概况

7703工作面位于二水平七采区内，西至717轨道下山保护煤柱，东至7703边切眼，南为北宿村保护煤柱线，北为7701工作面采空区。上距16层煤12.26m，下距18层煤4.28m。工作面走向长度1318m，倾斜长度246m，煤层平均埋藏深度368m，见工作面平面示意图。

2. 工作面地质构造与煤层结构

7703 工作面地质构造简单，为近东西方向的单一走向，向北倾斜的单斜构造。在巷道施工过程中，上巷遇见两个正断层，落差分别为 1.0m，0.5m；中巷遇见一正断层，落差为 1.2m，均可平推硬过。煤层平均厚度为 0.97m，分布稳定可采，结构简单，煤层倾角 3° ~9° ，硬度 f=1.9~4.3，局部分布有硫化铁矿结核。17 层煤的直接顶为十一灰常相变为粉砂岩（相变处易垮落），总厚度为 1.2m 左右，单向抗压强度分别为 103MPa 和 53MPa。底板为铝质泥岩，厚度为 1.21m，浅灰色，遇水易膨胀，含植物根化石，单向抗压强度为 65MPa。

（三）薄煤层安全高效开采的设备配置

支护采用单体液压支柱和切顶墩柱。单体支柱的型号为 DZG 型外注式强力单体液压支柱。墩柱布置方式为每隔 4 节溜子安设一台 SQD—1200 型双伸缩墩柱。打眼用 SMZ-12 型手持式煤电钻，炮眼布置为对眼，炮眼与煤壁平面夹角 80° 左右；装药使用煤矿 2 号硝铁炸药，装药量上眼 300g，下眼 450g；采用瞬发电雷管串联爆破。

工作面运输使用 SGW-150 型输送机，推移输送机采用 SDYZ160/70-1300 型千斤顶，其行程 1300mm，操作阀位置可根据现场情况进行调节。运输顺槽外部采用一部 SP-800 型吊挂式可缩带式输送机，里面一部 SQZ-40 型转载机。

为解决单体支柱压机尾带来的安全性差、浪费人力、影响生产等问题。北宿矿研制出了薄煤层炮采工作面输送机尾压柱装置，取得了良好的安全、经济、技术效果。输送机尾压柱装置的技术参数有：

①输送机尾压柱装置适用于采高 0.70-1.10m 的工作面输送机尾。

②最低高度 700mm，最高高度 1100mm，初撑力 180kN。

③在 700-1100mm 范围内最大工作阻力 600kN。

（四）薄煤层安全高效开采的顶板控制

工作面原支护方式最小控顶距时采用“222”支护方式，输送机后第一、二、三排支柱均为两棵；最大控顶距时采用“1122”支护方式，即输送机前一排临时支护、输送机后第一排为单柱，输送机后第二、三排支柱均为两棵对柱，基本支护柱距 1.0m，排距 1.0m，每 6m 设一千斤顶和墩柱。

采用推进铲煤后，为增加铲装力，改善输送机的受力状态和铲装时安全性，工作面支护方式改为：工作面最小控顶距时采用“322”支护方式，输送机后第一排支柱为三棵，第二、三排支柱均为两棵；最大控顶距时采用“1222”支护方式，输送机前一排临时支护为单柱、输送机后第一、二、三排支柱均为两棵对柱，基本支护柱距 1.0m，排距 1.0m，每 3m 设一千斤顶和墩柱。支护方式改进后，增加了输送机受力点，改善了输送机的受力状态和临时支护的方便可靠性，满足了安全和生产需要。

（五）工作面输送机挡煤板

北宿矿在生产中发现，工作面无挡煤板，爆破后落煤溜前约占 45%，溜后约占 40%，15% 的煤直接被溜子拉出。这时，工作面出煤需要人工用大锹攉煤，每循环出煤需 3 个多小时，且浮煤回收率低，采空区浮煤丢失严重，工人劳动强度大，安全性差。在多年探索的基础上，1999 年使用高分子聚乙烯固定式挡煤板，经在井下 7602 面现场使用获得了成功，取得了良好的安全、经济、技术效果。

1. 挡煤板的作用

挡煤板是挡住爆破落煤时冲向采空区方向煤炭的装置，它安装在刮板输送机靠近采空区侧溜槽的护管架上，当爆破落煤时把冲向采空区的煤挡在刮板输送机内运走，实现工作面后煤自动挡装的目的。

2. 对挡煤板的基本要求

挡煤板的作用是挡住爆破落煤时冲向采空区方向的煤，挡煤板瞬间承受的爆破冲击力相当大，所以要求挡煤板既能挡住煤，又不能产生塑性变形；同时还必须具备便于操作，便于更换，不增加职工的额外劳动强度的特点。经过多种挡煤板材料反复实验，证实高分子聚乙烯材料具备这种要求。

3. 挡煤板的几何尺寸

为便于安装和高度调节，以适用不同采高的煤层，根据工作面溜槽高度和工作面采高，确定挡煤板几何尺寸为：长 1.5m × 高 0.4m × 厚 0.03m 的高分子聚酯乙烯挡煤板。同时，为减少挡煤板在爆破落煤时所受的爆破冲击力，在挡煤板上布置了若干有序分布的卸力孔，以便降低挡煤板在爆破落煤时的受力强度。

4. 挡煤板的安装

挡煤板采用一挡加二挡的安装方式，当工作面煤层变薄时，放低二挡，当工作面煤层变高时，升高二挡，以达到挡煤板既能有效全封闭又能适应不同的采高变化。为便于人员跨越刮板输送机和搬运支护材料等，工作面每 6m 设一个安全出口。

一挡下部用规格为 20mm × 90mm 的螺栓穿过挡煤板上的卸力孔，与两个圆环链固定在护管架的孔上，这种连接方式既能使一挡和工作面溜槽一体化，起到随机前移的作用，又能使挡煤板只能向采空区侧方向倾斜而不能向煤壁侧倾斜，防止响炮时挡煤板挡不住煤或被大块煤撞击坏挡煤板。

二挡敷设在一挡的采空区侧，一挡和二挡通过挡煤板上的卸力孔用两条锚链和锁板联结，二挡沿锚链上下移动，起到调节高度的目的。当二挡达到预定高度后，利用锁板旋转锚链锁住二挡，二挡就牢固固定在一挡上。因一挡被牢固固定在护管架上，所以一挡和二挡都被牢固固定，且不会倾倒在输送机上，便于挡煤并能在不同采高时有效挡煤，操作非常方便、可靠，见挡煤板安装使用示意图。

（六）端送机前煤体铲装技术工艺

铲装是利用安装在输送机后的推移千斤顶使输送机前移，靠安装在输送机前的铲煤板铲人输送机前煤体，利用煤的自然堆积角，将煤沿铲煤板滑面挤落入输送机内，实现铲装煤。铲装技术在以下几个方面进行了改进。

1. 铲煤板的改进

原使用的铲煤板的结构为：高度和刮板输送机槽帮高度一致，长度与溜槽长度一致（1500mm）；铲煤面高度中心线上下各采用 45°，铲煤面为折线结构；铲煤板钝角为 100°，下插角 10°；在铲煤过程中容易扎底，且阻力大。经研究进行了如下改进：长度缩短为 1460mm；铲煤板钝角由 100° 改为 92°，下插角由 10° 改为 2% 铲煤面高度中心线以下采用 30°，中心线以上采用 45°，中间部分圆弧过渡，改变了原来的折线形结构。这样做的目的是使铲煤板在铲煤过程中受到阻力的合力在中心线以上产生一个与后部千斤顶推力力矩相反的力矩，利用力矩的平衡，减少扎底力；同时铲煤板下部铲角变小，铲煤面圆弧过渡，也减小了铲煤板铲入阻力。

2. 刮板输送机的改进

工作面使用 SGW-150 型输送机，使原输送机溜槽宽度不变，增加溜槽的厚度，链条直径由 16mm 变为 22mm，电机由 50kW 改为 90kW，解决了过去使用 SGW-40T 型输送机运输能力低，爆破后运煤时输送机启动困难等问题；为解决刮板输送机前移铲煤过程中的脱节，溜槽全部更换了端头，实现了哑铃销连接，增强了溜槽整体性能。为降低输送机的运行阻力，减小刮板链和底板的摩擦，防止大块煤矸进入输送机底部，实现力的平衡传递，对溜槽底部进行了全封闭，改变了由溜槽中板单独传递力容易产生偏心力矩和中板容易变形及输送机槽掉帮的状况，实现了由中板和底封闭构成的框架进行力的传递，改变了输送机槽受力状况，延长了输送机使用寿命。

3. 千斤顶的选型和改进

工作面一直使用 SQD/1200 型千斤顶，采用推进铲煤后存在两个方面的问题：一是推进缸的行程不够，需加大行程；二是操作阀在最前端与输送机相连，推进铲煤操作时人员在支护不完善的临时空顶区施工，存在较大安全隐患。针对以上问题，经反复调研论证，研制出 SDYZ16O/7O-13OO 型千斤顶，其行程 1300mm 操作阀位置可根据现场情况进行调节，满足了安全和生产需要。

4. 推进操作阀组的选型、研制

采用 SDYZl60/70-1300 型千斤顶后，其操作阀经反复调研论证，选用 ZC 型操作阀组，其位置根据现场情况决定选在千斤顶的中部，即与工作面第二排支柱一致，既便于操作，又保证了推进铲煤操作时人员在支护完善的控顶区施工，彻底消除了安全隐患，满足了安全和生产需要。但因千斤顶为圆柱体，操作阀组固定较困难，为此设计了操作阀组固定架，较好地解决了操作阀组的固定问题。

（七）工作面转载机和胶带机尾液压自移系统

北宿煤矿运输顺槽设备配置与移设方式为，外部一部SP-800型吊挂式可缩带式输送机，里边一部SQ2-40型转载机。运输顺槽（中巷）转载机和胶带机尾的牵移一直采用JU2-7.5型回柱绞车作为动力，它存在安全性差、效率低、浪费人力、物力的缺点。围绕转载机和胶带机尾的牵移问题，北宿矿研制出了液压装置自移系统。自移系统的具体操作如下：

①先操作立缸控制阀（阀二），使立缸活塞杆伸出（此时将转载机部分溜槽撑起离开底板力；

②再操作推移缸控制阀（阀一），使前后推移缸的活塞杆伸出，此时转毂机前移；

③操作阀二，使立缸活塞杆收回，转载机落下；

④操作阀一，使前后推移缸的活塞杆收回，此时，胶带机尾前移。

第七节　综放开采提高煤炭回收率技术

一、概述

我国从20世纪80年代初引进国外的放顶煤开采工艺并自行研制放顶煤支架，充分发挥放顶煤安全高效、低成本的优势，大力开展试验研究。由于采出率低，1988年以前主要在褐煤和软煤中试验。20世纪90年代初，某地、潞安等矿区开始在中硬煤中试采获得成功；通过“九五”攻关，坚硬煤层条件放顶煤也获得成功，而且产量和效率均赶超世界先进水平；1997年，某地东滩矿单产水平突破410万t，1998年该矿又创世界纪录，将单产水平提高到501万t；1999年某地创单产600多万吨的世界新纪录。因此综采放顶煤在我国得到了长足发展，而且成为具有中国特色的一种厚煤层新型采煤方法。产量上去了，成本降下来了，但采出率低的问题一直是困扰放顶煤发展的一个障碍。

随着提高采出率的理论与技术研究不断发展和完善工作面采出率由20世纪80年代后期的75%左右提高到90年代中期的80%左右，20世纪90年代末对我国42个局矿的统计，得出平均工作面采出率84.14%，其中软煤平均86.41%，中硬煤平均83.46%，硬煤平均79.61%，较薄厚煤层轻放支架的工作面采出率达87.06%。20世纪90年代中期，对综放采区采出率的统计，一般为70%左右，通过对回采巷道围岩组合结构稳定性理论的研究，运用窄小煤柱护巷技术和优化采区设计，将综放采区采出率提高到80%，从而实现了厚煤层开采安全、经济、采出率高的要求，使综采放顶煤技术整体上达到了国际先进水平。

综采放顶煤采出率研究经历了三个重大飞跃阶段：

①提高顶煤放出率阶段（20 世纪 80 年代中期至 90 年代初）；

②提高工作面采出率阶段（20 世纪 90 年代初期至 90 年代中期）；

③提高综放采区采出率阶段（20 世纪 90 年代中期到 90 年代末期）。

我国是以开采厚煤层为主的煤炭大国，无论在储量和产量上均占到 45% 左右，目前综放产量每年已达 1 亿 t 左右，若平均提高采出率 10%，每年将多采出煤炭 1000 万 t，新增加产值 12 亿元，净获利润 3.5 亿元。

某地矿区厚煤层赋存条件变化较大，存在硬煤条件的如鲍店煤矿，含硬夹矸煤层条件的如东滩煤矿等多种条件。针对煤层赋存的实际条件，从最大限度提高煤炭资源回收率，充分发挥综放开采工艺的优越性出发，形成行之有效的提高煤炭回收率的相关技术，从而使某地矿区综放开采煤炭资源回收率提高到一个新水平。

二、提高煤炭回收率的工艺技术

（一）无煤柱开采技术

推行无煤柱开采技术是提高综放采区回采率的一个重要方面，某地矿区在综放试验推广的过程中，攻克了沿空巷道防灭火和巷道维护的技术难关，所有综放采区都采用沿空掘巷技术，区段间煤柱尺寸为 ,0~3m；同时采用了跨大巷和采区上下山开采技术。无煤柱技术的广泛应用，使某地矿区综放采区回采率提高 10% 以上。

（二）放煤工艺优化

为了寻求某地矿区三层煤的地质条件和技术装备条件下最佳的放煤工艺，进一步提高工作面回采率，某地煤矿在 5306 工作面进行了不同放煤步距和放煤方式的试验。试验内容有两刀一放单轮顺序放煤、两刀一放双轮顺序放煤、一刀一放单轮顺序放煤、三刀一放单轮顺序放煤。一刀一放和三刀一放是不可取的，在两刀一放、放煤步距为 1.2m 的情况下，采用单轮顺序或双轮顺序放煤效果最好。经过分析，在循环放煤步距 0.6m 和 1.2m 之间可能存在更为合理的放煤步距，因此选择 0.8m 为最佳参照放煤步距与 1.2m 的放煤步距进行对比试验。试验工作共进行了七次，于 7、8 两个月同一工作面 1.2m 放煤步距的回采率指标相比较。

试验结果表明，放煤步距由 1.2m 改为 0.8m 后，工作面回采率有较明显的提高。按照这一试验结果，设备配套时将采煤机循环截深优化为 0.8m。

（三）工作面几何尺寸合理优化

由于初末采损失和端头损失与工作面几何尺寸密切相关，通过加大工作面走向长度和倾斜长度，可以降低损失率。为达到上述目的，某地矿区选用了性能良好的设备，使综机大修服务期满足一个综放工作面的开采期，工作面走向长由400-600m普遍加大到1000~1600m、面长由120~160m加大到160~210m，初末采损失和端头损失的总和由5%左右降至3%，使综放工作面回采率增加两个百分点。

（四）减少初采损失量的切顶巷技术

在顶煤初次垮落步距和直接顶初次垮落步距的范围内均存在一部分顶煤损失，为减少这一部分损失，需要采取一定的技术措施.减少顶煤和直接顶的初次埼落步距。切顶巷技术的基本原理是：改变初采时顶煤的受力状态，使其受力状态由两端嵌入梁改变为一端嵌入另一端简支梁。在综放工作面切眼的外上侧沿煤层顶板施工一条与切眼平行的辅助巷道，将顶煤沿顶板切断，工作面安装完毕后将巷道内支护材料全部回收。为提高效果，巷道回撤时在切顶巷靠近工作面一侧的煤帮和底板上打眼爆破，将顶煤全部切断，形成自由面。

三、硬顶煤深孔预裂爆破技术

（一）硬顶煤深孔预裂爆破工艺与设备

硬顶煤深孔预裂爆破技术中有打钻与成孔工艺和装药器与封孔工艺两个技术关键，直接关系到深孔预裂爆破的爆破效果及安全性。

1. 打钻与成孔工艺

在实施深孔预裂爆破技术的过程中，为了取得预期爆破效果，保证爆破安全和生产过程中不出现局部冒顶及较大的片帮，需要根据具体情况布置爆破孔和控制孔，并且要求其成孔质量好、定向准确和达到设计深度。研制三级变径定向钻头保证钻孔定向。三级变径定向钻头是一种组合式钻头。它是由三个不同直径的钻头组合而成，其中第一级为≠50mm；第二级为60mm，第三级为≠75mm，每级钻头之间距离为400mm。在研制三级变径定向钻头的同时，还根据孔径的不同选择使用了煤芯管钻头。

2. 装药器、封孔器和输药管的设计

深孔预裂爆破技术的首要问题是装药工艺，采用压风装药器和抗静电阻燃塑料管相配套的连续耦合装药工艺，很好地解决了反粉、堵管问题，实现了连续耦合装药，使装药速度大大提高。以50~70m深孔为例，纯装药时间仅20~30min。由于深孔预裂爆破的爆破孔封孔长度长、封泥量大，采用传统的炮棍封泥方法存在着封泥速度慢、劳动强度大、封泥质量差、间断封泥等缺点，为了克服上述缺点，决定采用封泥罐压风喷泥封孔。实践证明，采用这种工艺和设备进行封孔，封孔质量高、速度快，封孔时间短，操作简单，劳动强度低。在改进装药器的同时，通过改变其风路和增大工作风压及封泥管径，使装药器当成封孔器使用（示意图见图 2-38）。实践证明，使用装药器进行封孔具有封泥力大、封泥强度大、封孔质量好和封孔时间短等优点。

为了保证深孔预裂爆破装药到位和在井下有限空间操作方便，对输药管也进行了改造。改造的抗静电阻燃塑料管为 15m 一节，梯形螺纹对接，具有刚度好、连接快和操作方便等优点。

3. 装药结构和装药工艺

为了保证爆破效果、提高炮孔利用率、装药密度和装药速度，克服深孔爆破中存在的管道效应、间断装药等引起的拒爆及爆燃现象，采用连续耦合装药、炮孔内敷煤矿导爆索、正向起爆的装药结构。

装药采用 BQF-50A 型压风装药器与抗静电阻燃塑料管配合进行连续耦合装药。其具体工艺过程为：固定好装药器→送输药管→检查设备及管路→上药→封盖→开机装药→重复上药、封盖、开机装药步骤直至预定装药位置→装起爆药包→封孔。

4. 压风喷泥封孔工艺

在实施深孔预裂爆破技术的过程中，为了取得预期爆破效果，保证爆破安全和生产过程中不出现局部冒顶及较大的折帮，必须保证足够的封孔长度和封孔强度。利用 BQF—50A 型压风装药器，通过调节工作风压和改变输送管孔径与长度，进行连续喷泥封孔，封孔材料为微潮过筛黄土。其具体工艺过程为：装药器调压→换输送管→检查压力与管路→上封孔材料→封盖→开机→喷泥封孔→重复上封孔材料、封盖、开机步骤直至孔口。

（一）深孔预裂爆破参数的选择

1. 爆破孔与控制孔孔径的选择

理论分析与试验可知，爆破孔径越大，装药量越多，爆炸能量也越大；控制孔径越大，其导向及补偿作用越显著，因而越有利于裂隙的形成和扩展。在现场试验过程中，由于受各方面条件的制约，爆破孔和控制孔孔径是不可能随意扩大的。通过试验的结果和以往经验，选择爆破孔径为 70mm，控制孔孔径为≠ 90mm。

2. 爆破孔与控制孔间勉的选择

试验结果表明爆破孔直径为 70mm、控制孔直径为 90mm 时，贯通裂隙长度可达 10m。因此在现场试验中，以此为基础分别设计了 5m、6m、8m 三种孔间距进行实地考察。通过气体检漏考察爆破孔与控制孔之间裂隙的贯通情况，并适时调整间距，最终确定 8m 孔间距比较合理。

3. 爆破孔封孔长度的确定

深孔预裂爆破封孔长度的确定原则：

①根据爆破孔与控制孔孔间距确定封孔长度。

②根据巷帮煤体的矿压分布情况（即卸压带和应力集中带的范围）确定封孔长度。

③根据预留顶煤保护层的厚度和爆破孔布置的角度计算确定封孔长度。

最终确定的封孔长度一定要大于或等于根据上述三条原则确定的最大封孔长度。根据上述原则，结合现场的具体条件，确定 50~70m 深炮孔的合理封孔长度为 12~20m。

（三）深孔预裂爆破技术的应用效果

1. 顶煤运移、冒落情况分析

采用深基点观测方法观测顶煤及直接顶板的移动和冒落情况，在工作面的预裂爆破区和非爆破区内分别安设三个基点。当工作面采至距基点 50m 时，开始观测基点的位移变化，一直观测到基点冒落为止。根据爆破区、非爆破区观测基点的位移变化，将顶煤移动划分为四个阶段：

①顶煤小变形移动阶段。此阶段内原有裂隙闭合扩展，移动形式多以向采煤方向弹性膨胀为主。非爆破区的第一阶段大约位于工作面煤壁前方 5~15m，而爆破区的第一阶段大约位于工作面煤携前方 20~30m，最大综合移动量达 140mm。

②顶煤移动加剧阶段。在此阶段内，顶煤内的裂隙分叉并汇合，移动形式以不可逆的塑性变形为主。非爆破区的第二阶段大约位于工作面煤壁前方 1~5m，此时顶煤及顶板移动量由下而上逐渐增大。

③顶煤破碎阶段。此阶段为支架作用松动阶段。非爆破区的第三阶段大约位于工作面煤壁后方 2~6m 处，而爆破后的第三阶段大约位于工作面后方 0~4m 处，最大综合移动量达到 750mm。

④破碎放落阶段。此阶段顶煤在解体之后失去支架支撑，靠自重向支架尾梁后方冒落。非爆破区的第四阶段在工作面煤壁后方 6~14m，而爆破区的第四阶段在工作面煤壁后方 4~8m。

2. 冒落角对比分析

顶煤冒落角与顶煤强度有关，随着顶煤强度降低，冒落角增大。缓倾斜煤层的顶煤冒落呈“倒台阶”状，单台阶的顶煤冒落角在 55° ~85° 之间，由于硬顶煤综放面上位顶煤滞后冒落，使“台阶”宽度增大，整个煤体的冒落角度变小。非爆破区冒落角平均为 43° ，而预裂爆破区冒落角平均为 68° ，这说明预裂爆破后顶煤整体强度明显降低，上位顶煤及时冒落，提高了顶煤可放性。

3. 矿压观测分析

在工作面轨道顺槽侧选取了五架支架，对其在爆破区、非爆破区的工作阻力进行观测。进入爆破区后，支架工作阻力升高，比非爆破区平均升高 17.06MPa。原因如下：工作面支架承载荷量是由两部分构成的，一部分是下位煤体的自重，另一部分是仍然保持一定力学联系的上位煤（岩）体作用在支架上的载荷。当顶煤经预裂爆破后，下位煤体自重不变，而上位煤体由于预裂爆破后整体强度降低，原有力学联系减弱，失去自身弹性支撑，同样以重力形式作用在支架上，从而使支架工作阻力升高。因此，爆破区内支架工作阻力的升高也可以间接地说明，顶煤经预裂爆破后整体强度降低，提高了其可放性。

4. 顶煤破碎块度观测

顶煤回采率是影响综放工作面回采率提高的一个主要因素；而影响顶煤回采率高低的关键因素之一是顶煤破碎块度。同时，顶煤破碎块度也是衡量深孔预裂爆破效果好坏和爆破参数是否合理的一个重要指标。为此，在工作面进入爆破区前后连续对顶煤块度进行实地观测。

5. 注水效果考察

为了较准确地考察注水效果，利用爆破后煤体裂隙发育的有利条件，达到软化煤体降低煤体强度以及降低煤尘，在后输送机中采取煤样测定其含水率，从工作面上端头向下每隔 10m 取 5kg 煤样，共取五个煤样。利用同样方法对非爆破区采样测定。煤中水分含量由 3.022% 提高到 4.886%，对降低煤尘量起到很好的作用。

6. 回采率考察

根据地测部门提供的工作面每个月的回采率月报和爆破区域每 5d 回采率情况，对工作面整个生产过程每月的回采率进行了统计。

1998 年 5 月份，工作面刚刚开始生产，因初采煤量损失较多，回采率较低。1998 年 11 月底工作面进入爆破区，工作面正常生产过程中回采率可取 1998 年 6、7、8、9、10 这五个月份的平均回采率 81.7%。1998 年 12 月份和 1999 年 1 月份工作面处于爆破范围，爆破区域两个月的平均回采率 86.1%，比不爆破时回采率提高了 4.4 个百分点。试验区域内仅对轨顺侧顶煤进行了预裂爆破，如果两侧同时进行预裂爆破，工作面回采率会更高，预计可以再提高 2~3 个百分点。

四、提高含较硬夹矸煤层冒放性技术

某煤矿主采 3 号煤层有 3 上、3 下合并层情况，其中伴有 1.8m 以下夹矸的合并层有约 1800 万 t 的可采储量，夹矸之上 3 上煤厚约 6.0m，夹矸之下 3 下煤厚约 3.5m，且夹矸层厚度在同一工作面走向上也不相同。厚度不等的夹矸层的存在，影响了顶煤的可冒性和可放性，使顶煤的回收率偏低，若采用分层开采不仅成本高、工效低，而且下分层巷边及采空区发火危险很大。因此，较硬夹矸层的有效处理是该条件下综放开采成功与否的关键。

（一）某煤矿含夹矸煤层地质概况

东滩煤矿主采的 3 号煤层的 3 上、3 下合并层的地质条件为：煤层总厚（含夹矸）

平均为 9.35m，倾角为 5° ~6° ，直接顶为粉砂质泥岩，深灰色，松软，含植物化石，平均厚度为 1.98m；其上为中细砂岩，灰白一灰色，以石英、长石为主，局部有粉砂岩、泥岩或铝质泥岩，平均厚度为 23.21m。3 上、3 下合并层距煤层底板以上约 3.5m 处有一层厚度不等的夹矸层。掘进巷道的探测表明，从工作面开切眼至停采线方向夹矸层逐渐变厚，并且沿工作面倾斜方向的厚度变化也较大。夹矸层为泥岩，局部为粉砂质泥岩，深灰色，较松软。煤层底板为 0.6~1.1m 的泥岩伪底，其下为 19.68~21.80m 的中细砂岩，呈灰色一灰白色，致密、坚硬，分选磨圆性较好。

由于 3 号煤层中赋存有厚度不等的夹肝层，改变了煤层的力学特性，其整体强度增强，使顶煤的冒放性降低，从而影响到顶煤的回收率。因此，基于含夹矸顶煤综放开采的条件，应采取各种有效的措施来提高顶煤的冒放性，以取得理想的煤炭采出率。试验现场选在该矿北翼十四采区的 14308 工作面。该工作面长度为 191m，推进长度为 1220m，纯煤层厚度为 8.75m（不含夹肝层厚度），倾角为 0° ~4.3° 。夹矸层厚度范围变化为 0~1.2m。

（二）含夹矸顶媒体处理的技术途径分析

含夹矸顶煤体是否可冒的关键是夹矸层能否随着支架的前移而成冒放体 . 并在打开放煤口时能顺利冒落。因此，研究夹矸层的运动特点，并提出相应改善含夹矸顶煤体冒放性技术措施就成为技术研究的基础和关键。处理难冒夹矸层的技术途径主要有：

1. 煤层、夹矸层中注水提高顶煤体冒放性

利用水与岩体物理化学作用可使岩体强度降低。煤体中有原生裂隙和次生裂隙，在水压作用下，水体沿裂隙流动，降低了裂隙间的粘结力，使煤体整体强度降低。若夹矸层有溶水的胶结物并具有原生裂隙，在水压作用下可降低其强度，改善其冒放性。

2. 通过定向水力压裂弱化厚夹开层

水力压裂是在岩层中注入压力水，利用水压作用降低夹矸节理面的粘结力，使夹矸产生分层，降低分层垮落厚度，提高冒放性。由于硬夹矸较为致密，层理不明显，因此可先在夹肝层中利用特殊的开槽钻头在夹矸层中形成一条裂缝，然后注入高压水，利用裂缝尖端的致裂力与水压作用，使裂缝继续扩展。为实现这一目标，基本的途径是人为地先造成给定方向的弱面，形成尖端应力集中，然后在高压水作用下使裂纹继续扩展。

上述技术途径可行的前提是夹矸、煤体、老顶岩层具有可注水性。即煤体中有原生裂隙，夹矸有原生裂隙且有可溶水的胶结物，老顶岩层同样也有可溶水的胶结物。通过水力的作用，降低煤与夹肝的强度，使老顶岩层大范围地下沉，增大对顶煤、夹阡层的作用，其可注水性的依据取决于：煤体、夹矸、老顶岩层的物理力学性质。

（三）含夹矸厚煤层的稳定性分析及夹叶厚度极限值的确定

研究分析表明夹矸层极限厚度值随夹肝强度的变化而变化，并且当 R1 大于 4MPa 以后变化趋于平稳。放顶煤工艺所允许的夹矸块度愈大，夹矸层的极限厚度值也愈大，若考虑到放煤过程中二次破碎作用，则夹矸层的破断步距在 1.0m 以下时煤矸可顺利放出。随夹矸层上载荷层厚度的增加，夹矸层的极限厚度值也增大，弱化老顶岩层，使其部分转化为直接顶并及时活动，对含夹肝顶煤的破碎冒落是有利的。综上可以认为，夹矸层极限厚度值受多种因素的影响，并且以夹矸强度其与煤层强度的对比关系影响最大，因而在不同的夹矸及煤层条件下极限厚度值存在较大的差异。

根据对 3 号煤层及夹矸层力学性能的测定结果，ρr 煤炭 =27.24MPa，ρc 夹矸层 =31.0MPa，夹矸强度与煤层强度比值 D=1.14。煤层发生强度破坏后，夹矸层以损伤悬臂梁的形式存在，该梁若能以适宜的步距垮落，则可实现夹矸层顶煤的顺利放出。由以上各参数出得力 2 与夹矸层破断步距 L 的关系曲线。破断步距 L 为 0.8~1.0m 时，可以认为夹矸层厚度在 0.8m 以下时不必采取夹矸层弱化措施，夹肝层厚度在 1.0m 以上时需对夹矸层预处理。

（四）3 号煤层围岩与臭叶层物理力学试验

夹矸为黑色碳质页岩。成分主要由碳和粘土组成，并含有少量的石英和长石碎片及盐矿物，富含微裂隙。粘土矿物为碳化的粘土矿物，主要成分为伊利石、绿泥石及极少量的蒙脱石和高岭石。浸水 14d 后，微裂隙增多，岩样大部分为沿层理方向的裂隙，注水时在水压力作用下沿层理方向的微裂逐渐涨开，产生离层，夹矸强度降低。夹矸浸水后的抗拉强度和抗压强度由自然状态下的 2.62MPa，31.22MPa 分别降为 0.62MPa 和 15.8MPa，降低率分别为 76.3% 和 49.2%。实验表明，夹矸岩层内有裂隙并有可溶水的胶结物，注水前后的抗压、抗拉强度明显降低，因此宜于进行注水。

老顶为白色长石、石英细砂岩。碎屑矿物成分占岩石成分的 60%，碎屑主要由石英、长石构成，含有少量的白云母及少量的碳酸盐胶结物。岩石含有丰富的微裂隙及微空洞，注水 18d 后微裂隙加大，特别是胶结物与矿物颗粒间微裂隙明显加大，胶结物与碎屑间微裂隙加大。距回风顺槽顶板约 21.35m 附近的老顶岩层注水后，其抗压强度降低了 28.5%，在 24.5~27.94m 之间的岩层抗压强度降低了 10%，而在 27.94m 以上的老顶岩层抗压强度降低了 5.8%。试验表明，老顶岩层有溶水的胶结物，注水前后的抗压强度降低也较明显，因此也宜注水。

（五）东滩孝 14308 综放工作面注水参数设计

1. 注水钻孔参数的确定

钻孔布置根据实验室所做的夹矸层和老顶岩层的孔隙率、吸水率等岩石物理力学性质，以及以往的岩层注水经验，夹肝层的高压注水湿润半径约为12~15m，确定夹矸层注水钻孔间距25m，老顶注水钻孔间距40m，钻孔方向与巷道轴线的偏转角为20° 。

老顶注水孔孔底垂高自钻孔开眼取21m，钻孔深入老顶垂高5m。Ⅰ、Ⅱ、Ⅲ、Ⅳ、Ⅴ、Ⅵ、Ⅶ、Ⅷ、Ⅸ、Ⅹ钻孔参数计算。

表7-1　注水钻孔参数表

参数 孔号	钻孔号	斜长 L/m	垂将 H/m	倾斜 /（°）	偏转角 /°	封孔长度 /m
Ⅰ	1-10	19.40	3	8.9	20	12.74
Ⅱ	11~13	25.25	3	8.0	20	15.94
Ⅲ	14~16	52.30	21	23.67	20	26
Ⅳ	15~17	26.37	21	52.76	20	15
Ⅴ	18	57.20	21	21.54	20	30
Ⅵ	19	26.37	21	52.76	20	15
Ⅶ	20	67.20	21	44.6	20	16
Ⅷ	21	29.90	21	44.6	20	16
Ⅸ	22	82.53	21	14.74	20	35
Ⅹ	23	33.90	21	38.3	20	17

2. 注水量确定

注水量的确定主要考虑以下因素：

①尽量使岩层得到充分、均匀地湿润；

②岩层的吸水率；

③避免造成工作面内漏顶；

④尽量避免煤体含水量增加过多；

⑤尽量减少注水工程量和注水时间。

注水压力以克服岩层自重压力计，注水压力为 $p > rH=2.5\times600=15$MPa。

采用大流量、高压、往复式注水，注水量按下面公式计算：

$Q=\pi R2（L-I+R）\gamma nK$

式中 R——湿润半径，m，对夹矸取12.5m，对老顶取20m；

L——钻孔长度，m；

I——封孔长度，m；

r——岩石质量密度，t / m^3。由实验知夹矸为2.388t / m^3、老顶为2.466t / m^3；

n——吸水率，%，由实验知夹矸为0.49%、老顶为1.55%；

K——不均匀系数，取0.08~0.2。

3. 注水压力

在使用定量泵的条件下，注水压力主要取决于泵的额定压力、岩层的破裂压力和注水孔的渗水条件，如岩层的渗透系数、孔径、注水段的长度等。一般来说，当注水孔一定时，流速越大，注水压力越高。当高压水将岩体压裂后，注水压力降低，并基本维持一个相对稳定值不变。根据该工作面夹矸层和老顶砂岩层的岩性及埋藏深度、裂隙发育情况等判断，注水压力以克服岩层自重压力计，$Q > rH=2.5\times600=15\text{MPa}$，所以选泵的额定压力为 16MPa。

4. 封孔长度

封孔的长度主要考虑控制注水的层位，根据钻孔参数、煤岩层的层位关系和要控制的注水层位，封孔长度取 10~30m。

5. 合理的注水位置

合理的注水位置取决于工作面推进速度、注水效果的时间效应以及工作面煤壁前方支承压力的分布规律。根据试验岩石浸水后 10~15d 达到饱和，因此超前注水的时间应不小于 10d，按工作面每天推进 6m 计算，注水应在工作面前方 60m 以外。根据实测，东滩矿煤层支承压力范围为 75m 左右，因此注水位置应在原始应力带附近效果好，综合分析认为超前工作面 70~80m 注水效果最好。

6. 注水工艺

井下注水系统如图 2-45 所示。注水工艺主要包括打钻孔、封孔和注水三项主要工序。

封堵注水孔口是注水处理顶板的一个重要环节，封孔质量好坏直接关系到注水效果。注水处理岩层老顶要求封孔长度为 10~20m，橡胶封孔器满足不了封孔深度和封孔压力，故采用水泥砂浆封孔。

首先按预定的各孔的封孔长度在孔内敷设略长于封孔长度（0.5~1m）的注水管。水管为 4mm 铁管。并在预定的封孔长度处焊接一外径略小于孔径圆铁板（板中间钻孔，其直径约等于注水管直径），然后塞入一些棉纱至铁板（以封堵砂浆）；借助压风将装在注浆器内的水泥砂浆送入注水孔所需封孔的部位，凝固 3d 后即可注水。水泥砂浆中水泥、沙和水的比例为 0.8：1.2。

在正式注水之前要进行减压注水试验，试注水量不得小于 20m^3。试注水期间，检查封孔的质量和效果，通过泵压变化了解各注水孔的大致受水条件与原生裂隙的发育情况。注水时，注水员通过连接在泵与水包过滤器间的流量计测得，注水孔内压力通过量测注水泵的供水压力间接测得，主要通过防震压力表断续测量，也可以使用普通压力自记仪自动记录。

第八节　复杂及特殊地质条件下安全高效综放开采技术

一、25°倾角松软煤层安全高效综放开采技术

（一）工作面的地质条件与生产条件

南屯煤矿 93 上 01 工作面位于九采一分区南部，北部为未开采的 93 上 02 工作面，南部为未开采的 93 上 03 工作面，东北部为 3 上 F200 及 3 上 F201 断层，西南部为九采二分区胶带上山。面长 175m，推进长度 1405m，工作面地质构造简单，煤层走向为北东、南西向，倾向北偏西，所采煤层为山西组 3 上煤，煤层厚度 1.55~6.8m，平均 5.28m，工作面煤层倾角 12° ~25° ，工作面推进方向煤层倾角 3° ~24° ，煤层硬度系数 f=2~3。该面煤层直接顶为粉砂岩，厚度 2.59m；老顶为细砂岩，厚度 10.47m；直接底为粉砂岩，厚度 4.87m；老底为 3 层煤，厚度 2.53m。

工作面采煤机割煤高度 2.6~2.8m，放煤平均高度 2.68-2.48mo 工作面上下顺槽均为锚网支护，顺槽断面规格净宽 4.0m，净高 3.2m。工作面上下顺槽超前支护距离不小于 20m，上顺槽采用液压单体支柱配合 1000mm × 600mm 十字顶梁支护，每排布置两个十字顶梁；下顺槽采用工字钢棚支护，棚距 800mm。

工作面配套设备：

① MGYS180/460—WD 采煤机

② ZFQ6500-18/35 掩护式液压支架

③ ZFQ6500/20.5/32 型排头放顶煤支架

④ SGZ-9OO/63O 中双链刮板输送机

⑤ SZZ960/400 型转载机

⑥）MY800 型自移系统

⑦ PLM2200 型锤式破碎机

该工作面采用伪倾斜长壁综采放顶煤一次采全高全部垮落采煤法，端部斜切进刀双向割煤，一采一放单轮间隔放煤方式。

（二）工作面回采工艺优化

1. 回采工艺参数优化原则

综放开采回采工艺明显有别于普通综采回采工艺，主要差别在于综放开采每个工作

面均具有两个出煤点。因此，在综放开采工艺设计时，应尽量使放煤与割煤平行作业，使完成一个采放循环的割煤时间 h 与放煤时间 tz 相等或尽量使两者的差值最小，以实现回采工艺的合理。同时保证工作面运输系统运力平衡，即前部溜子实际运力 Q 与后部溜子实际运力 Qz 之和接近或等于工作面顺槽运输设计运力 Q。因此，为实现综放开采安全高效，达到日产万吨的目标，回采工艺必须实现割煤与放煤协调进行，同步发展。

2. 回采工艺过程分析与简化

综放开采回采工艺过程较为复杂，关键在于割煤工艺、放煤工艺。从割煤工艺上看，关键在于采煤机的割煤速度（割煤时间影响采煤机割煤速度的因素取决于前部溜子的实际允许运输能力、采放平行作业协调程度、移架速度等。确定了采煤机合理割煤速度，结合其他参数确定循环割煤时间。）

从放煤工艺上看，关键在于放煤速度（循环放煤时间）。影响放煤速度的因素主要包括顶煤的冒放性、合理的放煤方式、参数与工艺（单口放煤及时间、多口连续放煤及时间、放煤顺序等）。在确定放煤速度与放煤量后，则由工作面长度 L、架宽以每架放煤时间且同时放煤口数 Nf 等确定循环放煤时间 t2。

在满足工作面设计产量的条件下，如果工作面循环割煤时间 t1 和循环放煤时间 t2 最小，则整个工作面回采工艺参数较为合理。

3. 回采工艺优化结果分析

南屯煤矿 93 上 01 工作面的回采过程中，按上述优化原则和简化过程，对放煤与割煤进行了协调，最大限度地利用采放时间与空间。确定合理的煤割煤速度 v2 和放煤速度 v1，使割煤时间 t1 与放煤时间 t2 差值最小。

（三）工作面支架结构性能与适应性分析

液压支架是综放工作面的核心装备，其稳定性是整个工作面生产安全与高效的保证。在大倾角仰斜综放工作面中，设备主要存在以下问题：

①支架沿煤层倾斜向上移动，工作面所需的拉架力较大，支架易失稳，支架存在倒架、“咬架”等现象；

②前后部输送机下滑，并带动支架及其他设备整体下滑。

南屯矿 93 上 01 工作面综放开采实践中，为了避免上述问题的发生，研制出了与工作面地质条件相适应的液压支架及相关系统，新架型的性能及技术特征基本适应了大倾角仰斜综放工作面的生产条件，为深部倾斜松软煤层实现安全高效综放开采提供了保证。

1.ZFQ6500—18/35 掩护式液压支架

①稳定性好，强度高，具有合理的安全行人空间，具有足够的抗侧向力和抗扭能力；

②支架采用正四连杆低位放顶煤架型，前连杆采用双连杆，提高了支架的抗扭能力；

③配有抬底机构的整体底座，与导向槽滑道间隙尽量小的框架式倒装推移机构；

④带伸缩式前梁，加大护帮面积和护帮能力，相邻支架的前梁、护帮间间隙较小，这有利于控制顶板和防止架间漏煤；

⑤尾梁上摆 23°，下摆 47°，插板配有圆锥形破煤插齿；

⑥支架循环工作时间小于 12s/ 架；

⑦带架间调整装置；

⑧具备与相邻支架的防倒、防滑联接装置，配备相邻支架间防倒、防滑配套设施，具备与前后输送机联接的防倒防滑装置，配备防止前后输送机下滑的自动千斤顶；

⑨对于支架的主要受力部件，局部采用 55kg / cm2 高强度钢板，一方面减轻了支架的重量，同时也提高了支架的安全系数；

⑩支架的立柱和千斤顶采用聚胺脂密封，液压系统采用大流量阀和双供液双回液系统，从而使支架移架速度得到了提高，保证了支架移架与采煤机的协调一致。

2.ZFQ6500/20.5/32 型排头放顶煤支架

ZFQ6500/20.5/32 型排头放顶煤支架是一种支撑掩护式低位放顶煤支架，该支架由具有前梁及防片帮梁或带护帮板的伸缩前梁、顶梁、底座、掩护梁和尾梁体等部分组成，靠四根立柱来支撑顶梁承受顶板的垂直压力，四连杆机构能较好地承受顶板的水平分力，并规范支架的运动轨迹。支架后部尾梁上装有喷雾装置，对后部输送机喷雾降尘。配有支架防倒防滑和输送机防滑装置，按端头端尾三架一组连接好。该支架适应煤层倾角小于 25° 的条件。

3. 支架适应性分析

支架初探力平均 2825kN/ 架，来压前平均 2530kN/ 架，来压时平均 3425kN/ 架，分别占额定值的 49.4%，44.3%，60.0%。老顶来压平均步距 31.7m，来压期间支架的工作阻力平均 4020kN/ 架，最大 6017kN/ 架。尽管支架初撑力相对较低，但工作阻力通常可达 3000~4000kN/ 架，尤其在顶板来压期间可达平均 4020kN/ 架、最大 6017kN/ 架，因此认为支架阻力发挥适当，能够适应 9301 工作面的支护条件。93 上 01 工作面的整个观测期间，虽有沿工作面在长度方向产生裂隙现象，但在移架时没有出现任何端面顶煤冒落现象，也未见明显的台阶下沉。来压时，煤壁片帮最大值为 172mm，平均为 156.8mm，对安全生产未造成任何影响，也未出现因顶板压力增大而导致零部件损坏的现象。93 上 01 工作面的回采实践表明，ZFQ6500 / 18 / 35 疯支架放煤机构合理，放煤机构具有良好的适应性。

（四）提高顶煤回收率途径分析

综放工作面顶煤损失由三部分组成，即初末采损失、两端头损失和放煤工艺引起的采空区残煤损失。通常情况下，影响顶煤回收率的主要因素包括工作面工艺参数、顶煤冒放性、支架架型与结构、放煤工艺等。

1. 工作面几何尺寸优化

由于初末采损失和端头损失与工作面几何尺寸密切相关，通过加大工作面走向长度和倾斜长度，可以降低损失率。针对这一特点，南屯煤矿选用了性能良好的设备，使综机大修服务期满足一个综放工作面的开采期，工作面走向长由 400~600m 普遍加大到 1000~1600m，面长由 120~160m 加大到 160~210m，初末采损失和端头损失的总和由 5% 左右降至 3%，使综放工作面回采率增加 2%。

2. 放煤工艺优化

理论研究结果表明，放煤步距和放煤口尺寸不合理时，将会形成步距的顶煤损失。通过大量放顶煤开采实践与研究，采用 0.8m 放煤步距、一刀一放的放煤方式，不但简化了工作面生产工序，且使工作面回采率进一步提高。南屯煤矿 9301 工作面顶煤松软，冒放性较好，并且是仰斜回采，为此，采用了 0.8m 放煤步距、一刀一放的放煤方式，不仅生产工序简单，而且提高了顶煤的回收率，实践效果良好。

3.FH 装置的应用

FH 装置是一个用钢板焊接而成的钢制框架，与后部输送机连接，拖装在后部输送机采空区侧的一边，跟后部输送机一起移动，与后部输送机共用一个动力源。该装置由三个基本部分组成：即连接板、后溜拖板和盖板，其核心部件是后溜拖板。

FH 装置提高顶煤回收率的原理在于：低位综放开采采空区残煤有两种分布形态，一是压实厚度为 300~500mm 的纯煤带，约占采空区总煤量的 44.5%，二是煤矸混合带。与煤层底板之间形成一个 300mm 左右的高度差，这个高度差在放煤后的后部输送机前移过程中在后部输送机与采空区煤矸冒落带之间形成了一个死角空间。该死角空间一是被本架未放出的顶煤充填；二是被邻架放煤过程中因瞬间煤量过大外溢的顶煤充填；三是被本架尾梁上新冒落的顶煤充填，从而形成死角煤。每个放煤均如此循环进行下去，就在采空区形成一个纯煤带，由此，要消除该纯煤带，必须消除死角空间。消除死角空间简单而有效的方法就是用某种装置将这个死角空间占据，使其无法存留煤炭。这一装置能够跟后部输送机前移而向前移动，并始终能够占据放煤范围内后部输送机与采空区之间的死角空间，使散落顶煤、外溢顶煤和新冒落的顶煤无法进入该空间。

（五）工作面端面顶煤和煤帮控制技术

1. 工作面端面顶煤和煤制破坏形式

工作面倾角较大时或工作面过断层期间，工作面端面顶煤和煤帮破坏现象经常影响工作面的正常生产。表 7-2 是 2003 年 3 月 20 日与 4 月 20 日间 93 上 01 工作面端面顶煤和煤帮破坏现象现场统计。其中 3 月 20 日工作面正在过断层，工作面平均倾角为 13°，而在 4 月 20 日工作面为正常回采，工作面平均倾角为 9.8°。

统计数据显示影响工作面端面顶煤和煤帮破坏的因素主要有以下几点：

①地质构造影响，特别是断层的影响，使煤岩体的整体性被破坏，造成煤岩破碎强度降低，抗压、抗变形能力减弱，从而诱发煤壁片帮及冒顶。

②周期来压时，煤壁前方支承压力增大，煤壁进一步被压酥，加剧了工作面片帮冒顶状况。

③支架卸压移架、支架顶梁“低头”等支架不良工作状态，都将减小支架顶梁对顶煤及顶板的支承力，使煤壁承受的压力增大而导致片帮、冒顶。

表 7–2 工作面端面顶煤和煤帮破坏现场统计

日期		片帮				端面顶煤冒落			
		统计个数	深度 /m	高度 /m	倾斜长 /m	统计个数	高度 /m	走向宽 /m	倾斜长 /m
3 月 20 日	平均值	20	0.5	1.8	2.0	10	1.0	1.6	2.3
	最大值		2.0	2.8	6.5		5.0	2.0	4.0
4 月 20 日	平均值	11	0.3	1.2	1.0	3	0.5	1.0	1.5
	最大值		1.5	2.8	3.3		3.0	2.0	2.3

④在仰角大的地段，工作面的端面顶煤和煤帮破坏程度明显增大。工作面仰角大，端面顶煤和煤帮受拉的程度增大，这会加剧煤体的破坏。

⑤工作面煤壁片帮深度随采高的增加而加大。

2. 顶煤和煤帮控制途径

通过改进生产工艺，改善工作面煤壁受力状态，提高煤壁稳定性，达到减少片帮冒顶的目的。在 93 上 01 试验工作面倾角、仰角均较大的条件下，采取以下工艺措施加强顶煤控制。

①机采实际高度不仅通过对煤壁稳定性的影响而影响顶煤的稳定性，机采高度增加将使顶煤下位完整层厚度减小，容易造成下位顶煤破坏漏顶，回采过程中严格控制机采高度不大于 2.5m。

②初次放煤在直接顶初次垮落后进行，过早放煤将使支架因顶煤冒落不能接顶失去前移支撑点，放煤过晚将增大顶煤损失。

③在构造区附近工作面煤壁上角布置一排钻孔，孔间距 300mm，仰角（与底板夹角）5° ~10° ，孔径中 42mm，孔深 3m，钻孔内装入长 3m 的管作为顶煤托梁。回采时铺顶网以加强对下位顶煤的架间维护。

④前滚筒割顶煤后，及时跟机伸出前梁护顶煤，防止顶煤垮落。拉架后升紧支架，保证支架具有较高的初撑力和工作阻力。

⑤对构造区因片帮引起的冒顶，宜采用化学加固技术治理煤壁片帮。井下试验采用化学加固技术，对端面顶煤和煤帮特别是构造区要进行加固。

二、深部复杂地质条件下孤岛综放工作面开采技术

（一）工作面生产地质条件

济宁二号煤矿 23 下 03 孤岛综放工作面位于二采区的中部，工作面面长（走向长）189.5m，推进方向长（倾向长）1221.8m，平均埋深 554.43m。开采 3 上和 3 下两层煤，3 上煤层大部分可采，3 下煤层全局可采，两层间距为 0~38m，一般为 20~30m，局部两层煤合并为一处。3 上煤层顶板为灰绿一灰白色粉一中粗粒长石石英砂岩，厚度为 1.7~21.6m，局部为泥岩，厚度为 0.85~6.2m。砂岩为钙泥质胶结，岩性厚度变化大。抗压强度粉砂岩为 54.2~10.33MPa，细砂岩为 79.9~198MPa，中砂岩为 141.1MPa。3 上煤层底板粉砂岩和泥岩为主，厚度为 L2~8.4m，局部为中细粒长石石英岩，厚度为 L6~10.8m。3 下煤层顶板为灰白色细一中粗长石石英砂岩及灰一深灰色粉砂岩，砂岩为钙、泥质胶结，厚度为 1.5~23.72m，抗压强度细砂岩为 63.1MPa，中粗砂岩为 31.1~137.8MPa。3 下煤层底板以粉砂岩和泥岩为主，其次是细砂岩，偶见中砂岩，厚度为 0.8~11m，局部有厚 0.4m 左右的泥岩或粉砂岩为底。

采区内西有八里铺断层和 K2 断层，北有八里营断层，南部有断层，宽缓褶曲遍布全区，煤层产状变化频繁，地质构造条件比较复杂。煤层走向主要为北向东，其次为北西一北北西向，煤层倾角 3°　~15°　，一般为 4°　~8°　，受褶曲叠加的影响，煤层产状的变化十分复杂。

工作面配备 TF-6500/19/32 型端头液压支架，选用 ZFP-5400/17/32B 型液压支架（带提架千斤顶），作为过渡支架与正常支架。

（二）顶板控制技术

1. 综放工作面墙面冒顶控制的原则和基本特点

综放工作面的生产状况恶化是煤壁片帮、端面冒顶和支架工作状况不佳之间三者形成恶性循环所致，因此控制综放面的端面冒顶遵循的原则是以控制端面冒顶为中心，以提高煤壁稳定性和提高支架的支护质量为基本出发点，对工作面的生产状况进行综合治理。对破碎顶板综放面治理的目标是使上述三者之间形成良性循环，即实现煤壁稳定、端面顶煤完整和“支架一围岩”关系处于良好状态，进而实现综放工作面的安全高效。

2. 日常生产管理中的技术措施

综放工作面端面冒顶的频繁发生与支架不能实现对顶板的有效支护密切相关，消除和减少这部分松散顶煤应是综放面破碎顶板治理的工作重点之一。为此，在破碎顶板综放面的日常管理中应采取以下技术方案和措施。

①提高泵站的稳定性，保证支架初撑力。

②严格控制机采高度，采高应控制在 2.6~2.8m，不得超过 2.8m。

③严格工程质量，煤机必须扫平顶板（煤）。

④支架工况监测使支架处于良好的工作状态，支护效能得到有效的发挥，保证合理的初搏力及适宜的顶梁俯仰角。TF—6500/19/32B 型支架以微仰斜工作较为合理，一般为仰角 3° ~5° 。

⑤减少顶板（煤）的悬露范围和时间，当架前空顶距大于 300mm 时，先移架后割煤，使顶板得到有效支护；当小范围冒顶的高度超过 500mm 时，应及时处理，以免引起大冒顶。

⑥顶板来压可加剧顶板（煤）的破碎，并易引起大范围的片帮和冒顶。因此应对顶板来压的时间和强度进行预报，以便采取措施，做到有针对性的控制。

3. 特殊条件下的围岩加固及控制技术

在顶板条件特别恶劣的地段和区域，除继续落实日常的顶板管理措施外，重点实施工作面上、下端头及工作面内端面顶煤的加固措施。

①工作面材料巷（上顺槽）靠近煤壁侧（下帮）在移动支承压力区外超前打双排（或三排）锚杆以加固巷帮。

②上端头 30~40m 范围内采用注浆加固方法加固顶板（煤）。

③若在工作面内局部地段出现顶板严重破碎的情况，要采取加固顶板和煤帮的措施。

4. 高位顶板大面积来压的控制

高位岩层大面积来压，是综放工作面岩层控制的重要方面。由于支架的确定性和采煤工作面条件的不确定性，预防此类工作面顶板危害的主要措施是对顶板运动有明确的预计，包括时间和地点的预计。在已知顶板运动的基础上，只能通过工作面日常的管理来保证支护质量和工作面的正常推进。其主要的措施有：保证初撑力；保证足够的泵站压力和工作阻力；防止冒顶扩大。另外，在断层等特殊地段，要保证工作面的快速推进，以免引起工作面压力集中和长时间作用。

（三）回采巷道控制技术

1. 孤岛综放工作面巷道变形失稳模式

在留小煤柱沿空掘巷位置的上方，由于相邻工作面开采引起的应力集中的作用，顶板岩层发生断裂后形成大的潜在垮落块体。留小煤柱沿空掘巷后，形成了顶板潜在垮落块体完全由小煤柱（已进入屈服状态的）支撑的力学结构，称之为大结构。这种潜在冒落块体在整体下沉的同时，还可能沿处在巷道跨度范围内的某一断裂线下沉切落，因此，这种大结构存在两种失稳的可能：一是因小煤柱宽度太小，潜在岩块体向巷道内发生回转失稳；其二是小煤柱垮塌，顶板沿断裂线位置下沉切落。

锚杆可以对巷道周围一定范围内的岩层起到加固作用，但对沿空掘巷的总体稳定性问题无法起到有效的控制作用，因为顶锚杆长度根本无法超出潜在冒落块体的范围，也就是说，锚杆长度范围内的岩石仍属于潜在冒落块体的一部分，如果潜在冒落块体发生切落或回转失稳，被顶锚杆支护的顶板岩石必然也会连同整个潜在冒落块体发生失稳。因此，沿空巷道能够采用锚杆支护的前提是顶板不存在总体稳定性问题。

沿空掘巷顶板大结构的整体稳定性取决于巷道所在位置上方顶板岩层因相邻采空区而出现的断裂线位置以及巷道与采空区之间的小煤柱的强度，一旦小煤柱被压酥则靠其支撑的潜在冒落块体就会发生垮落。为了避免靠小煤柱支撑的潜在冒落块体发生切落或回转失稳，小煤柱宽度应不小于巷道宽度。

2. 锚杆支护形式与支护材料

根据对孤岛综放工作面巷道变形失稳模式分析，结合实测与地质力学评估所掌握的大量信息，可以针对 23 下 03 孤岛综放工作面巷道条件定性提出初始设计支护方案。

轨道顺槽断面为矩形，宽 X 高 4.3m × 3.2m，断面积 13.76m20 采用锚网梁加锚索联合支护，顶板锚杆 ≠ 22mm × 2400mm，帮锚杆 ф22mm × 1800mm，均为全长锚固树脂锚杆，间排距 800mm × 800mm；锚索 ф15.24mm × 8000mm，每排两根，排距为 2400mm；顶网为 8，铁丝编成的经纬网，帮网为 12，铁丝编成的菱形网。巷道沿空侧喷 C20 的混凝土。

运输顺槽断面为矩形，规格：宽 × 高 4.3m × 3.2m，断面积 13.76 ㎡，采用锚网梁加锚索联合支护，顶板锚杆 ф22mm × 2400mm，锚杆 ≠ 22mm × 1800mm，均为全长锚固树脂锚杆，间排距 800mm × 800mm，锚索 ф15.24mm × 8000mm，每排两根，排距为 2400mm；顶网为 8* 铁丝编成的经纬网，帮网为 12# 铁丝编成的菱形网。巷道沿空侧喷 C20 的混凝土。

切眼断面为矩形，宽 × 高为 7600mm × 2800mm，断面积 21.28 ㎡。支护形式为锚网梁加两排单体液压支柱加三排锚索联合支护。顶板 ф22mmX2400mm 树脂锚杆，间排距为 800mm × 800mm，两帮分别直径 22mm × 1800mm 锚杆支护和 ф38mm × 1800mm 木锚杆支护，间排距 700mm × 700mm；锚索 ф15.24mm × 8000mm，每排三根，间排距 2100mm × 2400mm；单体液压支柱采用一梁三柱，间距 1m，梁为半圆木。采煤机机窝深 × 宽 × 高 1500mm × 1600mm × 2800mm，支护形式为锚网梁加一排锚索，帮锚杆为木锚杆，顶锚杆和锚索同切眼。

三、厚层坚硬顶板异常矿压条件下的综放开采技术

（一）硬顶煤放出规律

鲍店煤矿煤体硬度大（f=3.1~3.9），顶煤在矿山压力作用下，不能充分破碎垮落而

被放出。主要问题是移架后支架顶梁上方有大约 1~2m 厚的顶煤，在支架反复支撑下破碎垮落，而上部的顶煤破碎程度低，成拱体结构或悬臂结构不能垮落，即使垮落也因块度大，硬度高，靠支架二次破煤功能难以破碎放出。在开采过程中总结分析坚硬煤层顶煤放出规律，其垮落形态有以下几种：

1. 拱体结构

（1）煤—煤拱结构

放煤时，首先将放煤口近处的松散煤体部分放出 1~2m 左右，随着上部大块煤向下滑落，放煤口上部的空间逐渐变小，当几块大块煤同时落下时，便挤在一起，形成煤—煤拱结构。此拱一般由 3~4 块煤组成，煤的块度大于 0.3~0.6m，前拱脚在尾梁铰接点处，后拱脚在底板上。形成该拱后，由于尾梁和插板长度有限（1.2m），摆动范围也不大（上 5° 、下 25° ），故依轴放煤机构，达不到拱迹线，难以破坏煤拱。若成拱煤块度不太大，组成拱的煤块数量多时，可适当升降支架，活动掩护梁，或活动相邻支架的放煤机构，破坏其拱脚而打破拱的平衡使之冒落。若块度较大时，采取上述方法也难以奏效，这种拱只有移架时才能打破平衡。下一个循环放煤时，此煤已落入采空区而不能放出，煤炭丢失率较氤。

（2）煤—矸拱结构

放煤时，由于煤的硬度大，不能一次性破碎而连续放出，放到一定程度时，后方的肝石容易从采空区侧流向放煤口，使得放煤通道变窄，上部随后垮落的大块煤，便会被挤在放煤通道中而形成煤—矸拱结构。此拱一般由 2~3 块煤和采空区矸石组成，前拱脚在尾梁铰接处，后拱脚在有一定堆积高度的矸石上，形成的拱迹线相对全煤拱要平衡一些。同全煤拱一样，靠支架的放煤机构无法破坏平衡拱而使顶煤落下，只有靠升降支架或同时放相邻支架的顶煤，破坏拱迹线的平衡，放下大块煤。有些支架上的大块煤在移架后落入采空区。这种拱是在顶煤放到一定程度后形成的，故较煤—煤拱顶煤丢失率小。

2. 倒台价悬臂梁结构

若顶煤硬裂隙少，并且直接顶比较完整时，放煤时下部松散的顶煤首先被顺利放出，而上部的顶煤呈倒台阶状与直接顶粘合在一起，形成组合悬臂梁。此时放煤失去了连续性，被放出的空间则会被采空区侧流过来的矸石充填，堵住放煤口或形成一定的空间。待移架后，上部悬臂顶煤大部分垮落在肝石上，丢入采空区。

3. 块度不等的松散体

由于顶煤的强度与矿山压力在工作面范围内有一定的变化，有少部分顶煤在支架上方靠矿山压力的作用破碎，形成块度不等的松散体，煤体硬度适宜的顶煤松散体块度要大一些，且不均匀。靠支架的二次破煤或相邻支架放煤，就能被放出，放出体接近于椭球体。

综上所述，无论是拱体结构还是悬臂梁结构，都不是规则的顶煤垮落形态，顶煤丢失率较高。丢煤太多，会增加采空区的充填高度，减少工作面的矿山压力，对顶煤破碎产生不利影响。有时为了多放煤，采取延长放煤时间或增加放煤次数的办法，但往往会造成含矸率增高，影响煤质。因此，对于煤体硬度系数 />3 的综放工作面，必须采取人工辅助措施，才能使顶煤破碎垮落而被放出。

（二）人工辅助破煤措施

鲍店煤矿进行硬煤层综放开采以来，除在支架选型和综放工艺参数选择方面进行了大量的研究和试验以外，还对人工辅助破煤措施进行了研究和探索，提出了一套可操作性强，行之有效的人工辅助破煤技术措施，取得了硬煤层综放开采的成功，推动了综故技术的发展。

1. 煤层软化

综放工作面顶煤难放的根本原因是煤体强度高，为解决这一难题，必须软化煤层，降低其强度。具体方法为煤层注水和注软化剂。

（1）煤层注水

经取样测定，鲍店煤矿三层煤的孔隙率为 2.76%，原煤含水率为 2.79%，导水性很差，属极难注水煤层，采用超前工作面长距离原岩应力区内注水难以注进去。利用工作面超前压力对煤体的压裂和破坏作用，进行动压区短距离注水。

为达到最佳注水效果，在钻孔布置上采取两巷同时布置，且在同一位置布置长、短两个钻孔，增加注水覆盖面。经现场观察和试验室测定表明，动压区注水效果明显，注水量一般为 50~80H/ 孔，最多可达 130~150m³/ 孔，煤层含水率平均增加 1.799%，煤体强度降低了 5~9MPa，实际软化系数为 0.75~0.85。煤体软化后不仅有利于顶煤破碎放出，而且可以提高割煤速度，降低煤尘。

（2）煤层注软化剂

利用注水钻孔，通过注水泵，将软化剂溶液超前工作面 5~50m 注入煤层，以增加煤体的吸水能力。压注时间为 40~70h，剂量为 200~400g/ 孔，平均注入速度为 0.35r∏3 / h，等效浓度为 0.6%~0.7%。试验结果表明，煤层含水率增加了 2%~3%，煤体强度降低了 10~15MPa，实际软化系数为 0.54-0.67。

2. 顶煤浅孔松动爆破

（1）爆破参数

位于两架间顶梁与前梁较接处，布置 1~2 个炮眼，间距 1m 左右。炮眼以 70° 夹角斜向采空区和支架上方。炮眼眼底至煤层顶板 1m 左右。视顶煤完整情况，每孔装药 3~6 块；5 个炮眼为一组，采用 5 段毫秒延期雷管，正向装药，串联起爆。

（2）松动爆破效果

采取顶煤浅孔松动爆破措施后，工作面 80% 以上的支架放煤口上方的顶煤呈现块度不等的松散体，并能顺利放出。个别支架即使有大块煤或成拱现象，通过支架二次破煤或活动相邻支架放煤机构，也可以使顶煤再次垮落而被放出。工作面采出率稳定在82%~83% 左右。

为提高顶煤松动爆破效果，采取以下措施：

①将炮眼向工作面较低一方倾斜。

②爆破前稍降支架，增加顶煤松动空间和爆破自由面。

③采用毫秒延期雷管分段起爆，以增加自由面。

④增加炮眼数量，每架 2~3 个炮眼。

3. 厚煤层坚硬煤体深孔控制预裂爆破及注水软化

顶煤浅孔松动爆破虽然效果显著，但有以下缺点：劳动强度大，煤尘大，距采空区较近，易引起瓦斯、煤尘爆炸；拒爆雷管及炸药易混入煤炭中，影响煤炭质量；顶煤垮落时间与块度不可控制，影响煤炭采出率。因此提出了深孔控制预裂爆破及注水软化技术。

（1）技术途径

以深孔控制预裂爆破新技术为主，辅以常压煤层注水，结合矿压与支架相互作用的技术途径，达到顶煤垮落的时间与块度大小可控的目的。

（2）技术方案

采用长、短孔相结合的布置方式，爆破孔间距为 10m，爆破孔与控制孔间距为5m。采用现有的液压 75 型或仿英 50 型钻机打眼，用水排粉。采用 BQF-50A 型装药器及抗静电、抗阻燃塑管进行连续耦合。为了防止管道效应，沿炮孔全长敷设煤矿导爆索。利用过筛的微潮黄泥，采用压风喷泥技术将炮孔连续封实。为了保证安全起爆每个炮孔采用双起爆药包并联起爆。

爆破后，由爆破孔或控制孔以常压（2~4MPa）向具有较多径向与环向裂隙的煤体内连续长时间注水，注水时间为 7~10d，注水流量为 1.5~2.0n/h，封孔深度为 6.0m，封孔长度为 4.5m。注水后进一步加大裂隙宽度与长度，并充分湿润煤，起到软化煤体与防尘的作用。

四、轻型短壁综放开采技术

（一）开采条件

轻放 TD302 工作面位于杨村井田的东部，采煤工作面呈“刀把式”布置。地面标高为 -45.50~+46.50m，工作面标高为 -190~-270m，工作面倾斜长（面长）30~50m，走向长 551m，工作面有效可采储量为 15.36 万 t。煤层厚度变化为 7.10-8.50m，平均厚度 7.80m，煤层倾角为 2° ~10° ，平均 5° 。煤层顶板为中砂岩和粉砂岩互层组成，属Ⅱ

级二类顶板，底板为铝质泥岩和粉砂岩组成，属四类中硬底板，容许比压为 21.7MPao 工作面轨道巷、运输巷为矩形断面，净宽为 4m，净高为 2.5m，净断面积为 10 ㎡，采用锚网加钢筋梯联合支护。开切眼为矩形断面，净宽为 6.2m，净高为 2.4m，净断面积为 14.8 ㎡。

（二）设备配套

短壁轻放工作面的设备配套主要是考虑轻便灵活、安全可靠的原则，以适应不规则工作面增减设备的需要。工作面以年产 60 万 t 为目标进行设备配套。按照生产工艺合理、单机配套功能完善、系统生产能力匹配等原则，短壁轻放工作面成套设备配置如下：

1. 液压支架

选用 ZFB200—16.5/25Z 型轻型低位放顶煤支架，该支架由煤炭科学研究总院北京开采研究所设计、兖矿集团机械设备制造厂生产。该支架的主要特点是：四柱单摆杆、刚性整体顶梁、内伸缩前梁、单侧活动侧护板、本架操作。该支架目前在国内轻型支架中工作阻力最大。主要技术性能指标如下：

型号 ZF3200—16.5/25 Z

工作高度 1650~2500 mm

工作宽度 1190~1330 mm

中心距 1250 mm

初撑力 2860 kN

工作阻力 3200 kN

支护强度 0.65~0.69 MPa

插板伸缩量 600 mm

尾梁摆动量上摆 38° ，下摆 41°

插板伸缩量尾梁摆动量

2. 采煤机

选用上海天地科技股份有限公司生产的 MG250/300—NAWD 型电牵引单滚筒采煤机，该机采用机载式交流变频调速、销轨式无链牵引；有可编程序控制器，可实现状态检测、故障诊断；调速范围广、体积小、机身长度小；可以实现遥控发射机进行操作及机身操作。由于该机机身较短，可实现在辅送机机头、机尾回转进刀，无需斜切进刀。

型号采高截探牵引电机功率截割电机功率机身长度滚筒直径牵引速度 3，工作面刮板输送机前、后部刮板输送机均选用充矿集团大陆公司生产的 SGZ-730/110 型刮板输送机，电动机垂直于输送机机身布置，该设备为配套产品，运输能力为 450t/h，电动机功率为 110kWo

型号 MG250/300—NAWD

采高 1.8 ~2.5 m

截探 630 mm

牵引电机功率 50 kW

截割电机功率 250 kW

机身长度 3130 mm

滚筒宜径 1700 mm

牵引速度 10~20 m/min

3. 工作面刮板输送机

前、后部刮板输送机均选用充矿集团大陆公司生产的 SGZ—730/110 型刮板输送机，电动机垂直于输送机机身布置，该设备为配套产品，运输能力为 450 t/h，电动机功率为 110 kW。

4. 转载机

选用张家口煤机厂生产的 SZB-764/132 型桥式转载机一部，铺设长度为 50m，运输能力为 700t/h，电动机功率为 132kW。

5. 破碎机

选用西北煤机厂生产的 LPS-1000 型轮式破碎机一部，破碎能力为 1000t/h，电动机功率为 110kW，输出粒度＜ 300mm。

6. 工作面运输巷带式输送机

选用兖矿集团大陆公司生产的 STJ-800 / 40 × 2 型可伸缩带式输送机，输送能力为 400t / h。

7. 泵站系统

泵站选用 MRB-125/31.5 型乳化液泵和 XQB-110/20 型清水泵。

（三）工艺试验研究

1. 工艺参数的确定

TD301 工作面机采高度为 2.3m，采放比为 1 ： 2.39。采煤机截深选为 0.6m，两刀一放。采煤机平均割煤速度为 3.5m/min，工作面长度为 50m，两端头影响时间为 10min，工作面平均放煤速度应为 1.0m/min。三八工作制，开机率为 65%，每个生产班基本保证每班进五刀煤，工作面的日产量为 2215t。

2. 工艺试验

工业性试验期间（7~9 月份），工作面平均日产 21323 达到了平均日产 2000t、年产水平 60 万 t 的目标。由于运输巷带式输送机输送能力偏小，不能实行采放平行作业，若带式输送机改用 1m 带宽，就能够基本实现采放平行作业，则工作面的生产能力可以提高到年产 80 万 t 水平。通过对放煤工艺的试验分析，适合 TD302 工作面条件下的放煤方式为两刀一放多轮顺序放煤方式。

工作面实施短壁开采技术，累计安全生产原煤 15.4 万 t，最高日产 2550t，工作面前期 50m 长段采出率达 70.56%，30m 长段采出率达 63.56%。

五、急（倾）斜特厚煤层综放开采技术

（一）概述

急斜煤层是指赋存角度 45° ~90° 的煤层。我国西部赋存有大量的急（倾）斜煤层，主要分布于乌鲁木齐、窑街、北京、淮南、开滦、徐州、长广、南桐、资兴、大通等二十余个矿区。20 世纪 80 年代后期，随着我国综采放顶煤开采技术的日趋成熟，先后在窑街矿务局二矿和乌鲁木齐六道湾矿务局等煤矿成功试验了水平分段放顶煤开采技术后，急斜煤层的产量得到了快速地提高。华亭矿区 1986 年开始至 1989 年试验成功了滑移支架放顶煤采煤法，1992 年又试验成功了急（倾）斜煤层水平分段支撑掩护式后插板低位综采放顶煤采煤法，1995 年又在工作面上端头成功使用了主副式端头液压支架。

华亭煤电股份公司砚北煤矿采用国内综采放顶煤方面的科技成果，如电牵引采煤机、综采工作面组合开关、综采工作面深孔爆破放顶煤技术、运输顺槽过拐点胶带转角装置、的顺槽锚网支护技术、均压通风防灭火技术、综采工作面前置式端头液压支架、综采工作面切眼锚网支护技术、煤流系统电磁阀自动喷雾装置的应用等。使矿井产量近三年来稳步增长（在 2001 年 94 万 t 的基础上，2002 年达到 225 万 t，2003 年达到 350.68 万 t，2004 年达到 402 万 t，2005 年 435 万 t），最高日产达 1.9 万 t；矿井回采率为 67%，采区回采率为 75.6%，工作面回采率为 93.5%。矿井三年来未发生过自然火灾，未曾出现过瓦斯积聚现象，粉尘浓度分区域除选肝车间之外都控制在规定指标之内。

（二）地质及煤层情况

砚北井田位于华亭煤田复式向斜的中部，由中下侏罗统延安组煤系地层形成的基本构造形态，从北到南分别为单斜、背斜、向斜和单斜构造。井田内未发现断层和岩浆侵入体。构造复杂程度为中等偏简单型。赋存较稳定，结构较复杂。砚北矿主采煤层为煤五层，井田范围内煤层厚度为 6.11~76.24m，平均厚度 46.5m，煤 5 层的倾角在 +950m 水平以上为 30° ~60° ，平均 45° ，煤层普氏系数 2~3，内生裂隙较为发育、煤质较软，稳定性差，结构较复杂，为一全区发育的急倾斜特厚松软煤层。煤层老顶为细砂岩，厚 5~10m，胶结致密，层理发育明显；直接顶为砂质泥岩，厚 2.5m 左右，为灰、深灰色，层理明显；伪顶为泥岩，厚 0.1~0.3m，为深灰、灰黑色，松软，易碎；直接底为泥岩，厚 0.05~0.2m，灰黑色，松软，富含碳质；老底为粗砂岩，厚度 6.5~19m，灰、灰白色中粗粒含砾铺状砂岩。

（三）设备选型的原则

工作面主要设备的合理选型配套是综放开采保证安全和获得高效的重要基础之一，这在急斜特厚煤层水平分段综放开采中显得更为重要和关键。

1. 采煤机

选用 MXG—350 型采煤机。MXG-350 型采煤机系多电机驱动，截割电机（150kW）两台横向布置，全液压恒功率自动调速，双滚筒一次采全高，可双向割煤。适用于缓（倾）斜或倾斜，中厚或较厚，煤层中硬或较硬，煤层中无坚硬夹杂物或有不厚的软夹石的长壁工作面落煤或装煤。采煤机采高 L45~3.00m，供电电压为 1140V，可与 SGB—630/220 可弯曲刮板输送机，相应液压支架，槽宽 630mm.730mm 或 764mm 的输送机配套实现综合机械化采煤或放顶煤综采。

2. 液压支架

根据工作面周期来压步距小，强度缓和，端面不稳定，及易受移架影响的情况，要求液压支架具有初撑力高，控制端面顶板能力强，护顶能力强，挡肝装置全，能快速移架，及时支护的特点。考虑到工作面底部为煤层，单向抗压强度为 4.15-4.86MPa，单向抗拉强度 0.77MPa，硬度系数 2~3，承载能力相对较小，属∏、出类底板，应保证支架的底座适应底部煤体的抗压强度，以防止支架底座压入底部煤体内，影响支架移步。

选用 ZFS4000/17/28 型液压支架。采用双输送机大插板式低位放顶煤，该支架不但具有普通低位放顶煤液压支架的特点，而且采用了反四连杆机构，增大了放煤空间，增强了支架的整体稳定性，为顺利放煤提供了良好的环境。

（四）采煤方法

采煤方法采用水平分层综采放顶煤开采，两顺槽分别沿煤层顶底板布置，工作面长 45~53m，每个采放区高度为 15m，一采一放，截深 0.8m，循环进度 0.8m。工作面最高日产达到 9 万 t，最高月产达到 47.7 万 t。月产量稳定在 40 万 t 以上，年产量已稳定在 400 万 t 以上。

（五）回采工艺

1. 进刀方式

进刀方式为工作面中部斜切进刀法，进刀点距上下口 15~20m 左右，进刀时牵引速度不得大于 2m/min，单向割煤。

2. 作业流程

交接班（质量验收）→准备→割煤→移架→推溜→进刀→端头作业→放顶煤→拉后溜→文明生产。每班完成三个循环。

3. 循环工艺

工作面采用三采一放的生产工艺，一个循环 0.8m，采用“二九一六”作业制，每天两班生产，一班检修，检修时同时进行端头支护。每队安排三个生产班，一个检修班，每个生产班三天上两个班。

（六）合理分段高度的确定

对于一次采全厚放顶煤采煤法，一般认为顶煤厚度介于 2-10m，对于硬煤层，顶煤厚度不应超过 6m。急（倾）斜水平分层综放工作面的分段厚度，不受煤层厚度的限制。综合考虑煤层顶煤冒放性、回收率、开采效率等因素，针对砚北煤矿开采的煤 5 层倾角在 40° ~45° 时，经过几次试验调整，确定放煤高度为 12.5m，采放比为 1：5 最为合理，回收率较高、开采成本较低。现场总结分析。

（七）两端头支护技术研究

砚北煤矿研制 ZFDT8100/23/32 型端头支架，由前置架和后架（即原端头支护时的主架）组成，两者在结构和功能等方面是完全独立的。后架与过渡支架并排布置，主要负责自煤壁线向后覆盖前、后输送机机头的全长范围内的支护，为前、后输送机机头和转载机的运转提供掩护并为实现合理的负责相互配套联结关系提供条件。前架则为自煤壁向前的超前支护，主要任务是推移转载机和拉移后架。转载机铺设在端头支架的底座上，其中心线与端头支架的中心线一致。主要参数为：

①端头支架工作阻力确定为 8100kN，其中后架 5750kN，前架 2350kN，后架的工作阻力比前架的大，因为后架支护面积大且其位置处于顶板垮落变形区。

②支架的最低高度为 2300mm，最高高度为 3200mm。

使用前置式端头支架的优点：

①支护面积大，尤其是前架的支护可实现巷道中相对工作面超前区域至后部垮落区支护形式的变更。

②可彻底解决以往左右架型式的端头支架所造成的转载机左右偏摆及其损坏问题。

③前后架互为支点，相互推拉实现前移，前架与顶底板之间可以产生较大的自锁力，可有效地保证拉移后架所需的支反力。

④端头支架与前后输送机之间无任何联接关系，因此，各设备之间相对灵活，且无绊住问题发生。这也为实现快速移架创造了条件。

第九节 连续采煤机短壁机械化开采成套技术

一、概述

长期以来，连续采煤机短壁机械化开采技术一直是国内没有解决的问题。国内一般沿用传统的房式、柱式和房柱式简单开采方法，其方法简单、工艺落后、安全性差、效率低、采空区内浮煤多。特别是回收率太低，使用人工炮采的回收率一般只有30%左右；使用简单机械开采的回收率仅为50%左右。神东公司经过了两年多的研究，自主开发了我国第一台履带行走式液压支架（自移支架），适用于连续采煤机及后配套设备，在传统的房柱式短壁采煤工艺基础上，经过不断研究、摸索，独创了一套“连续采煤机、履带行走式液压支架短壁机械化开采技术”，形成了一种新型短壁机械化采煤方法。这种采煤工艺具有出煤快、机动性强、生产安全等优点，使不宜或无法布置在长壁综采工作面的块段煤层得到合理开采和回收，提高了资源回收率，取得了显著的经济效益和社会效益。

二、国内外短壁机械化开采的发展现状

（一）国外短壁机械化开采的发展现状

短壁机械化开采技术始创于美国，它的主要设备有连续采煤机、锚杆钻机、运煤车等。经过50多年的不断研究与改进，已形成了自成体系的短壁机械化采煤方法。在美国，采用短壁机械化采煤法的产量在井工采煤中一直领先，近年来，由于长壁综采的发展，连续采煤机开采的产量有所回落。目前，除美国外还有澳大利亚、南非、印度及加拿大等国均广泛采用短壁机械化采煤，取得了较好的经济效益，但是采空区煤柱回收没有得到很好的解决，回收率一般为60%左右，有自移支护设备的回收率可达80%以上。

（二）国内短壁机械化开采的发展现状

在20世纪50~60年代，我国比较普遍采用房式、柱式和房柱式等短壁采煤方法。到20世纪70年代初，随着长壁机械化采煤工艺在国内的兴起和推广普及，短壁采煤方法除地方小煤窑采用外，国有大型矿井基本上已不再使用这种方法。其主要原因是这种采煤工艺的煤炭回收率低，机械化程度低、通风条件较差、工效低，无法保证安全生产。图2-60是传统的房式采煤工作面回采工艺图。在采区内开掘平巷，将煤体切割成方形煤柱．然后在方形煤柱中开掘劈柱巷，并由劈柱巷向两侧再开煤房。开掘平巷和劈柱巷

时用锚杆管理顶板，在煤柱中掘煤房时不再打锚杆。这种回采工艺的缺点是产量低、安全可第性差、通风系统复杂，通风管理困难；回收率低，回收率仅为 30% 左右。

从 1979 年开始，我国先后引进了多种型号的连续采煤机，并在条件适合的矿区进行了试验。大同矿务局大斗沟煤矿使用 JOY12CM 型连续采煤机进行刀柱式开采，年产量达 35 万 t 曾创造了月进 2187m 单巷掘进的全国纪录；山西大同市姜家湾矿使用连续采煤机条带式采煤法开采，月产达 2.5 万 t，发挥了连续采煤机采掘合一，机动灵活的优点。但当时只是采用了房式采煤方法进行煤柱的回收，仅解决了落、装、运的机械化，并没有实现回收煤柱时的支护机械化问题。因此，在回收煤柱时只能采用部分回收法，并在采空区留有大量残余煤柱。

2000 年神东公司首先在大海则、上湾及康家滩煤矿推广“单翼短壁机械化采煤法”，如图 2-61 所示。该采煤法的回采工艺是：回采支巷煤柱时采用单翼斜切进刀方式，进刀宽度为 3.3m，角度为 60° ，进刀深度一般以割透支巷煤柱为准，深度约为 11m，并在每刀之间留有 0.5~0.9m 的小煤柱。这种采煤方法与房采工艺相比，回收率有所提高，可达 65%。由于这种采煤法没有履带行走式液压支架，当顶板较为破碎时，回采中顶板容易离层冒落。单翼进刀煤柱留设大，回采效率低、万吨掘进率高。

2000 年神东煤炭公司自主开发研制了履带行走式液压支架，解决了双翼开采存在的问题，同时解决了短壁机械化开采过程中巷道、工作面以及煤柱回收支护工艺的关键技术难题。图 2-62 是短壁机械化双翼回采布置图。该采煤法与单翼短壁机械化采煤法的区别是回收条带煤柱时采用双翼切割煤柱并采用履带行走式液压支架支护顶板，取消了 0.9m 宽的煤皮，改留设 3.3mX3.3m 的正方形煤柱，使回收率由原来的 65% 提高到 75% 以上，加快了掘进和回采速度，保证了工作面安全生产。使用履带行走式液压支架后，短壁开采采空区残留煤柱如图 2-63 所示，其回收率最高可达 87%，工效达 30~50t/ 工，比传统房柱式短壁采煤工作面回收率平均提高了 45% 以上。各项技术指标可与长壁开采工艺相媲美。

三、短壁机械化开采工艺

通过对短壁工作面煤柱稳定性及顶板垮落规律的分析，合理地进行短壁开采支护参数设计及巷道布置，计算履带行走式液压支架的工作阻力，成功解决了顶板控制的难点，可缩小煤柱，最大限度地回收煤炭资源。同时对短壁机械化工作面设备进行了优化配置，从而实现了短壁工作面高效安全生产。

（一）短壁机械化开采主要参数

1. 巷道组平巷数目

风阻和巷道组数的平方成反比。采用多巷道通风对减少风压损失，改进通风效果非常明显。经分析，同采房数以 2~3 较为合适。

2. 煤房宽度

根据理论分析，煤房的合理跨度可按“梁”的理论进行设计。在进行设计之前，首先要确定出顶板岩梁所受的载荷。

顶板一般是由一层以上的岩层所组成，因此，在计算第一层岩层的极限跨度时所选用的载荷大小，应根据顶板上方各岩层之间的互相影响来确定。在煤层中开掘巷道或支巷后，顶板岩层由巷道或煤房两侧煤柱支撑，形成了类似于“梁”的结构。根据巷道两侧煤柱对顶板岩梁的约束条件，顶板岩梁可按“简支梁”或“固定梁”的情况进行分析。一般当煤层埋藏较浅、开掘巷道或煤房后在两侧煤柱中产生的支承压力不太大，或者煤柱两侧均被大面积采空的情况下，煤柱对顶板的“夹持”作用较小，岩梁可按“简支梁”分析。反之，若煤层埋藏较深，煤柱两侧被采空区包围，煤柱对顶板岩梁的“夹持”作用较大，按“固定梁”处理较为合理。比较上述两种计算结果，可得短壁开采采区煤房顶板的极限跨度为 9.53m，采用 5.5~6.0m 宽的煤房完全是可行的。

3. 支巷长度

支巷长度可按吨煤费用最低的准则求解。房柱采煤掘进与回采基本合一，但掘进效率一般要比回收煤柱效率低，因为回收煤柱时顶板不需进行锚杆支护，因此支巷长度越长，平巷掘进费用相对越小。巷内运输费用主要与胶带机铺设长度有关，梭车运距可视为常量，若巷内仅用梭车运输（如条带法），则与梭车运距有关，巷道长度越长，巷内运输费用越大。巷道加长，增加维护时间，维护费用增大。代入有关参数计算，支巷长为 60~100m 较为合理。

4. 煤柱参数

煤柱将承担煤柱和煤房上方的全部或部分岩体的重量，使自身载荷升高。煤柱平均应力荷载计算采用辅助面积法。结合煤柱稳定性的理论分析，神东矿区的短壁采煤法的合理煤柱宽 20m，长 60~100m。

（二）短壁机械化开采工作面布置

1. 大海则矿短壁机械化开采工作面布置

工作面布置 3 条平巷，工作面长度为 112.5m，平巷煤柱为 15m 为充分发挥连续采煤机的快速掘进的优势，留有多头施工空间，平巷每隔 20m 用联络巷贯通。当平巷掘进到边界且右侧煤体采完时，开始顺着各联络巷位置向左侧煤体掘支巷与支巷联络巷，形成右翼工作面前进式，左翼工作面后退式开采的布局。

2. 康家港矿短壁机械化开采工作面布置

工作面采用双平巷类似于长壁工作面布置方式，当工作面正巷掘进到位后，在开始沿工作面推进方向，依次掘出煤房，每两条煤房间距为 10m。煤房形成后即可单翼进刀回采，适用于瓦斯涌出量较大的工作面。

3. 上湾矿短壁机械化开采工作面布置

工作面布置如图 2-66 所示，布置一条胶带运输平巷和一条辅运平巷，平巷间距 20.5m，每隔 27m 向两翼分别掘出与平巷夹呈 60° 角的支巷和联巷，左翼支巷长 80m，右翼支巷长 60m，每回采完七对支巷留设 20m 宽的隔离煤柱。

（三）短壁机械化开采工艺流程

1. 平巷及支巷掘进

由连续采煤机和锚杆钻机交替进行掘进与支护作业，采用连续采煤机进行割煤、落煤，实现自动装运煤，巷道顶板采用四臂锚杆机打眼进行锚杆支护，运用铲车运送材料、设备和清理浮煤。

2. 回采工艺过程

①采用连续采煤机进行截割煤和装煤。在每次掘进巷道前，先将采煤机调整在巷道前进方向左侧，向前方煤壁切割直到割入深度达 15m，再调整到巷道右侧，截割剩余部分。

②首先将采煤机截割头调整到巷道顶部，将截割头切入煤体，然后逐渐调整截割头高度，由上向下截割煤体，当割到巷道底板时，采煤机稍向后退，割完底煤，直至掘进尺到 15m 时，连续采煤机进行下一个循环。

③连续采煤机割煤时，煤落入收集头上，装在收集头上的圆盘耙爪连续运转，将煤装入中部输送机，再将煤装卸到搭接在连续采煤机后面的连续运煤系统给料破碎机内。

④工作面运煤采用连续运煤系统完成运煤工序，运煤系统由破碎系统、刮板运输系统组成，直接搭接在连续采煤机和胶运平巷中的胶带输送机上将煤运出。用铲车清理巷道内的浮煤。

⑤各平巷、联巷、支巷均采用锚杆支护，在平巷与联巷交汇处 . 采用全自动履带行走式液压支架支护顶板。

3. 劳动组织

采用三班生产，一班检修的劳动组织形式 . 即三班生产，检修班利用交接班时间停机修 1h，同时与两生产班分别平行作业，为生产做准备工作。采用一次掘进成巷与支护平行的循环作业方式。

4. 技术指标

掘进时循环进尺为 30m，每个生产班各完成 2 个循环 60m，日完成共 6 个循环，每循环支护锚杆 100 根。回采每个循环进度为 15m，产煤 283.143t 每班完成 8 个循环，共 120m，产煤 226.512t，日完成 24 个循环 360m，产煤 6795.4t。

5. 设备优化配置

连续采煤机短壁机械化开采方法是在房柱式开采技术基础上发展起来的一种高效安

全短壁柱系采煤方法。按运煤方式分，其设备配备一般分为两种：一种是连续采煤机→运煤车（梭车）→转载破碎机带式输送机工艺系统；另一种是连续采煤机→连续运输系统一带式输送机工艺系统。

连续运煤系统适用于中等稳定顶板，对顶板的完整性要求较高;底板要求稳固、平整、无积水，坡度小于 12° ，底板比压 0.157MPa;煤层为近水平煤层，要求巷道宽度 5.5~6m 运煤车运煤系统适用于中等稳定顶板；底板要求稳固、平整、无积水，坡度小于 6° ，底板比压 0.731MPae 煤层同样为近水平煤层，巷道宽度要求大于 4.6m。

四、履带行走式液压支架

履带行走式液压支架是一种新型液压支架。它主要运用于“短壁综合机械化开采”回收煤柱和短壁式采煤中平巷与联络巷的顶板支护。

在进行煤柱回收时，可有效保护人员及设备的安全，在工作循环中不必再专门架设支架或锚杆，可省去在回收煤柱中的辅助工序，并可大大消除连续采煤机因顶板冒落受阻的可能性。它是短壁机械化开采的关键设备之一，它的研制成功对实现短壁机械化开采具有突破性的作用。

神东煤炭公司与煤炭科学研究总院太原分院合作，根据神东矿区的地质条件及开采状况研制成功了自动化支护设备——XZ7000/24/45 型履带行走式液压支架。

随后，又根据不同地质条件的要求，研制和开发了新的机型 XZ4500/15/27 型履带行走式液压支架。

（一）主要结构及技术参数

XZ7000/94/45 型履带行走式液压支架（图 2-68 所示）主要由以下 10 部分组成：行走机构、底盘、犁煤板、顶梁、掩护梁、立柱、前后连杆、液压系统、电气系统和遥控系统。

（二）性能特点

①有较强的行走及避险功能，即使在直接顶板大面积垮落压架时，支架也能自动撤出；有足够的牵引力可以牵引其他支架，实现支架间的相互救助。

②设有后支撑油缸，与犁煤板结合可将机器抬起，便于设备的维护及爬窝自救。

③立柱设计为双伸缩油缸，采用聚胺脂高强度密封和特殊的减磨活塞导向结构，结构强度高，使用寿命长，安装方便。

④初撑力调整范围大，顶梁与掩护梁采用十字连接结构，以适应顶底板的起伏，适应的顶底板地质条件范围大，机器的适应性好。

⑤采用两个进口双联叶片泵，各回路独立性强，可靠性高、故障率低。电气系统采

用了 PLC 控制技术，系统简单可靠，保护齐全。

⑥设有发光数码管压力显示及预警系统，可对前后立柱压力进行实时监测。

（三）关键技术指标

1. 大支撑高度、大工作阻力和大初撑力

为了保证支架的稳定性及相应的支护强度，支架型式设计为强力四柱支撑掩护式架型结构，采取长掩护梁与顶梁中间十字头联接形式，十字头与顶梁内摆式联接，以保证 7000kN 的支护阻力下，具有相应的抗水平力及侧向力的联结强度及整架结构强度。

2. 支撑方式与掘进机行走方式相结合

考虑到短壁机械化开采的特殊性，要求顶板支护设备不仅能对顶板进行有效管理，而且要求调动灵活。

因此，采用液压支架支撑方式与掘进机行走方式相结合的支护技术，并使之有机结合，组成履带行走式液压支架。

3. 支架的履带行走技术

本机履带链不仅要承接行走时的工作阻力，在支撑时要承接支架的工作阻力，在逃逸时还要承接逃逸工作阻力，因此，对履带行走机构提出了更高的要求。

4. 遥控操纵技术

在发射机正常工作状态下，其发射的无线电信号在煤矿井下的传输信道有一定特殊性，主要是煤壁对无线电信号的吸收与物体对信号的阻隔，可能大大降低接收的有效距离。参考国外同类产品的技术数据，确定发射频率在 V-U 波段，发射功率在 10dbm 以内，可以避免与其他无线电设备互相干扰。

五、短壁机械化开采技术实施效果

（一）连续采煤机短壁机械化开采技术的适应性

1. 适用于浅埋煤层

一般来说，上覆地层越厚，静压力就越大，支护也相对困难，对短壁机械化采煤法的高效回采影响也就越大。神东矿区目前所开采煤层的覆盖层一般均在 200m 以下，属浅埋深煤层，因而对应用短壁机械化采煤法较为有利。

2. 适用于煤厚 2~4.5m 且埋藏稳定的煤层

由于受连采装备的限制，当煤厚低于 2m 时，锚杆机支设锚杆时极不方便。当煤层含夹矸分岔时，增加截割阻力降低回采工效，同时，也不利于煤质管理。当夹肝厚度超过 0.5m 时，则需要人工进行打眼爆破处理，而且需要增加捡肝和煤矸分装等工序。

3. 适用于近水平煤层

由于连采及其后配套设备大多为自移式设备，适合于倾角较小的煤层，因而，短壁机械化开采适宜布置在倾角8° 以下的近水平煤层，特别是适宜于布置在倾角1° ~3° 的近水平煤层中。

4. 适宜于顶底板中等稳定的煤层

当顶板岩石强度较低时，对工作面平巷的长期维护和巷道宽度都有一定的影响；顶板岩石强度太高、非常坚硬时，则不利于采空区顶板的自然冒落。煤层直接底岩石为软岩遇水软化时，将影响采煤机进刀、无轨胶轮车运行和人员工作，降低了工作面生产效率。

由于短壁机械化采煤工作面布置比较灵活，便可实现“即进即退”的灵活机动的回采，基本不受断层、搊曲、裂隙等地质构造的影响，因此大型井田的边角块段和不适宜布置于综采工作面的中小型井田，可应用连采配套设备进行短壁机械化，来实现高效安全生产。

（二）实施效果

1. 短壁机械化开采在神东矿区发展历程

短壁机械化开采在神东矿区由小区域试验到大面积推广，其发展历程经历了三个阶段，现已趋于成熟，在神东公司实现千万吨级矿井大跨越中起着十分重要的作用。

第一阶段：简单的单翼开采。

2000年，神东公司首先在大海则、上湾及康家滩煤矿推广“单翼短壁机械化采煤法”，初步形成了一定的生产规模。单翼短壁机械化开采单机平均日产16503直接工效38t/工，逐渐形成了具有神东特色的短壁机械化开采技术。

第二阶段：非连续运煤系统配备履带行走式液压支架的双翼开采。

2000年8月，神东公司在大柳塔矿短壁机械化采煤工作面试用履带行走式液压支架，实行无煤柱双翼回采，并获成功。双翼开采单机最高月产114437t，最高日产5696.4t，直接工效达90.75t/Xo履带行走式液压支架的应用使短壁机械化回采更安全高效。

第三阶段：连续运煤系统配备履带行走式液压支架的双翼开采。

在不断进行短壁机械化开采技术研究的同时，神东公司于2001年在上湾矿推出连续采煤机、履带行走式液压支架、连续运煤系统配套使用的高效短壁机械化开采的生产方式。在短短的三个月内就创出了月产原煤12.6万t的新纪录，最高日产为6448t，直接工效高达161.2t / T。连续运煤系统的运用，不断使短壁机械化开采进入一个崭新的阶段，开采技术日趋成熟。

2. 实施效果

神东公司依靠科学技术，积极探索适应于神东煤田煤层赋存条件的新型短壁机械化采煤工艺，成功地创新出短壁综合机械化开采工艺与技术，创建了一种“全矿100人、年产100万t”的新型高产高效矿井模式（如大海则矿）。

由于连续采煤机短壁机械化开采成套技术，是实现边角煤、不宜布置长壁工作面的中小型矿井机械化开采的首选采煤方法，也将成为长壁综采与短壁机械化开采相互补充的现代大型矿井的最佳生产模式。

第八章　现代矿山智能化开采的理论与技术

第一节　GPS 理论与技术

一、GPS 技术简介

（一）GPS 技术的兴起

20 世纪上半叶，大地测量处于低潮，它的复苏始于 20 世纪 50 年代。这使大地测量走出低谷的最初冲击，来自第二次世界大战期间及其以后电子学的发展。1957 年 10 月世界上第一颗人造地球卫星的发射成功，是人类致力于现代科学技术发展的结晶，为大地测量带来了崭新的面貌。卫星大地测量方法刚一出现，就显示出了非凡能力。首先是由短期的观测数据计算出精确的地球扁率，接着证明了南北半球的不对称性。70 年代，卫星多普勒技术得到了广泛的应用，使得大地测量定位发生了巨大的变革；海洋卫星测高（SA）技术为大地测量应用于海洋学研究开辟了道路；激光对卫星测距（SLR）技术，不仅可用于高精度定位，还可以测定出地球自转参数和板块运动，推动了地球动力学的发展。进入 80 年代，GPS 得到了全面发展，由于它具有用途广泛、定位精度高、观测简便及经济效益显著等特点，使大地测量发生了一场深刻的技术革命。以上这些卫星测量技术，形成了大地测量学的一个新的分支学科——卫星大地测量学。

20 世纪 60 年代出现的甚长基线干涉测量（VLBI）技术，同 SLR 技术一样，它可以测定地球自转参数和板块运动，但更为重要的是，它能以高精确度提供地球监测网与协议天球参考框架的联系。

卫星大地测量和 VLBI 是应用于大地测量的空间定位技术，因此人们又提出了空间大地测量学这一术语，其内容是卫星大地测量学与 VLBI 的结合，其主体是卫星大地测量学。

大地测量领域中出现的空间大地测量技术，使经典大地测量学进入了空间大地测量学的新时代。空间大地测量技术，无论从测量精度上还是作用范围上，都大大超过了经典大地测量技术。空间大地测量学的兴起，不但丰富了大地测量学的内容，并展示了新的发展方向。它不仅为测量学科的理论、技术和方法注入了新的内容，而且拓宽了大地测量的用途。它密切了与地球物理学、地质学和天文学的联系，并相互渗透，形成了地球外部与深部、区域与全球、时间与空间相结合的新科学。

作为空间定位技术主体的卫星定位和跟踪技术，可分为两大类：一类是利用无线电波，二是利用激光。卫星无线电波定位和跟踪系统可分为单向和双向两类，其中单向系统又分为两类：一是发射机在卫星上的空基系统，二是发射机在地面的地基系统。前者如美国的海军导航卫星系统和 GPS，苏联的全球导航卫星系统、在建的欧盟 Galileo 卫星导航定位系统以及我国的“北斗”导航卫星系统等。

为了满足军事部门和民用部门对连续实时和三维导航的迫切要求，1973 年 12 月，美国国防部批准陆海空三军联合研制一种新的军用卫星导航系统——NAVSTAR GPS，其英文全称为 NAVigation by Satellite Timing And Ranging（NAVSTAR）Global Positioning System（GPS），我们称为 GPS 卫星全球定位系统，简称 GPS 系统。它是一种被动式卫星导航定位系统。GPS 系统是一种以空间卫星为基础的无线电导航与定位系统，能为世界上任何地方，包括空中、陆地、海洋甚至外层空间的用户，全天候、全时间、连续地提供精确的三维位置、三维速度及时间信息，具有实时性的导航、定位和授时功能。

1978 年 2 月 22 日，第一颗 GPS 实验卫星的发射成功标志着工程研制阶段的开始；1989 年 2 月 14 日，第一颗 GPS 工作卫星的发射。成功，宣告 GPS 进入了生产作业阶段“1993 年 12 月 8 日，美国国防部长阿斯平正式通知美国运输部：“GPS 卫星星座已达到了初始工作能力（IoC），我们所完成的整个 GPS 星座部署是这个长达 20 年计划中的一个重要的和长期等待的里程碑”。从而正式宣布 GPS 整个系统已正式建成并开通使用。

（二）GPS 技术的特点

1.GPS 相对于其他导航定位系统所具有的特点

（1）全球地面连续覆盖。由于 GPS 卫星的数目较多且分布合理，所以地球上任何地点均可连续同步地观测到至少 4 颗卫星，从而保障了全球、全天候连续地实时导航与定位。

（2）功能多，精度高。GPS 可为各类用户连续地提供动态目标的三维位置、三维速度和时间信息。随着 GPS 测量技术和数据处理技术的发展，其定位、测速与测时的精度将进一步提高。

（3）实时定位速度快。利用 GPS 一次定位和测量工作在一秒至数秒钟内便可完成（NNSS 约需 8~16min），这对高动态用户来说尤为重要。

（4）抗干扰性能好，保密性强。由于 GPS 采用数字通讯的特殊编码技术、采用伪随机噪声码技术，因此 GPS 卫星所发送的信号具有良好的抗干扰性和保密性。

考虑到 GPS 主要是为满足军事部门高精度导航与定位目的而建立的，所以上述优点对军事上动态目标的导航具有十分重要的意义。正因为如此，美国政府把发展 GPS 技术作为导航技术现代化的重要标志，并把这一技术视为 20 世纪最重大的科技成就之一。

2.GPS 相对于经典大地测量性具有的特点

（1）选点灵活，无需通视。GPS 测量不要求观测站之间通视，因而不再需要建造觇标。这一优点既可减少测量工作的经费（30%~60%）和时间，同时也使点位的选择变得更为灵活。

（2）定位精度高。现已完成的大量实验表明，目前在小于 50km 的基线上其相对定位精度可达（1~2）$\times 10^{-6}$，而在 100~500km 的基线上可达 10^{-6}~10^{-7}。随着观测技术与数据处理方法的提高，可望在大于 1000km 的距离上，相对定位精度达到或优于 10^{-8}。

（3）观测时间短。目前，利用经典的静态定位方法，完成一条基线的相对定位所需要的观测时间，根据要求的精度不同，一般约为 1~3 小时。为了进一步缩短观测时间，提高作业速度，近年来发展的短基线（如不超过 20km）快速相对定位法，其观测时间仅需数分钟。

（4）提供三维坐标。GPS 在精确测定观测站平面位置的同时，可以精确测定观测站的大地高。GPS 测量的这一特点，不仅为研究大地水准面的形状和确定地面点的高程开辟了新途径，同时也为其在航空物探、航空摄影测量及精密导航中的应用，提供了重要的高程数据。

（5）操作简便。GPS 测量的自动化程度很高，在观测中测量员的主要任务是安装并开关仪器、量取仪器高、监视仪器的工作状态和采集环境的气象数据，而其他观测工作，如卫星的捕获、跟踪观测和记录等均由仪器自动完成。另外，GPS 用户接收机一般质量较轻、体积较小，例如 NovAtelRPK-L1/L2 型 GPS 接收机，重约为 1.0kg，体积为 1085cm^2，因此携带和搬运都很方便。

（6）全天候作业。GPS 观测工作可以在任何地点、任何时间连续进行，一般不受天气状况的影响。

3.GPS 技术与经典大地测量的差异

GPS 技术与经典大地测量各有特点，二者比较，存在下列差异：

（1）在结构上

经典大地测量控制网总是分为平面控制网和高程控制网，相互独立，各成系统。平面控制网是利用测距仪测边和经纬仪测角构成一定三角形或四边形来完成的。为了保证点间的通视，三角点必须设在制高点上；为了保证坐标传递的精度，三角点间构成的网形要求具有较强的几何图形。高程网是利用水准仪逐站测量两点间的高差来建立的，因而要求水准点要选在地势平坦或交通方便的道路两边。

可见，二者对点位的要求和观测方法是截然不同的，因此也就无法统一起来，各自在计划、施测、数据处理和应用上自成体系。

而采用 GPS 定位技术时，已知点在 GPS 卫星上，点的位置（平面位置和高程）是以接收 GPS 卫星信号的方式来实现的，它只与卫星相联系与其他点无关，因而相邻点间不要求通视，并可获得地面点在全球地心坐标系中的坐标。

这样，一方面省去了大量的地面测设工作，把测绘人员从沉重的地面劳动中解放出来，极大地提高了测量的效率；另一方面，将平面坐标系和高程坐标系统移到全球坐标系中，使二者成为一个整体。

（2）在层次上

经典大地测量是指广阔区域的测量方法。如果采取一次布网的密集测量方式，以短边传递，则边长和方位角的误差必然迅速增加，精度迅速降低。因此，经典大地测量按照用途、使用仪器、观测精度和边长的不同，将控制网由高级到低级分为Ⅰ、Ⅱ、Ⅲ、Ⅳ四个层次，高一级作为下一级的控制基准，下一级作为高一级的补充，遵循“由大到小、逐级控制”的原则，从而使得大地控制网的建立成为旷日持久的工作。

GPS定位技术则截然不同。GPS定位网不存在误差累积这一问题，抛弃了“由大到小、逐级控制 " 这一布网原则。它在观测中所使用的仪器相同，观测精度也相同。若要提高定位精度，只需要稍微延长观测时间。而经典大地测量中，高等点与低等点的代价之比是很大的。

（3）在数据处理上

经典大地测量的观测数据是在重力空间获得的，而地面点的平面位置必须用大地坐标表示，它们是在一个以椭球面为参考的几何空间中测量。为了在对重力空间的观测量进行分级处理，在结构上将平面控制和高程控制分别处理，在层次上将Ⅰ、Ⅱ、Ⅲ、Ⅳ等网分别处理。由于它们的观测量不等权，无法进行整体平差。相反地，联合平差会使成果变坏。

采用 GPS 定位技术则截然不同，它可以直截了当地得出地面点在 WGS-84 地心坐标系中的三维坐标，从而避免了复杂的归算问题。由于 GPS 观测量是等权的，因而可将高等级点和低等级点统一处理。

GPS 的出现，对测绘界产生了深刻的影响，它使得一些经典的测量方法成为历史。虽然 GPS 可能还不会完全取代经典测量方法，但其主导作用是确定无疑的。

（三）GPS 的组成

GPS 由 GPS 卫星星座（空间部分）、地面监控系统（地面控制部分）和 GPS 信号接收机（用户设备部分）三部分组成。

1.GPS 卫星星座

GPS 卫星星座是由 21 颗工作卫星和 3 颗在轨备用卫星组成，这 24 颗卫星均匀分布在 6 个轨道平面上。卫星轨道平面相对地球赤道平面的倾角约为 55°，各轨道平面升交点的赤经相差 60°，在相邻轨道上，卫星的升交距角相差 30°。轨道平均高度约为 20200km，卫星运行周期为 11 小时 58 分（12 个恒星时）。这一分布方式，保证了地面上任何时间、任何地点至少可同时观测到 4 颗卫星。GPS 卫星的作用是接收和播发由地面监控系统提供的卫星星历。

同一观测站上每天出现的卫星分布图形相同，只是每天提前约 4min。每颗卫星每天约有 5 个小时在地平线以上，同时位于地平线以上的卫星数目视时间和地点而定，最少为 4 颗，最多可达 11 颗，从而保证了地面上任何时间、任何地点至少可同时观测到 4 颗卫星。

GPS 卫星的主体呈圆柱形，直径约为 1.5m，重约 774kg（包括 310kg 燃料），两侧设有两块双叶太阳能板，能自动对日定向，以保证卫星正常工作的用电。每颗卫星装有 4 台高精度原子钟（2 台铷钟和 2 台艳钟），这是卫星的核心设备。

GPS 卫星的基本功能是：

（1）向广大的用户连续不断地发射卫星导航定位信号（简称 GPS 信号），并用导航电文报告自己的现势位置以及其他在轨卫星的概略位置；

（2）在飞越注入站上空时，接受由地面注入站发送到卫星的导航电文和其他有关信息，并通过 GPS 信号形成电路，适时地发送给广大用户。

（3）接受地面主控站通过注入站发送到卫星的调度命令，如适时地改正运行的偏差，或者启用备用时钟等。

（4）通过星载高精度原子钟，提供精确的时间标准，使各卫星处于同一时间标准——GPS 时间。

2. 地面直控系统

对于导航定位而言，GPS 卫星是一种动态已知点，它是依据卫星发送的星历计算而得的。所谓卫星星历，是一系列描述卫星运动及其轨道的参数。

每颗 GPS 卫星所播发的星历是由地面监控系统提供的。GPS 卫星的设计寿命是七年半，当它们入轨运行以后，卫星的“健康”状态如何，亦即卫星上各种设备是否能正常工作，以及卫星是否一直沿预定的轨道运行，这都要由地面设备进行监测和控制。此外，地面监控系统还有一个重要作用，保持各颗卫星处于同一时间标准，即处于 GPS 时间系统。这就要在地面设站监测各颗卫星的时间，并计算出有关改正数，进而由导航电文发射给用户，以确保处于 GPS 的时间系统。

GPS 工作卫星的地面系统，目前主要由分布在全球的 5 个地面站组成，其中包括 1 个主控站、3 个信息注入站和 5 个卫星监测站。主控站设在美国本土科罗拉多斯平士的联合空间执行中心；3 个注入站分别设在印度洋的狄哥，伽西亚、南大西洋的阿松森岛和南太平洋的卡瓦加兰；5 个监测站除主控站和注入站外，还在夏威夷设立了一个监测站。

整个 GPS 的地面监控部分，除主控站外均无人值守外。各站间用现代化的通讯系统联系起来，在原子钟、计算机的驱动和精确控制下，各项工作实现了高度的自动化和标准化。

监测站是在主控站宜接控制下的数据自动采集中心，站内设有双频 GPS 接收机、高精度原子钟、计算机各一台和若干台环境数据传感器。接收机对 GPS 卫星进行连续观测，以采集数据和监测卫星的工作状况；原子钟提供时间标准；环境数据传感器收集当地的气象数据。所有观测资料由计算机进行初步处理（如计算对流层、电离层、天线相位中心、相对论效应改正数等），并存储和传送到主控站，用以确定卫星的轨道。

主控站除协调和管理所有地面监控系统的工作外，其主要任务是：①根据本站和其他监测站的所有观测资料推算编制各卫星的星历、卫星钟差和大气层的修正参数等，并把这些数据传送到注入站。②提供全球定位系统的时间基准。各监测站和 GPS 卫星的原子钟均应与主控站的原子钟同步或测出时间差，并把这些钟差信息编入导航电文送到注入站。③调整偏离轨道的卫星，使之沿预定的轨道运行。④启用备用卫星以代替失效的工作卫星。

注入站的主要设备包括一台直径为 3.6m 的天线、一台 C 波段发射机和一台计算机。其主要任务是在主控站的控制下，将主控站推算和编制的卫星星历、钟差、导航电文和其他控制指令等注入相应卫星的存储系统，并监测注入信息的正确性。

3.GPS 信号接收机

GPS 的空间部分和地面监控部分是用户广泛应用该系统进行导航和定位的基础，而用户只有通过用户设备（GPS 信号接收机）才能实现利用 GPS 导航和定位的目的。

（1）GPS 信号接收机的主要作用是接收 GPS 卫星发射的信号，以获取必要的导航定位信息，并经数据处理从而完成导航定位工作。当 GPS 卫星在用户视界时，接收机能捕获到按一定卫星高度截止角所选择的待测卫星，并能跟踪这些卫星的运行；对所接收到的 GPS 信号，具有变换、放大和处理的功能，以便测量出 GPS 信号从卫星到接收机天线的传播时间，解译出 GPS 卫星所发射的导航电文，实时地计算出测站的三维坐标位置，甚至三维速度和时间。

（2）GPS 用户设备主要包括有 GPS 接收机及其天线，微处理器及其终端设备以及电源等，而其中接收机和天线是用户设备的核心部分，一般习惯统称为 GPS 接收机。它的主要功能是接收 GPS 卫星发射的信号并进行处理和量测，以获取导航电文及必要的观测量。

（3）GPS 接收机可有多种不同的分类。按接收机的载波频率可分为单频接收机、双频接收机和双系统（GPS+GLONASS）接收机；按接收机的用途可分为导航型接收机、测地型接收机和授时（Time）型接收机；按接收机的通道数可分为多通道接收机、序贯通道接收机和多路复用通道接收机；按接收机的工作原理可分为码相关型接收机、平方型接收机和混合型接收机。

GPS 卫星的核心是一个高质量的震荡器，它产生两个相关的波，即 L 频段的 L1（1.5754GHZ）和 L2（1.2276GHz）。GPS 的信息是由相位调制技术加载在上述 2 个频段上发射。由于 GPS 与美国的国防现代化发展密切相关，为了保障美国的利益与安全，限制未经美国特许的用户利用 GPS 定位的精度，该系统除在设计阶段采取了许多保密措施外，在系统运行中还采取了其他一些措施来限制用户进行 GPS 测量的精度。这些措施有：对不同用户提供不同的服务方式（PPS 服务和 SPS 服务）；实施 SA 政策；加密精密测距码。2000 年 5 月 1 口，SA 政策被取消，使得一般用户的单点实时定位精度约为 30m。

1998 年美国副总统戈尔提出了 GPS 现代化这一概念，其实质是要加强 GPS 对美军现代化战争的支撑和保持全球民用导航领域中的领导地位。GPS 现代化包括军事和民用两部分。其中军事部分包括 4 项措施，增加 GPS 卫星发射的信号强度，以增强抗电子干扰能力；增加具有更好的保密性和安全性的新的军用码（M 码），并与民用码分开；军用接收设备比民用的有更好的保护装置，特别是抗干扰能力和快速初始化能力；创造新的技术，以阻止或阻挠敌方使用 GPSo 民用部分包括 3 项措施：在一年一度的评估基础上，决定是否将 SA 信号强度降为零（已于 2000，年 5 月 I 日零点取消了 SA）；在 L2 频道上增加第二民用码（即 C/A 码），这样有利于提高定位精度和进行电离层改正；增加 L5 民用频率，这有利于提高民用实时定位的精度和导航的安全性。

（四）其他导抗定位系统简介

1.GLONASS 定位系统

全球轨道导航卫星系统（Global Orbiting Navigation Satellite System，GLONASS）是苏联研制建立的，1978 年开始研制，1982 年 10 月开始发射导航串星。1982~1987 年，共发射了 27 颗 GLONASS 试验丑星。该系统由 24 颗卫星组成卫星星座（21 颗工作卫星和 3 颗在轨备用卫星），均匀地分布在 3 个轨道平面内。卫星高度为 19100km，轨道倾角为 64.8°，卫星的运行周期为 11 时 15 分。GLONASS 卫星的这种空间配置，保证地球上任何地点、任何时刻均至少可以同时观测 5 颗卫星。可见，该系统与 GPS 系统极为相似。

GLONASS 是苏联为满足授时、海陆空定位与导航、大地测量与制图、生态监测研究等建立的。GLONASS 提供两种导航信号：标准精密导航信号（SP）和高精密导航信号（HP）。SP 定位与授时服务适用于所有 GLNASS 的国内用户，其水平定位精度为 57~70m（99.7% 置信），垂直定位精度为 70m（99.7% 置信），速度矢量测量精度 15cm / s（99.7% 置信），时间测量精度在 1ms（99.7% 置信）。

GLONASS 星座的运行通过地面基站控制体系（GCS）完成，该体系包括：一个系统控制中心（GolitSynO-2，莫斯科地区）和几个分布于俄罗斯大部地区的指挥跟踪台站（CTS）。这些台站主要用来跟踪 GLONASS 卫星，接收卫星信号和遥测数据。然后由 SCC 处理这些信息以确定卫星时钟和轨道姿态，并及时更新每个卫星的导航信息，这些更新信息再通过跟踪台站 CTS 传到各个卫星。

CTS 的测距数据需要通过主控中心数量光学跟踪台站的一个激光设备进行定期测距校正，为此，每个 GLONASS 卫星上都专门配有一个激光反射器。

在 GLONASS 系统中，所有信息的时间同步处理对其正常的运行都至关重要，因此还要在主控中心配备一台时间同步仪来解决这个问题。这是一台高精度氢原子钟，通过它来构成 GLONASS 系统的时间尺度。所有 GLONASS 接收机上的时间尺度（由一个便原子钟控制）均通过 GLONASS 系统与安装在莫斯科地区 Mendeleevo 台站上的世界协调时（UTC）同步。

2.GALILEO 定位系统

为提高卫星定位的完好性、可用性和精度，促进欧洲经济发展，提高欧洲航空工业的国际地位，欧盟决定建立单独的民用导航定位系统——GALILEO 定位系统（即“伽利略系统”）。

1996 年 7 月 23 日，欧洲议会和欧盟交通部长会议制定了有关建设欧洲联运交通网的共同纲领，首次提出了建立欧洲自主定位和导航系统的问题。1998 年 1 月 29 日，欧洲委员会向欧洲议会和欧盟交通部长会议提交了名为《建立一个欧洲联运定位和导航网欧洲全球卫星导航系统（GNSS）发展战略》的报告。3 月 17 日，欧盟交通部长会议通过此报告，并委托欧洲委员会研究、拟定欧洲全球卫星导航系统发展计划。1999 年 12 月 22 日，欧洲议会和欧盟部长级会议批准了《欧盟在科研、技术发展和演示领域的第五个框架计划（1998—2002）》。“伽利略计划”列入其中，此计划成为“伽利略”资金的一个来源。2000 年 11 月 22 日，欧洲委员会提交了《欧洲伽利略卫星导航系统可行性评估报告》。该报告汇总了伽利略项目论证阶段成果。2002 年 3 月 26 日，欧盟交通运输部长会议以全票通过了立即开始伽利略项目研制阶段的决议，标志着“伽利略计划”的全面启动。

“伽利略计划”包括定义阶段（1999~2000，在 2001 年宣告结束）、开发阶段

（2001~2005，主要工作有：汇总任务需求，开发 2~4 个北星和地面部分，系统在轨验证）、部署阶段（2006~2007，进行卫星的发射布网，地面站的架设，系统的整体联调）和运营阶段（2008 以后商业营运阶段，提供增值服务）。

“伽利略系统”是欧洲计划建设的新一代民用全球卫星导航系统，其星座包括 30 颗卫星（27 颗工作星，3 颗备份卫星），均匀地分布在距地球 23616km 高空的 3 个中等轨道面上，轨道平面倾角为 56°，运行周期为 14 小时 4 分。按照计划，所有卫星将以 8 个为一组，于 2006~2010 年间分批发射进入太空。

3.COMPASS 系统

我国的“北斗”卫星导航定位系统（COMPASS）是一种全天候、全天时提供卫星导航信息的区域性导航系统。它是通过双星定位方式来工作的。该系统由 2 颗经度上相距 60° 的地球静止卫星对用户双向测距，由 1 个配有电子高程图的地面中心站定位，另有几十个分布于全国的参考标校站和大量用户机。

“北斗”卫星导航定位系统由太空的导航通信卫星、地面控制中心和客户端三部分组成（见图 2-5）。太空部分有 2 颗地球同步轨道卫星，执行地面控制中心与客户端的双向无线电信号的中继任务；地面控制中心包括民用网管中心，主要负责无线电信号的发送接收以及整个系统的监控管，其中民用网管中心负责系统内民用用户的标记、识别和运行管理。客户端是直接由用户使用的设备，即用户机，其主要用于接收地面控制中心经卫星转发的测距信号。地面控制部分包括主控站、测轨站、测高站、校正站和计算中心，主要用来测量和校正导航定位参数，以便调整卫星的运行轨道、姿态，并编制星历，完成用户定位修正资料和对用户进行定位。

1983 年，我国开始筹划卫星导航定位系统。1986 年初，正式以双星快速定位通信系统为名开始进行整个计划，并由北京跟踪与通信技术研究所负责研发。1986 年底研发单位就提出了总体技术方案和试验方案，预估只要 3 年时间就可利用已在轨道的 2 枚同步卫星进行整体演练，验证导航定位原理，并检验系统实用性，寻找实现双星导航定位的技术途径。1989 年 9 月 5 日凌晨 5 点，科研人员以库尔勒、南宁等 4 个用户机进行第一次定位演练，结果证明，利用双星定位可实现定位、定时、简短通信三大功能，而且比当时 GPS 的民用码精度高好几倍。1994 年 1 月，双星快速定位通信系统正式命名为“北斗”卫星导航定位系统，并列为“九五”计划要项。双星快速定位系统演练验证试验获得成功，为“北斗”系统奠定了技术基础。接下来的 6 年多时间里，北京跟踪与通信技术研究所又完成地面控制中心等应用系统的总体设计方案，建构“北斗”系统的完整构架。2000 年 10 月 31 日和 12 月 21 日，“北斗一号”的前两颗卫星发射升空，2003 年 5 月 25 日，我国在西昌卫星发射中心用“长征三号甲”运载火箭成功地将第三颗“北斗一号”导航定位卫星送入太空，这次发射的是导航定位系统的备用星，它与前两颗“北斗一号"工作星组成了完整的卫星导航定位系统，以确保全天候、全天时提供卫星导航信息。2007 年 2 月 3 日，我国在西昌卫星发射中心用“长征三号甲”运载火箭将“北斗”导航试验卫星送入太空。2007 年 4 月 14 日，又采用“长征三号甲”运载火箭将一颗“北斗”导航卫星送入太空。

我国这个要逐步扩展为全球卫星导航系统的“北斗”导航系统，主要将用于国家经济建设，为中国的交通运输、气象、石油、海洋、森林防火、灾害预报、通信、公安以及其他特殊行业提供高效的导航定位服务。建设中的 COMPASS 空间段计划由 5 颗静止轨道卫星和 30 颗非静止轨道卫星组成，提供两种服务方式，即开放服务和授权服务。

“北斗”卫星导航定位系统具有快速定位、简短通信和精密授时的功能。

（1）快速定位。目的是确定用户地理位置，为用户及主管部门提供导航服务。"北斗"卫星导航定位系统使用的卫星，以快速捕捉信号和传送大量数据见长，从用户发出定位申请到收到结果，只需 1s。而在这 1s 内，整个系统要完成发送申请信号、上传卫星、经地面控制中心计算出位置，再从卫星将定位信息送返申请用户等流程，其中快速捕捉信号只用了几毫秒。这项 20 年前设计的快捕技术，在今天仍属世界最先进的技术。“北斗”卫星导航定位系统水平定位精度为 100m，差分定位精度小于 20m；定位响应时间：一类用户 5s、二类用户 2s、三类用户 1s；最短定位更新时间小于 1s，一次定位成功率 95%。

（2）简短通信。“北斗”卫星导航定位系统具有用户与用户、用户与地面控制中心之间双向数字简讯通信能力。运作流程为地面控制中心接收到用户发送来的响应信号中的通信内容，进行解读后再传送给收件人客户端。一般用户一次可传输 36 个汉字，经核准的用户可利用连续传送方式最多可传送 120 个汉字。这种简讯通信服务，GPS 无法提供。

（3）精密授时。“北斗”卫星导航定位系统具有单向和双向两种授时功能，根据不同的精度要求，会定时传送最新授时信息给客户端，供用户完成与“北斗”卫星导航定位系统时间差的修正。

二、GPS 卫星定位基本原理

（一）定位方法的分类

利用 GPS 进行定位的方法有多种，若按参考点的不同位置可分为以下几种：

（1）绝对定位（或单点定位）。即在地球协议坐标系统中，确定观测站相对地球质心的位置。这时，可认为参考点与地球质心相重合。

由于目前 GPS 系统采用 WGS-84 系统，因而单点定位的结果也属该坐标系统。绝对定位的优点是一台接收机即可独立定位，但定位精度较差。该定位模式在船舶、飞机的导航，地质矿产勘探，暗礁定位，建立浮标，海洋捕鱼及低精度测量领域应用广泛。

（2）相对定位。即确定同步跟踪相同的 GPS 信号的若干台接收机之间的相对位置的方法。这种方法可以消除许多相同或相近的误差，定位精度较高。其缺点是外业组织实施较为困难，数据处理更为烦琐。在大地测量、工程测量、地壳形变监测等精密定位领域内得到广泛的应用。

在绝对定位和相对定位中，都包含静态定位和动态定位两种方式。为缩短观测时间，提供作业效率，而又开发了一些快速定位方法，如准动态相对定位法和快速静态相对定位法等。

（3）静态定位。在定位过程中，接收机天线的位置是固定的，处于静止状态。不过，严格说来，静止状态只是相对的。在卫星大地测量学中，所谓静止状态，通常是指待定点的位置相对其周围的点位没有发生变化，或变化极其缓慢以致在观测期内（例如数天或数星期）可以忽略。

（4）动态定位。即在定位过程中，接收机天线处于运动状态

利用 GPS 定位都是通过观测 GPS 卫星获得的某种观测量来实现的。GPS 卫星信号中含有多种定位信息，目前主要采用的是基本观测值有两种：码相位伪距观测值；和载波相位观测值。码相位伪距观测精度约为码元宽度的对于 C/A 码和 P 码而言，码元宽度分别为 293m 和 29.3m，则相应的观测精度约为 2.9m 和 0.29m。

载波相位观测是测量接收机接收到的、具有多普勒频移的载波信号，与接收机产生的参考载波信号之间的相位差。由于载波的波长远小于码的波长，在分辨率相同，（1%）的情况下，载波相位的观测精度远较码相位的观测精度高。对于 L1 和 L2 载波，其波长分别为 0.19m 和 0.24m，则相应的观测精度为 1.9mm 和 2.4mm。因此，载波相位观测是目前最精确的观测方法，它对精密定位具有极为重要的意义。

（二）基本观测

码相位伪距观测值是由卫星发射的测距码到接收机天线的传播时间（时间延迟）乘以光速所得出的距离。由于卫星钟和接收机钟的误差及无线电信号经过电离层和对流层的延迟，实际测得的距离与卫星到接收机天线的真正距离有误差，因此一般称测得的距离为伪距。在建立伪距观测方程时，需考虑卫星钟差、接收机钟差及大气折射的影响。

时间延迟实际是为信号的接收时刻与发射时刻之差，即使不考虑大气折射延迟，为得出卫星至测站间的正确距离，要求接收机钟与卫星钟严格同步，且保持频标稳定。实际上，这是难以做到的，在任一时刻，无论是接收机钟还是卫星钟，相对于 GPS 时间系统下的标准时（以下简称 GPS 标准时）都存在着 GPS 钟差，即钟面时与 GPS 标准时之差。

三、GPS 测量的误差来源及其影响

影响 GpS 定位的误差，可以分为四大类：与卫星有关的误差，如卫星星历误差、

卫星钟误差、相对论效应等；与信号传播路径有关的误差，如大气延迟误差、多路径效应等；与接收设备有关的误差，如接收机钟误差、天线高的量取误差等；其他误差，如地球自转等。这些误差对解算的变形信息具有不同的影响规律，有的在模型中能得到较好的消除或削弱，有的是通过采用合适的改正模型使其大部分影响可以消除，有的采用一定的观测措施能将其限制在较小的范围内，而有的却难以改正。

为了便于理解，通常均把各种误差的影响投影到观测站至卫星的距离上，以相应的距离误差表示并称为等效距离偏差。

如果根据误差的性质，上述误差还可分为系统误差与偶然误差两类。

系统误差主要包括卫星的轨道误差、卫星钟差、接收机钟差以及大气折射的误差等。为了减弱和修正系统误差对观测量的影响，般根据系统误差产生的原因而采取不同的措施，其中包括：

——引入相应的未知参数，在数据处理中联同其他未知参数一并解算；

——建立系统误差模型，对观测量加以修正；

——将不同观测站对相同卫星的同步观测值求差，以减弱或消除系统误差的影响；

——简单地忽略某些系统误差的影响。

偶然误差主要包括信号的多路径效应引起的误差和观测误差等。

（一）与卫星有关的误差

与卫星有关的误差，包括卫星星历误差、卫星钟误差、相对论效应等。

1. 卫星星历误差

卫星的在轨位置由广播星历或精密星历提供，由星历计算的卫星位置与其实际位置之差，称为卫星星历误差。利用精密星历，可以得到优于 5m 的卫星在轨位置，在取消 SA 后，广播星历的精度约为 10~20m。

由于同一卫星的星历误差，对不同测站的同步观测量的影响具有系统性，因此在两个或多个测站上对同一卫星的同步观测值求差，可以明显地减弱卫星星历误差的影响。当基线较短时，这种效果更为明显。

在相对定位中随着基线长度的增加，卫星星历误差将成为影响定位精度的主要因素。因此，卫星的星历误差是当前利用 GPS 定位的重要误差来源之一。

在 GPS 测量中，根据不同的要求，处理卫星星历误差的方法原则上有四种：

（1）建立独立的跟踪网：建立 GPS 卫星跟踪网，进行独立定轨。这不仅可以使我国的用户在非常时期内是不受美国政府有意降低调制在 C/A 码上的卫星星历精度的影响，且使提供的精密星历精度可达到这将对提高精密定位的精度起到显著作用，也可为实时定位提供预报星历。

（2）采用轨道松弛法处理观测数据。这一方法的基本思想是，在数据处理中引入表征卫星轨道偏差的改正参数，并假设在短时间内这些参数为常量，并将其作为待估量与其他未知参数一并求解。

（3）同步观测位求差。这一方法是利用在两个或多个观测站上，对同一卫星的同步观测值求差，以减弱卫星轨道偏差的影响。由于同一卫星的位置误差对不同观测站同步观测量的影响具有系统性，所以通过上述求差的方法，可以明显地减弱卫星轨道误差的影响，尤其当基线较短时，其有效性甚为明显。这种方法对于精密相对定位具有极其重要的意义。

（4）忽略轨道误差。这时简单地认为，由导航电文所获知的卫星星历信息是不含误差的。很明显，这时卫星轨道实际存在的误差将成为影响定价精度的主要因素之一。这一方法广泛地应用于实时定位工作。

2. 卫星钟误差

由于卫星的位置是时间的函数，因此 GPS 的观测量均是以精密测时为依据。在 GPS 测量中，无论是码相位观测值还是载波相位观测值，均要求卫星钟和接收机钟严格同步。尽管 GPS 卫星均设有高精度的原子钟，但它们与标准 GPS 时之间仍存在着偏差或漂移。这些偏差的总量约在 1ms 以内，由此引起的等效距离误差可达 300km。卫星钟的这种偏差，可用如下的二阶多项式进行改正：

δt′ =α0÷α1（t′ -t0e）+α2（t—t0e）2

式中，系数 α0、α1、α2 表示卫星钟在参考历元九时的钟差、钟速及钟速的变率。经此改正后，各卫星钟之间的同步误差可保持在 20ns 以内，由此引起的等效距离误差不会超过 6m。卫星钟钟差及其经改正后的残余误差，若在接收机间对同一卫星的同步观测值求差，则可得到进一步削弱。

3. 相对论效应

相对论效应是由于卫星钟和接收机钟所处的状态（运动速度和重力位）不同而引起卫星钟和接收机钟之间产生相对钟误差的现象。

（二）与信号传播路径有关的误差

对于 GPS 而言，卫星的电磁波信号从信号发射天线传播到地面 GPS 接收机天线，其传播路径并非真空，而是要穿过性质与状态各异且不稳定的大气层，使其传播的方向、速度和强度发生变化，这种现象称为大气折射。大气折射对 GPS 观测结果的影响，往往超过 GPS 精密定位所容许的误差范围，因此在数据处理过程中必须要考虑。根据对电磁波传播的不同影响，一般将大气层分为对流层和电离层。

1. 对流层折射改正

对流层延迟一般泛指非电离大气对电磁波的折射。非电离大气包括对流层和平流层，大约是大气层中从地面向上的 50km 部分。由于折射的 80% 发生在对流层，所以通常叫对流层折射。对于一个在海平面上的中纬度站，在天顶方向的对流层延迟最大可达2.3m;当天顶角为85° 时，可达25m。

对流层延迟由干气延迟和湿气延迟两部分组成。干气延迟占总延迟的80%~90%，比较有规律，在天顶方向可以凭借1%的精度估计；但湿气延迟很复杂，影响因素较多，目前只能以10%~20%的精度估算。

在不实测气象元素时，可根据观测历元、测站纬度与高程，按有关公式进行计算。

除模型推导过程中对大气层的有关假设与实际大气层不一致而导致的模型误差外，对流层折射改正误差还来自于气象元素的误差。就天顶方向而言，模型干分量的改正误差为2~4cm，湿分量的改正误差为3~5cm。当测站间距离较近时，对流层折射误差在差分观测值中能得到较好的消除。当测站间距离较远或者两测站的高差相差甚大时，两测站的大气状态不再相关，此时对流层折射的影响却不可忽视。

2. 电离层折射改正

高出地表50~1000km的大气层称为电离层。电离层是一种微弱的电离气体，它能以多种方式影响电磁波传播。影响电磁波传播的主要因素是电子密度，按电子密度的不同，电离层可分为D、E、F和H层，其中F层是导致GPS信号延迟的主要原因。从天顶到地平，电离层引起的测距误差可从5m到150m。电离层对GPS定位的主要影响有7种，即信号调制的码群延迟（或称绝对测距误差）、载波相位的超前（或称相对测距误差）、多普勒频移（或称距速误差）、信号波幅衰减（或称振幅闪烁）、相位闪烁、磁暴和电离层对差分GPS的影响。

当进行短距离（V20km）相对定位时，由于两测站的电子密度的相关性很好（尤其是在晚上），卫星高度角也基本相同，即使不进行电离层改正，也可获得相当好的相对定位精度。电离层折射对基线成果的影响一般不会超过10-6，因此在短基线上使用单频接收机也可以获得很好的相对定位结果。

在计算电离层时间延迟改正时，仅涉及测站位置、卫星位置、计算历元等信息，不涉及测站的温度、湿度等信息，这一点与对流层引起的时间延迟不同。因此，当两测站相距不远（一般认为≤20km），站星差分观测值中能很好地消除电离层延迟的影响。

对于双频用户还可以利用双频观测值进行电离层改正。电磁波通过电离层所产生的折射改正数与电磁波频率f的平方成反比。如果分别用两个频率力和人来发射卫星信号，则这两个不同的信号就将沿同一路径到达接收机。

无电离层折射的双频组合观测值，但这种方法放大了观测噪声，同时也破坏了模糊度的整数特性，因此会对定位带来不利的影响。

3. 多路径效应的影响

在GPS测量中，如果测站周围的反射物所反射的卫星信号（反射波）进入接收机天线，这就将和直接来自卫星的信号（直接波）产生干涉，从而使观测值偏离真值产生所谓的多路径误差。这种由于多路径的信号传播所引起的干涉时延效应称为多路径效应。多路径效应是 GPS 测量的一种重要误差来源，严重时将引起载波相位观测值的频繁周跳甚至接收机失锁，并损害 GPS 定位的精度。

虽然可以用一些方法来检测多路径效应，但目前在数据处理中还难以模型化以削弱其影响。解决多路径效应的最好方法在于采取预防措施，如选择合适的站址、采用性能良好的天线、改善接收机的设计等。

为了削弱多路径效应的影响，一般采用性能良好的微带天线，并在天线底部安置抑径板，这种方法可使多路径效应减少约 27%。但抑径板一般较大、较重，主要用于高精度静态定位或基准台站。抑制多路径效应最为有效的方法是改进接收机的设计。1994 年，加拿大 NOVAtel 公司研究出 MET 技术，在硬件电路设计中采取若干改进措施，将多路径效应减小 60% 左右。在 MET 技术的基础上，该公司又开发出 MEDLL 技术，将几块 GPS 机芯构成一组合体，从而使多路径效应减少 90%。

（三）与接收设备有关的误差

与接收机有关的误差，包括观测误差、接收机钟误差、天线相位中心位置误差、接收机位置误差、天线高量取误差等。这里主要讨论天线相位中心偏差的改正方法。

1. 观测误差

这类误差除观测的分辨误差之外，还包括接收机天线相对测站点的安置误差。根据经验，一般认为观测值的分辨误差约为信号波长的 1%。对 C/A 码来说，由于其码元宽度约为 293m，所以其观测精度约为 2.9m；而 P 码的码元宽度为 29.3m，所以其观测精度约为 0.2m，比 C/A 码的观测精度约高 10 倍。对于 Ll 和 L2 载波，其波长分别为 0.19m 和 0.24m，则相应的观测精度为 L9mm 和 2.4mmo 观测误差属偶然性质的误差，适当增加观测量会明显地减弱其影响。

接收机天线相对观测站中心的安置误差，主要有天线的置平与对中误差和量取天线相位中心高度（天线高）的误差。例如，当天线高度为 1.6m 时，如果天线置平误差为 0.1°，则由此引起光学对中器的对中误差约为 3mmo 因此，在精密定位工作中必须仔细操作，以尽量减小这种误差的影响。

2. 接收机钟差

GPS 接收机一般设有高精度的石英钟，其稳定度约为 10~11。如果接收机钟与卫星钟之间的同步差为 1us，则由此引起的等效距离误差约为 300m。处理接收机钟差比较有效的方法是在每个观测站上引入一个钟差参数作为未知数，在数据处理中与观测站的位置参数一并求解。这时如果假设在每一观测瞬间钟差都是独立的，则处理较为简单。所以，这一方法广泛应用于实时定位。在静态绝对定位中，也可像卫星钟那样，将接收机钟差表示为多项式的形式，并在观测量的平差计算中求解多项式的系数，不过这将涉及在构成钟差模型时，对钟差特性所作假设的正确性。并在双差观测值中已消除了接收机钟差的影响。

3. 天线相位中心偏差的改正

天线相位中心的偏差，主要在天线的设计和生产过程中考虑。在观测过程中，应根据天线附有的方向标志对天线进行定向，定向误差应保持在 3° 以内。此外，通过利用测站间的同步观测值求差，也可以削弱相位中心偏差的影响。但是对于各种不同类型的天线，其相位中心变化规律各不相同，通过测站间的同步观测值求差后，其残留的误差对于高精度变形监测而言，可能是不能允许的。

接收机天线相位中心偏差改正的正确与否，对似单差模型解算的监测点在天顶方向上的变形量影响最大，特别是在采用不同型号的天线时，两测站在同一卫星高度角下，这一影响可高达 1.0cm。因此，在似单差模型中，必须解决接收机天线相位中心偏差改正这一问题。

目前，有关天线相位中心偏差的测定方法较多，但如何在软件中采用一定的模型来进行改正讨论要显得少一些。这主要是因为，不同型号的天线其相位中心偏差不同；同一天线，当卫星高度角、方位角不同时；相位中心偏差一般也不同。麻省理工学院研制的高精度精密基线解算软件中，对天线相位中心偏差改正采用两种基本方法，即与卫星高度角有关的模型和与卫星高度角、方位角有关的模型。对不同类型的天线，GAMIT 软件赋以唯一的 6 个字符标准代码，并给出与相应模型所对应的相位中心偏差值数据表。该数据表中，高度角在 0° ~90° 范围内按 5° 间隔分划，方位角在 0° ~360° 范围内按 10° 间隔分划。标准代码为 TRMSSE 和 TRMZGP 的两种天线，当卫星高度角为 45° 时，Ll 载波的天线相位中心偏差之差为 9.8mm，L2 载波的天线相位中心偏差之差为 4.5mm；当高度角为 60° 时，Ll 载波和 L2 载波的天线相位中心偏差之差分别为 1L2mm 和 4.4mm。可见，不同类型天线的相位中心偏差相差较大，因此在高精度变形监测中，有时要求尽量采用同一种类型天线，这也是为了避免天线相位中心偏差改正不完善而引起的系统误差。

4. 天线高的丈量误差

天线高的丈量误差对高程分量具有直接的影响，但在高精度定位中，为了提高精度，一般均需要采取一定的措施，如建立具有强制对中装置的观测墩，以减少天线高丈量误差出现的机会。对于多期或长期观测的监测网，可采取制作特殊连接螺栓的方式，每次观测时采用固定的天线高而不必丈量，从而使天线高的丈量误差降低到极限。这种方式，同样有利于降低天线的安置误差。

5. 接收机位置误差（起始点坐标误差）

在 GPS 基线测量中，需要取基线的一个坐标已知的端点作为起始点（或参考点）。起始点的坐标误差对精密 GPS 基线测量的影响往往不能忽视。理论分析和模拟数值结果表明：

（1）起始点的坐标误差对 GPS 基线向量的影响，与基线的方位有关。当基线的方位变化在 0° ~360° 时，上述影响的相时变化幅度，最大约为 20%。

（2）起始点的坐标变化对基线的影响主要与基线长度密切相关。在长距离精密相对定位中，起始点坐标偏差的影响是不能忽视的。另外，在同一基线的重复测量中，起始点的坐标应尽可能的选择一致。

（四）其他误差

除上述三种误差外，还有其他的一些误差来源，如地球自转和地球潮汐，对 GPS 定位也会产生一定的影响。

通过对测站或卫星位置进行改正的方式可以消除地球自转的影响。

地球自转改正取决于测站的纬度和测站与卫星之间的几何状况。对两极的测站，影响为零；对赤道上的测站，影响最大（约 40m）。当卫星在测站子午面内时，影响为零；当卫星在测站卯酉面时，影响最大。对于以测站子午面对称分布的卫星，其影响大小相等，符号相反。地球旋转对纬度影响很小，对经度影响最大，其次是高度。站间差分观测对地球自转影响的抵消程度与站间距离成反比，即站间距离越短，自转影响对站间差分观测值的影响越小。对于赤道上相距 10km 的两测站，地球自转改正的差异可能达到 15.5mm。在软件设计中，一般采用对卫星坐标进行修正的方式来改正地球自转的影响，其计算公式可参考有关文献。

地球并非是一个刚体，在日月的万有引力作用下，一方面，固体地球要产生周期性的弹性形变，称为固体潮；另一方面，地球上的负荷也将发生周期性的变化，使地球产生周期性的变形，称为负荷潮汐。固体潮和负荷潮汐引起的测站位移可达 80cm，使不同时间的测量结果互不一致，在高精度相对定位中应考虑其影响。固体潮和负荷潮汐时 GPS 观测的影响，也可以采用模型进行改正。当两测站相距较近时，在站间差分观测值中可以消除该项误差的影响。

四、GPS 测量的设计与实施

前面介绍了有关 GPS 测量的基本概念及定位原理，以下将介绍 GPS 测量工作的实施问题。因为 GPS 测量工作的实施方法，是与用户的要求和所用接收系统硬件与软件的发展水平密切相关，所以这里将介绍 GPS 测量实施的主要过程、作业的基本方法和原则。关于作业的细节，用户还须按国家有关部门颁发的 GPS 测量规范以及所用 GPS 接收系统的操作说明书执行。

GPS 测量工作与经典大地测量工作相类似，按其性质可分为外业和内业两大部分 C 其中，外业工作主要包括选点（即观测站址的选择）、建立观测标志、野外观测作业以及成果质量检核等，内业工作主要包括 GPS 测量的技术设计、测后数据处理以及技术总结等。如果按照 GPS 测量实施的工作程序，则大体可分为这样几个阶段：技术设计，选点与建立标志，外业观测，成果检核与处理。

GPS 测量是一项技术复杂、要求严格、耗费较大的工作，对这项工作总的原则是，在满足用户要求的情足下，尽可能地减少经费、时间和人力的消耗。因此，对其各阶段的工作都要精心设计和实施。为了保障观测成果的可靠性和满足用户的要求，GPS 测量作业应遵守统一的规范和细则。但是，测量工作的实施是与用户接收系统的发展水平密切相关。GPS 接收系统硬件与软件的不断改善，将会直接影响测埴工作的实施方法、观测时间、作业的要求和成果的处理方法。

近年来，虽然一些国家为了实际工作的需要，已制定一些适用于不同任务的作业规范或细则，但一般也只能对 GPS 测量工作的实施提出一些原则性的规定与要求。因此，这里我们将以这些主要规范为参考，主要介绍一下有关 GPS 测量作业的基本方法和原则。

考虑到以载波相位观测量为根据的相对定位法，是目前 GPS 测量中普遍采用的精密定位方法，所以下边将主要讨论实施高精度 GPS 相对测量的工作程序与方法。

（一）GPS 测量的技术设计

GPS 网的技术设计是 GPS 测量工作实施的第一步，是一项基础性工作。这项工作应根据网的用途和用户的要求来进行，其主要内容包括精度指标的确定、网的图形设计和网的基准设计。

1.GPS 网设计的依据

GPS 网技术设计的主要依据是 GPS 测量规范（规程）和测量任务书。

GPS 测量规范（规程）是国家测绘管理部门或行业部门制定的技术法规。目前 GPS 网设计依据的规范（规程）有以下几点：

（1）2001 年国家质量技术监督局发布的《全球定位系统（GPS）测量规范》，以下简称《规范》。

（2）1999 年国家质量技术监督局发布的《差分全球定位系统（DGPS）技术要求》。

（3）1998 年建设部发布的行业标准《全球定位系统城市测量技术规程》，以下简称《规程》。

（4）各部委根据本部门 GPS 工作的实际情况制定的其他 GPS 测量规程或细则。

测量任务书或测量合同是测量施工单位上级主管部门或合同甲方下达的技术要求文件。这种技术文件是指令性的，它规定了测量任务的范围、目的、精度和密度要求，提交成果资料的项目和时间要求，完成任务的经济指标等。

在 GPS 方案设计时，一般首先依据测量任务书提出的 GPS 网的精度、密度和经济指标，再结合《规范》《规程》规定并现场勘探，具体确定各点间的连接方法、各点设站观测的次数、时段长短等布网观测方案。

2.GPS 网的精度、密度设计

对于各类 GPS 网的精度设计主要取决于网的用途。用于全球性地球动力学、地壳形变及国家基本大地测量的GPS网可参照《规范》中AA、A、B级的精度分级（见表2-8）。

用于城市或工程的GPS控制网可根据相邻点的平均距离和精度参照《规程》中的二、三、四等和一、二级。

在实际工作中，精度标准的确定要根据用户的实际需要及人力、物力、财力情况合理设计，也可参照本部门已有的生产规程和作业经验适当掌握。在具体布设中，可以分级布设，也可以越级布设，或布设同级全面网。

各种不同的任务要求和服务对象，对GPS点的分布要求也不同。对于国家特级（AA、A级）基准点及大陆地球动力学研究监测所布设的GPS点，主要用于提供国家级基准、精密定轨、星历计划及高精度形变信息，所以布设时平均距离可达数百公里。而一般城市和工程测量布设点的密度主要满足于测图加密和工程测量的需要，平均边长往往在几公里以内。

3.GPS 网的基准设计

GPS 测量获得的是 GPS 基线向量，它属于 WGS-84 坐标系的三维坐标差，而实际我们需要的是国家坐标系或地方独立坐标系的坐标。所以在 GPS 网的技术设计时，必须明确 GPS 成果所采用的坐标系统和起算数据，即明确 GPS 网所采用的基准。我们将这项工作称之为 GPS 网的基准设计。

GPS 网的基准包括位置基准、方位基准和尺度基准。方位基准一般以给定的起算方位角值确定，也可以由 GPS 基线向量的方位作为方位基准。尺度基准一般由地面的电磁波测距确定，也可由两个以上的起算点间的距离确定，同时也可由 GPS 基线向量的距离确定。GPS 网的位置基准，一般都是由给定的起算点坐标确定。因此，GPS 网的基准设计，实质上主要是指以确定网的位置基准问题。

在进行基准设计时，重点要注意坐标联测点和水准联测点的精度、数量、分布和稳定性等问题，以保持转换后 GPS 网高精度的特点。

4.GPS 网图形设计

常规测量中对控制网的图形设计是一项非常重要的工作。而在 GPS 图形设计时，因 GPS 同步观测不要求通视，所以其图形设计具有较大的灵活性。GPS 网的图形设计主要取决于用户的要求、经费、时间、人力以及所投入接收机的类型、数量和后勤保障条件等。

GPS 网图形设计的一般原则是：

（1）GPS 网一般应通过独立观测边构成闭合图形，例如三角形、多边形或附合线路，以增加检核条件，提高网的可靠性。

（2）GPS 网点应尽量与原有地面控制网点相重合。重合点一般不应少于 3 个（不足时应联测）且在网中应分布均匀，以便可靠地确定出 GPS 网与地面网之间的转换参数。

（3）GPS 网点应考虑与水准点相重合，而非重合点一般应根据要求以水准测量方法（或相当精度的方法）进行联测，或在网中布设一定密度的水准联测点，以便为大地水准面的研究提供资料。

（4）为了便于观测和水准联测，GPS 网点一般应设在视野开阔和容易到达的地方。

（5）为了便于用经典方法联测或扩展，可在网点附近布设一通视良好的方位点，以建立联测方向。方位点与观测站的距离，一般应大于 300m。

根据不同的用途，GPS 网的图形布设有以下四种基本方式：

（1）点连式。指相邻同步图形之间仅有一个公共点的连接。以这种方式布点所构成的图形几何强度很弱，没有或极少有非同步图形闭合条件，所以一般不单独使用。

（2）边连式。指同步图形之间由一条公共基线连接。这种布网方案，网的几何强度较高，有较多的复测边和非同步图形闭合条件。在相同的仪器台数条件下，观测时段数将比点连式大大增加。

（3）网连式。指相邻同步图形之间有两个以上的公共点相连接，这种方法需要 4 台以上的接收机。显然，这种密集的布图方法，它的几何强度和可靠性指标是相当高的，但花费的经费和时间较多，一般仅适于较高精度的控制测量。

（4）边点混合连接式。指把点连式与边连式有机地结合起来，组成 GPS 网，既能保证网的几何强度，提高网的可靠标准，又能减少外业工作量，降低成本，是一种较为理想的布网方法。

GPS 网设计好后，即可按 GPS 测量要求进行外业选点和埋石工作。点位选定后（包括方位点），均应按规定绘制点之记，其主要内容包括点位及点位略图、点位的交通情况以及选点情况等，对于观测条件较差的点位，还需要绘制环视图。选点工作结束后还应提交 GPS 网选点图和选点工作技术总结。

（二）GPS 测量的观测工作

观测工作的内容主要包括观测计划的拟定、仪器的选择与检验和观测工作的实施等。

1. 观测计划的拟定

拟定观测计划的依据主要是：GPS 网的规模大小，精度要求，GPS 卫星星座，参加作业的 GPS 接收机数量，测区交通和地形条件以及后勤保障条件（运输、通讯）等。观测计划的主要内容应包括：GPS 卫星的可见性图及最佳观测时间的选择，采用的接收机数量，观测区的划分和观测工作的进程及接收机的调度计划等。

GPS 定位中，所测卫星与观测站所组成的几何图形，其强度因子可取空间位置精度因子（PDOP）为代表，无论是绝对定位或相对定位，其值均不应超过一定的要求。

2. 仪器的选择与检验

GPS 接收机是完成测量任务的关键设备，其性能要求和所需的接收机数量与测量的精度有关。观测中所有采用的接收设备，都必须对其性能与可靠性来进行检验，合格后方能参加作业。尤其对于新购置的设备，应按规定进行全面的检验。接收机全面检验的内容，包括一般性检视、通电检验和试测检验。具体检验内容参见《规范》。

3. 作业模式的选择

所谓 GPS 相对定位的作业模式，亦即利用 GPS 确定观测站之间相对位置所采用的作业方式。它与 GPS 接收设备的软件和硬件密切相关。同时，不同的作业模式因作业方法、观测时间和应用范围的不同而有所差异。

由于 GPS 测量后处理软件系统的发展，为确定两点之间的基线向量，已有多种作业模式可供选择。目前的 GPS 测量系统，在其硬件和软件的支持下，作业模式一般有静态相对定位、快速静态相对定位、准动态相对定位和动态相对定位等。

4. 作业要求

（1）观测组按调度表规定时间作业，保证同步观测。有特殊情况及时通知负责人，以便统一调度。

（2）天线高测量，要求每时段在测前和测后各测量一次（量取至 mm 位）。每次从天线的不同部位测量三次，其互差不超过 2mm，取其平均值。两次所得的平均值之差不超过 2mm 时，取其平均值作为天线高终值。

（3）接收机开始记录数据后，作业者可查看测站信息、接收卫星数、卫星号、信噪比、实时定位结果及存储介质记录情况等。

（4）仪器正常工作后，及时逐项填写出测量手簿中各项内容。如测站名、年月日、时段号、站时段号、开关机时间、接收机类型、天线类型、天线高及其丈量方法与部位、点位略图等信息。

（5）一个时段观测中，不得关机又重新启动、自面试、改变卫星高度角及数据采样间隔、改变天线位置、关闭或删除文件等。

（6）观测期间不得擅自离开测站，防止仪器受震动、移动，防止人和其他物体靠近天线遮挡卫星信号。

（7）观测过程中不应在接收机附近使用对讲机、手机、收音机等无线电设备，必要时应远离测站 200m。

（8）每日观测结束后，应及时将数据转存至计算机硬、软盘上，确保观测数据不丢失。接收机内存数据在转存到外存介质上时，不得进行任何剔除或删改，不得调用任何对数据实施重新加工组合的操作指令。

（9）原始观测值和记录项目严格按《规范》执行，在现场进行记录，字迹清楚，不得涂改、转抄、追记。

五、GPS 测量的数据处理

外业观测结束后，应及时进行测后数据的处理。GPS 测量数据的测后处理，一般均可借助相应的后处理软件来自动地完成。随着定位技术的迅速发展，GPS 测量数据后处理软件的功能和自动化程度将不断增强和提高，所采用的模型也将不断改进。对观测数据进行处理的基本过程大体分为：预处理，基线向量解算、外业质量评价、GPS 网的空间无约束平差、坐标系统和高程系统转换等环节。

（一）数据预处理

GPS 数据预处理的目的是对数据进行平滑滤波检验，剔除粗差；统一数据文件格式并将各类数据文件加工成标准化文件（如 GPS 卫星轨道方程的标准化，卫星时钟钟差标准化，观测值文件标准化等），找出整周跳变点并修复观测值；对观测值进行各种模型改正。对于相对定位而言，通过预处理工作为下一步的基线向量的解算做准备。

（二）基线向量解算

基线向量的解算是一个复杂的平差计算过程，其解算原理参见前面的相关内容。实际处理时要考虑观测时段中信号间断引起的数据剔除、劣质观测数据的发现及剔除、星座变化引起的整周未知参数的增加等问题。在基线向量解算过程中，应注意以下问题：

（1）基线向量的处理采用同一数据处理软件进行，以免由于软件之间的差异产生解算结果的不一致性。

（2）对软件设置的缺省值，要进行检查，确定是否要修改这些参数。

（3）注意接收机类型、天线类型、天线高丈量方法、天线相位中心改正模型应与实际情况相符合。

（4）对长度差异较大的基线不宜放在一起处理，可一次解算一条基线边。

（5）观测数据的剔除率一般应不超过 10%。

（6）观测值的残差，即各观测值与其平差值之差，残差主要是由观测值的偶然误差和系统误差残余部分的影响而产生的。其中系统误差残余部分的影响，与数据处理中所采用的模型密切相关。残差分析主要是试图将观测值中的偶然误差分离出来，并判定其大小。一般规定，观测值偶然误差中的误差应小于 1cm。

残差分析可利用随机软件输出的残差分析图来完成。当残差图比较平滑，且未超过一定的限值（如 2cm）、未出现跳跃现象，基线向量的精度与接收机标称精度能匹配时，一般认为基线向量的处理是成功的。

（7）双差固定解与双差实数解。理论上双差整周未知数是一整数，但平差解算得的是一实数，称为双差实数解。将实数确定为整数在进一步平差不作为未知数求解时，这样的结果称为双差固定解。短基线情况下可以精确确定整周未知数，因而其解算结果优于实数解，但两者之间的基线向量坐标应符合良好（通常要求其差小于 5cm）。当双差固定解与实数解的向量坐标差达分米级时，则处理结果可能有疑，其原因多为观测值质量不佳。基线 K 度较长时，通常是以双差实数解为佳。

（8）对解算的基线向量应进行相容性检验。最小二乘平差是建立在两个统计假设之上，同一向量的测量误差是一种无偏的偶然误差，符合正态分布规律；在大量的多余观测条件下，观测值的均值接近观测对象的真值，称为未知值的最或是值。由于 GPS 测量中有大量的系统误差（例如星历误差、大气折射误差等），使解算的基线结果尽管符合最小二乘平差原理，且内部符合精度很高，但其结果可能是错误的，严重地偏离了真值。这必须要通过相容性检验将这种基线向量找出来，或加以剔除，或通过调整参数重新处理给出正确的结果，或通过外业重测。

采取的相容性检验方法有：通过独立观测边组成的闭合环，检验其环闭合差；通过其他测量手段提供的坐标差、高差等与 GPS 测量导出的对应量进行比较。

（三）外业成果检核

观测成果的外业检核，是确保外业观测质量，实现预期定位精度的重要环节。外业观测成果的质量检核项目，包括同步边观测数据检核、重复边检核、同步环检核和异步环检核等。同步边观测数据检核内容，可参见“基线向量解算”中的相关内容。

1. 重复边检核

同一基线边，若观测了多个时段（≥2），则可得到多个基线边长。这种具有多个独立观测结果的基线边，称为重复边。对于重复边的任意两个时段所得基线差应小于相应等级规定精度（按平均边长计算）的超倍。

2. 同步环检核

多台接收机同步观测的结果所构成的闭合环称为同步环。由于同步环中各边不是独立的，从理论上来说其环闭合差应恒为零。但由于处理软件的不完善，或计算各同步基线边时数据取舍的差异，使得这种同步环的闭合差实际上仍可能不为零。这种闭合差的数值一般很小，应不至于对定位的结果产生明显的影响，因此也是可以把它作为外业成果质量的一种检核标准。在检核中应检查一切可能的环闭合差。

3. 异步环检核

异步环是指由独立基线向量构成的闭合环。理论上绕环线一周各基线向量坐标分量的代数和应为零，但由于各种测量误差，以及数据处理的模型误差等因素的综合影响，致使该闭合差一般均不为零，这样就得到了异步环闭合差。对于不同等级的 GPS 网来说，异步环闭合差的要求不同。

若发现边闭合数据或环闭合数据超出上述规定的限差时，应分析原因并对其中部分或全部成果重测。需要重测的边，应尽量安排在一起来进行同步观测。

（四）GPS 网空间平差及质量评价

GPS 网本身的质量，在通过外业检核合格后，还需要从精确度、可靠性和置信度等三个方面来评价，这是通过 GPS 网空间无约束平差来实现的。所谓无约束平差，即只固定网中某一点坐标的平差方法；无约束平差的目的是多方面的：第一，建立 GPS 网的位置基准。第二，发现基线闭合环路闭合差发现不了的小的基线向量粗差，在确定没有粗差后，通过验后方差因子的 χ2 检验发现基线向量随机模型的误差。第三，根据平差结果，客观地评价 GPS 网本身的内部符合精度及网的可靠性，如单位权中误差、点位中误差、基线边中误差及其相对中误差；同时，为利用 GPS 大地高与水准联测点的正常高联合确定 GPS 网点的正常高提供平差处理后的大地高程数据。第四，在以后分析 GPS 网坐标转换过程中，地面网基准点或约束条件中有无不相容的误差的基础。

1.GPS 网精确度评价

GPS 网的精确度是以平差后的各项中误差来表征的，其指标有验后单位权中误差、点位中误差、基线向量中误差及其相对中误差。

2.GPS 网可靠性的评价

GPS 网平差后，必须对平差得到的结果是否可靠做出评价。我们通常把衡量成果可靠性程度的指标称为可靠性。衡量 GPS 网的可靠性有三个指标：多余观测分量、内可靠性和外可靠性。

（1）多余观测分量：多余观测分量仅与 GPS 网平差的图形结构矩阵（A）和观测值的权矩阵（P）有关，而与观测值本身的大小无关，因此它是可以在平差前求得。

（2）内可靠性指标：GPS 网的内可靠性亦称观测的可控性，是指在一定的显著水平和检验功效下，用数理统计方法所能探测出的在基线向量中存在的最小粗差。我们总希望控制网探测粗差的能力越强越好，即在一定的显著水平 α 和检验功效 1-0 卜，可能发现的粗差越小越好，这就要提高观测精度，加强 GPS 网的图形结构。

（3）外可靠性指标：GPS 网的外可靠性是指每个可识别的粗差临界值，即可识别的最小粗差，对平差的未知参数及其这些参数的函数的影响。要提高 GPS 网的外可靠性，即增强 GPS 网对观测值中可能含有的粗差的抵抗能力，则增加多余观测数，即对提高 GPS 网的图形结构强度，是一种有效的措施。

3.GPS 网置性度评价

在对 GPS 网进行空间无约束平差时，通常假设观测值的先验单位权中误差 6 为某一先验值。在平差后，需要根据平差结果对这一假设进行检验。只有通过了检验，才能说明假设是合理的，平差结果是可信赖的。否则对假设就存在疑虑，就无法对 GPS 网平差的结果下肯定的结论。

对于一个 GPS 控制网，若在精度、可靠性和置性度等三个方面达到了相应等级的要求或预期的设计要求，则该 GPS 网就是合格的。

（五）GPS 网平面坐标系统转换

GPS控制网经空间无约束平差后,获得了WGS—84空间直角坐标系下的坐标(X,Y,Z）G，只有将其转换为地方参考坐标系（如 BJ—54）下的高斯平面直角坐标和以近似大地水准面为基准的正常高度，其才能便于实际应用。

当 GPS 网在平面上进行坐标系统转换时，首先需要将 GPS 网在 WGS-84 空间直角坐标系下的平差成果（坐标及其协因数阵）转换为大地坐标系下的成果，然后投影到高斯平面上，再在平面上进行坐标系统的转换。

GPS 网平面坐标系统转换，通常是采用坐标联测来实现的。所谓坐标联测，即采用 GPS 定位技术，重测部分地面网中的高等级国家控制点。这种既具有 WGS-84 坐标系下的坐标,又具有参考坐标系下的坐标的公共点,称为GPS网和地面网的坐标联测点(以下简称坐标联测点）。坐标联测点是实现坐标转换的前提。

进行坐标转换的基本思路是，根据坐标联测点的两套坐标，建立两坐标系间的坐标转换模型；然后采用最小二乘法求解转换参数，并对转换参数的显著性进行检验；最后，根据转换参数及相应的坐标转换模型，将所有 GPS 点在 WGS-84 坐标系下的坐标，转换成 BJ-54 坐标系下的坐标，并对转换后 GPS 网的质量进行评价。

转换后 GPS 网的质量取决于两个主要因素：一是 GPS 网经过空间无约束平差后的坐标精度；二是坐标转换基准点（BJ—54 坐标系下用于求解坐标转换模型参数的坐标联测点）的坐标精度。其中，主要取决于坐标转换基准点的精度。

设 GPS 网点经过空间无约束平差后，投影到 WGS-84 高斯平面直角坐标系中的坐标为（x，y）G，坐标联测点在 BJ-54 系坐标系中的高斯平面直角坐标为（x，y）T，坐标转换联测点个数为 k，其中 m（$m > 2$）个用于求解转换参数，这 m 个坐标联测点称为坐标转换基准点。

如果平差后转换参数中的某一个或几个的数值小到可以忽略时，或虽有一定大小，但其误差大到足以证明这一数值不可信时，都应该通过参数显著性的统计假设检验确定是否应予剔除。

GPS 网空间无约束平差后，经投影和平面坐标系统转换，获得了实用的高斯平面直角坐标。但转换后 GPS 网的精度如何，必须进行评价。这种评价一般从以下两个方面进行：

（1）GPS 网平面坐标转换后的精度评定：转换后 GPS 网精度的评价指标有点位中误差、边长中误差、坐标方位角中误差等，这些指标均可由转换后 GPS 点坐标的协因数阵导出。根据这些指标，可判定转换后是否保留 GPS 网高精度的特点（点位误差、基线向量中误差）及 GPS 网是否发生了扭曲变形（坐标方位角中误差）。

（2）坐标转换模型的精度评价：坐标转换模型的精度评价，是评价所选择的转换模型在整个测区的适用性。转换模型精度的评价可以从转换模型的内部符合精度及外部检核精度两方面来考虑。

（六）GPS 网高程系统转换

利用 GPS 直接测定的高程是 GPS 点在 WGS-84 坐标系中的大地高。大地高（H）是地面点沿法线投影到椭球面的距离,所以大地高系统是以椭球面为基准面的高程系统。正常高是从正常椭球面出发，沿法线方向到正常位等于地面重力位的点的距离。正常高（h）是可以精确、唯一地求得。

为实现高程系统的转换，在布设 GPS 网时，需采用几何水准方法联测部分 GPS 点，这些被联测的 GPS 点，称为水准联测点。在这些点上，根据水准联测点上的高程异常及 GPS 点的坐标，建立测区的似大地水准面的数学模型。而当水准联测点数量充分、分布合理时就可以利用最小二乘法来求出数学模型参数，即确定了该数学模型的具体表达式。最后根据非水准联测点的坐标，利用该数学模型，即可求得非联测点的高程异常，最后求得相应 GPS 点的正常高。

进行高程系统转换的模型很多，如多项式模型、多面函数模型、曲面样条函数模型等，这里就不再介绍了。GPS 网转换高程的精度，通常从以下两方面来衡量。

1. 转换模型的精度评定

高程系统转换模型的精度评定，与坐标系统转换模型的精度评定相似，可从内部符合精度和外部检核精度两方面来衡量。在 m 个水准联测点中，取 m1（m1 ＞ 4）个点为高程转换基准点，在解算模型参数的过程中，同时计算出这如个点上的误差改正数，根据改正数即可求得其中误差，该中误差可用于衡量转换模型的内部符合精度。剩余的加 m2（m2=m 一 m1）个水准联测点作为检查点，根据检查点上的已知正常高和按模型计算得的转换正常高之差，可计算出转换模型的外部检核精度。

2. 转换后 GPS 水准精度的评定

GPS 高程系统转换结束后，还要评价转换后 GPS 高程的精度能达到几等几何水准测量的精度，此时便可采用以下两种方式来评价 GPS 水准的精度。

根据检查点到已知水准点的距离（以 km 为单位）及计算的检查点的拟合高程残差。

（2）根据拟合高程求出 GPS 点间的正常高差，在已知水准点间组成附合或闭合水准高程路线，利用计算的闭合差与表 2-11 中允许的闭合差进行比较，来评定 GPS 水准所达到的精度。

第二节 数字摄影测量理论与技术

一、数字摄影测量技术发展简介

摄影测量学有着悠久的历史，早在 18 世纪，数学家兰伯特（J.H.Lambert）就提出了摄影测量的基础——透视几何理论。1839 年法国 Daguerre 报道了第一张摄影相片的产生后，摄影测量学就开始了它的发展历程。随着其理论与相关技术的发展，尤其是现代航空航天技术以及计算机技术的飞速发展，摄影测量学的学科领域以及其理论与技术提供了长足的发展。传统的摄影测量学是利用光学摄影机摄影的相片研究和确定被摄物体的形状、大小、位置、性质和相互关系的一门科学和技术。它的主要特点是在相片上进行量测和解译，无需接触物体本身，因而较少受自然和地理条件的限制。由于现代航天技术和电子计算机技术的飞速发展，摄影测量的学科领域更加扩大，可以这样说，只要物体能够被摄成影像，都可以使用摄影测量技术，以解决某一方面的问题，这些被摄物体可以是固体的、液体的，也可以是气体的；可以是静态的，也可以是动态的；可以是微小的（电子显微镜下放大几千倍的细胞），也可以是巨大的（宇宙星体）。这些灵活性使得摄影测量学成为可以多方面应用的一种测量手段和数据采集与分析的方法。由于具有非接触传感的特点，自 20 世纪 70 年代以来，从侧重于解译和应用角度，较多地使用了“遥感”一词。

1988 年国际摄影测量与遥感学会（ISPRS）在日本京都召开的第十六届大会上做出定义：“摄影测量与遥感乃是对非接触传感器系统获得影像及其数字表达进行记录、量测和解译，从而获得自然物体和环境的可靠信息的一门工艺、科学和技术也就是说，它是影像信息获取、处理、分析和成果表达的一门信息科学。

从不同的角度可以对摄影测量进行分类。按距离远近有航空摄影测量、航天摄影测量、地面摄影测量、近景摄影测量和显微摄影测量。按用途分主要有地形摄影测量和非地形摄影测量，地形摄影测量主要用于测绘国家基本地形图，工程勘察设计和城镇、农业、林业、交通等各部门的规划与资源调查用图及建立相应的数据库；非地形摄影测量主要用于解决资源调查、变形观测、环境监测、军事侦察、弹道轨道、爆破以及工业、建筑、考古、地质工程以及生物和医学等各方面的科学技术问题。按技术处理手段的发展阶段可以分为模拟摄影测量、解析摄影测量和数字摄影测量，模拟摄影测量的直接成果为各种图件（地形图、专题图等），它们必须经过数字化才能进入计算机，解析和数字摄影测量可以直接为各种数据库和地理信息系统提供基础地理信息。

数字摄影测量的发展起源于摄影测量自动化的实践，即利用相关技术，来实现真正的自动化测图。最早涉及摄影测量自动化的研究可以追溯到1930年，但并未付诸实施。直到1950年，由美国工程兵研究发展实验室与Bausch and Lomb光学仪器公司合作研制了第一台自动化摄影测量测图仪，当时是将相片上的灰度变化转换成电信号，利用电子技术实现自动化。与此同时，摄影测量工作者也试图将由影像灰度转换成的电信号再转变成为数字信号（即数字影像），而后利用电子计算机来实现摄影测量的自动化过程，美国于20世纪60年代初研制成功的DAMC系统就是属于这种全数字化测图系统。武汉测绘科技大学王之卓教授于1978年提出了发展全数字自动化测图系统的设计与方案，并于1985年完成了我国第一套全数字自动化测图软件系统WUDAMS，采用数字方式实现摄影测量自动化。

随着计算机技术及其应用的发展以及数字图像处理、模式识别、人工智能、专家系统以及计算机视觉等学科的不断发展，数字摄影测量的内涵也已远远超过传统摄影测量的范围，它处理的原始信息不仅可以是相片，更主要的是数字影像（如SPOT影像）或数字化影像，它最终是以计算机视觉替代人眼的立体观测。因此，数字摄影测量是基于数字影像与摄影测量的基本原理，应用计算机技术、数字影像处理、影像匹配、模式识别等多学科的理论与方法，提取所摄对象用数字方式表达的几何与物理信息的摄影测量分支学科。美国等国家称其为软拷贝摄影测量，中国著名摄影测量学者王之卓教授称之为全数字摄影测量。在数字摄影测量中，不仅其产品是数字的，而且其中间数据的记录以及处理的原始资料均是数字的。

二、摄影测量基本知识与原理

（一）航空摄影基本知识

1. 航空摄影机

摄影就是按小孔成像原理，在小孔处安装一个摄影物镜，在成像处放置感光材料（或CCD），物体经摄影物镜成像于感光材料（或CCD）上，经过处理取得景物的影像的方法。航空摄影使用的相机与常规的相机相比，除了应有较高的光学性能外，还应要具备摄影过程的高度自动化。用于航空摄影测量的常规航空摄影机，还应使承片框处于固定不变的位置，一般承片框上四个边的中点各有一个机械框标，四个角设定各有一个光学框标，两两相对的框标连线成正交，其交点为平面坐标系的原点，从而使摄影的相片上构成框标直角坐标系。常规航空摄影机上还具有压平装置，有的还有像移补偿器，以减少相片的压平误差与摄影过程的像移误差。一般常规的航空摄影机的结构如图8-1所示，它由镜箱（包括物镜）、暗箱、座架以及控制系统的各种设备组成。

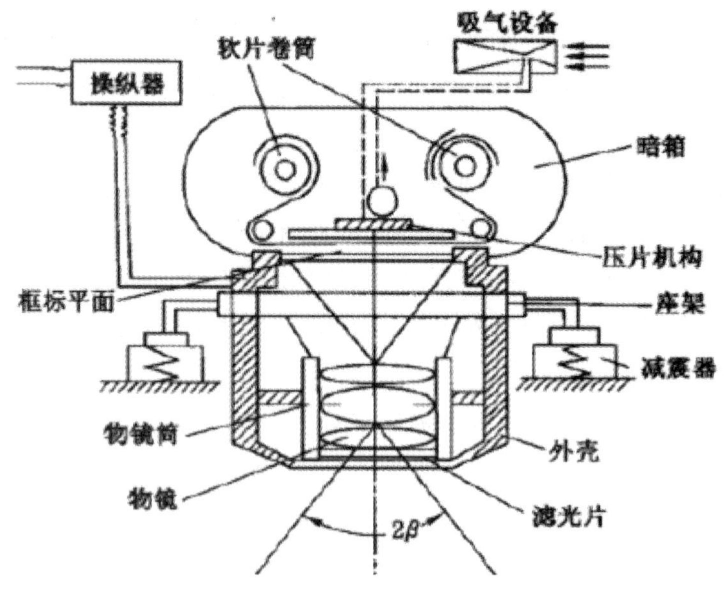

图 8-1 航空摄影机结构略图

航空摄影机物镜中心至底片面的距离是固定值，称为航摄仪的主距，常用 / 表示，它与物镜的焦距基本一致。常规航摄仪的像幅有 18cm × 18cm 与 23cm × 23cm 两种，现代一般使用的都是后者。摄影机的主距分为长焦距（主距大于 200mm）、中焦距（主距为 100~200mm）和短焦距（主距小于 100mm），其对应的像场角又可以分为常角（75° 以下）、宽角（75° ~100° ）和特宽角（100° 以上），根据不同的需要来选择使用。

随着 CCD 技术的飞速发展，数字航空摄影仪已经投入了生产实际中，相比常规相机而言，数字航空摄影仪无需感光材料，而直接获取数字影像，这样就减少了相片压平、摄影处理以及相片数字化过程中的精度损失，对航空摄影测量的发展起到了极大的促进工作。但是目前 CCD 阵列的大小与常规相机的像幅大小还有一定的距离，这也为数字航空摄影仪在航空摄影测量的实施过程中也带来一些新的需要解决的问题。

2. 摄影比例尺

严格地讲，摄影比例尺是指航摄相片上一线段为 I 与地面上相应线段的水平距 L 之比。由于摄影相片有倾角，地形有起伏，所以摄影比例尺在相片上处处不相等。我们一般指的摄影比例尺，是把摄影相片当作水平相片，地面取平均高程，这时相片上的一线段 l 与地面上相应线段的水平距 L 之比，称为摄影比例尺 1/m，即：

$$1/m\text{-}1/L=f/H$$

公式中 f 为航摄仪主距；H 为平均高程面的航摄高度，称为航高。

摄影比例尺越大，相片地面分辨率越高，有利影像的解译与提高成图的精度，但摄影比例尺过大，费用与工作量也会相应增加，所以摄影比例尺要根据测绘地形图的精度要求与获取地面信息的需要来确定。测绘中比例尺（1：5 万）地形图时，摄影比例尺略大或接近于测图比例尺，测绘大比例尺（1：1 万或更大），地形图时摄影比例尺小于测图比例尺，一般为测图比例尺的 3~6 倍，具体要求则按照相应的国家规范进行。

当我们选定了摄影机和摄影比例尺后，即 m 和 / 为已知，航空摄影时就要求按照计算的航高 H 飞行摄影，以获得要求的摄影相片。由于飞行中很难精确确定航高，所以《规范》中规定了相应的处理方案，一般差异不得大于 5%。

3. 空中摄影

为了测绘地形图与获取地面信息的需要，空中摄影要按航摄计划要求来进行，并确保航摄相片的质量。在整个摄区，飞机要按照规定的航高和设计的方向呈直线飞行，并保持各航线的相互平行。

空中摄影采用竖直摄影方式，即摄影瞬间摄影机的主光轴近似与地面垂直，它偏离铅垂线的夹角应小于 3° ，夹角称为相片倾角。

为了便于立体测图及航线间的接边，除航摄相片要覆盖整个摄区外，还要求相片间有一定的重叠。同一条航线内相邻相片之间的影像重叠称为航向重叠，重叠部分与整个像幅长的百分比称为重叠度，一般要求 60% 以上。相邻航线的重叠称为旁向重叠，重叠度要求在 24% 以上，当地面起伏较大时，重叠度还要相应增大，这样才能够保持相片的立体量测与拼接。

控制相片重叠度时，是将飞机视为匀速运动，每隔一定空间距离拍摄一张相片，摄站的间距称为空间摄影基线 Bo 利用控制器控制摄影间距，整个飞行摄影要由摄影领航员与摄影员操纵仪表进行。当飞行完毕后，将感光的底片进行摄影处理，得到航摄底片，称为负片，利用负片接触晒印在相纸上，得到正片。航空摄影完成后，要对相片进行色调、重叠度、航线弯曲等方面的检查与评定，不合要求时要重摄或补摄。

（二）相片的内、外方位元素

用摄影测量方法研究被摄物体的几何和物理信息时，必须建立该物体与相片之间的数学关系。为此，首先要确定航空摄影瞬间摄影中心与相片在地面设定的空间坐标系中的位置与姿态，描述这些位置和姿态的参数称为相片的方位元素。其中，表示摄影中心与相片之间相关位置的参数称为内方位元素，表示摄影中心和相片在地面坐标系中的位置和姿态的参数称为外方位元素。

1. 内方位元素

内方位元素是描述摄影中心与相片之间相关位置的参数，包括三个参数，即摄影中心 S 到相片的垂距（主距）f 及像主点。在相框标坐标系中的坐标 x0、y0。

在摄影测量作业中，得到摄影时的三个内方位元素值，即可以恢复得到与摄影时完全相似的投影光束，它是建立测图所需要的立体模型的基础。

内方位元素值一般视为已知，它是由制造厂家通过摄影机鉴定设备检验得到，检验的数据写在仪器说明书上。在制造摄影机时，一般应将像主点置于框标连线交点上，但安装中有误差，所以内方位元素中的 x0、y0 是一个微小值。内方位元素值的正确与否，直接影响测图的精度，因此对航摄仪须作定期的鉴定。

2. 外方位元素

在恢复了内方位元素（即恢复了摄影光束）的基础上，确定摄影光束在摄影瞬间的空间位置和姿态的参数，称为外方位元素。一张相片的外方位元素包括六个参数，其中三个是直线元素，是用于描述摄影中心的空间位置值；另外三个是角元素，用于表达相片面的空间姿态。

（1）三个直线元素

三个直线元素是反映摄影瞬间摄影中心 S 在选定的地面空间坐标系中的坐标值，用 Xs、Ys、Zs 表示。通常选用地面摄影测量坐标系（见下节），其中 Xep 轴取与 Xi 轴重合，Yip 轴取与 Yi 轴重合，构成右手直角坐标系。

（2）三个角元素

外方位三个角元素可看做是摄影机光轴从起始的铅垂方向绕空间坐标轴按某种次序连续三次旋转形成的。先绕第一轴旋转一个角度，其余两轴的空间方位随同变化；再绕变动后的第二轴旋转一个角度，两次旋转的结果达到恢复摄影机主光轴的空间方位；最后绕经过两次变动后的第三轴（即主光轴）旋转一个角度，即相片在其自身平面内绕像主点旋转一个角度。

所谓第一轴，是绕它旋转第一个角度的轴，也称为主轴，它的空间方位是不变的。第二轴也称为副轴，当绕主轴旋转时，其空间方位也发生变化。根据不同仪器的设计需要，根据主轴的不同，角元素有如下三种表达形式：

①以 Y 轴为主轴的 ϕ-ω-k 系统

以摄影中心 S 为原点，建立像空间辅助坐标系 S—XYZ，与地面摄影测量坐标系 D-X 建 KPZo 轴系相互平行。其中 ϕ 表示航向倾角，它是指主光轴 S0 在 XZ 平面的投影与 Z 轴的夹角；ω 表示旁向倾角，它是主光轴与其在 XZ 平面上的投影之间的夹角；k 表示相片旋角，它是指 YSo 平面在相片上的交线与像平面坐标系 y 轴之间的夹角。

3 角可理解为绕主轴（Y 轴）旋转形成的一个角度；3 是绕副轴（绕 Y 轴旋转 P 角后的 X 轴，图中未表示）旋转形成的角度洪角是绕第三轴（经过 ϕ，ω 角旋转后的 Z 轴，即主光轴 S0）旋转的角度。

转角的正负号，国际上规定绕轴逆时针方向旋转（从旋转轴的正向的一端面对着坐标原点看）为正，反之为负。我国习惯上规定 ϕ 以顺时针方向旋转为正心角，以逆时针方向旋转为正，图中箭头表示正方向。

②以 X 轴为主轴的 ϕ′ 一 ω′ 一k′ 系统

如图 8-2 所示 ϕ′ 表示旁向倾角，它是指主光轴 S0 在 YZ 平面上的投影与 Z 轴的夹角；ω′ 表示航向倾角，它是指主光轴 S0 与其在 XZ 平面的投影之间的夹角；k′ 表示相片旋角，它指相片面上轴与 XS0 平面在相片面上的交线之间的夹角。

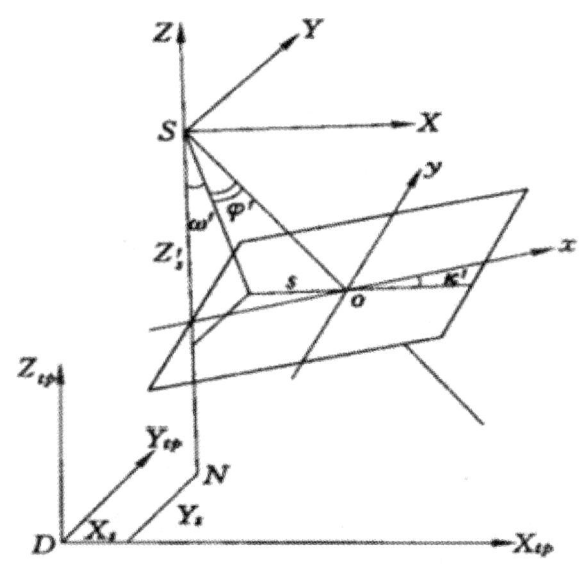

图 9−2 ϕ′ 一 ω′ 一k′ 系统

ϕ′ ，ω′ ，k′ 的正负号定义与 ϕ，′ ，k 相似，图中箭头表示正方向。

③以 Z 轴为主轴的 A 一 α 一k0 系统

如图 9-3 所示，ϕ′ 表示相片主垂面的方向角，亦即摄影方向线与 KP 轴之间的夹角；Ytp 表示相片倾角，它是指主光轴 S0 与铅垂光线 SN 之间的夹角；k0 应表示相片的旋角，它是指相片上主纵线与相片 y 轴之间的夹角。

主垂面的方向角 A 可理解为绕主轴 Z 顺时针方向旋转得到的；相片旋角 α 是绕副轴（旋转 A 角后的 X 轴，图中未表示）逆口寸针方向旋转得到的；而 k0 角是相片经过 A，α 角旋转后的主光轴 S0 逆时针方向旋转得到的。图中表示的角度都为正角。

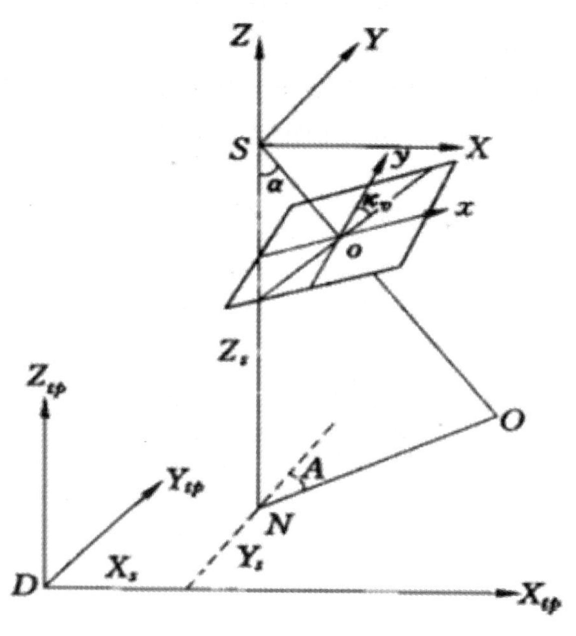

图 9–3　A—α –k0 系统

在以上三种角元素表达方式中，用模拟摄影测量仪器处理单张相片时，多采用 A-α 一 k0 系统；立体测图中，则采用了 ϕ-ω-k 系统或，ϕ′ —ω′ —k′ 系统。在解析摄影测量和数字摄影测量中，则都采用 ϕ-ω-k 系统。

综上所述，当求得相片内外方位元素后，就能够在室内恢复摄影光束得形状和空间位置，重建被摄景物得立体模型，用以获取地面景物得几何和物理信息。

（三）摄影测量常用的坐标系与变换简介

摄影测量几何处理的任务是根据相片上像点的位置确定相应的地面点的空间位置，为此，首先必须选择适当的坐标系来准确地描述像点和地面点，然后才能够实现坐标系的变换，从像方的量测值求出相应点在物方的坐标。摄影测量中常用的坐标系有两大类，一类是用于描述像点的位置，称为像方空间坐标系；另一类是用于描述地面点的位置，称为物方空间坐标系。

1. 像方空间坐标系

（1）像平面坐标系

像平面坐标系用以表示像点在像平面上的位置，通常采用右手坐标系轴的选择按需要而定，在解析和数字摄影测量中，常根据框标来确定像平面坐标系，称为相框标坐标系。

在摄影测量解析计算中，像点坐标应采用是以像主点为原点的像平面坐标系中的坐标，为此，当像主点与框标连线交点补重合时，须将像框标坐标系平移至像主点。

（2）像空间坐标系

为了便于进行空间坐标转换，需要建立起描述像点在像空间位置的坐标系，即像空间坐标系。其以摄影中心 S 为坐标原点，x，y 轴与像平面坐标系的 x，y 轴平行，z 轴与主光轴重合，形成像空间右手直角坐标系 S-xyz。在这个坐标系中，每个像点的 z 坐标都等于一 f，而（x，y）坐标也就是像点的像平面坐标（x，y），因此，像点的像空间坐标表示为（x，y，$-f$），—像空间坐标系是随着相片的空间位置而定，所以每张相片的像空间坐标系是各自独立的。

（3）像空间辅助坐标系

像点的空间坐标可直接以像平面坐标来求得，但这种坐标的特点是每张相片的像空间坐标系不统一，这给计算带来困难。为此，需要建立一种相对统一的坐标系，称为像空间辅助、坐标系，用 S-XYZ 表示。此坐标系的原点仍选在摄影中心 S，坐标轴系的选择视需要　而定，通常有三种选取方法：一是取铅垂方向为 Z 轴，航向为 X 轴，构成右手直角坐标系；二是以每条航线内第一张相片的像空间坐标系作为像空间辅助坐标系；三是以每个相片对的左片摄影中心为坐标原点，摄影基线方向为 X 轴，以摄影基线及左片主光轴构成的面为 XZ 平面，构成右手直角坐标系。

2. 物方空间坐标系

物方空间坐标系用于描述地面点在物方空间的位置，包括以下三种坐标系。

（1）摄影测量坐标系

将像空间辅助坐标系 S—XYZ 沿着 Z 轴反方向平移至地面点 P，得到的坐标系 P—XpYpZp 称为摄影测量坐标系。由于它与像空间辅助坐标系平行，因此很容易由像点的像空间辅助坐标求得相应的地面点的摄影测量坐标。

（2）地面测量坐标系

地面测量坐标系通常指地图投影坐标系，也就是国家测图所采用的高斯 - 克吕格 3° 带或 6° 带投影的平面直角坐标系和高程系，两者组成的空间直角坐标系是左手系，用 T—XtYtZt 表示。摄影测量方法求得得地面点坐标最后要以此坐标形式提供给用户使用。

（3）地面摄影测量坐标系

由于摄影测量坐标系采用得是右手系，而地面测量坐标系采用得是左手系，这给由摄影测量坐标系到地面测量坐标系得转换带来了困难。为此，在摄影测量坐标系与地面测量坐标系之间建立一种过渡性的坐标系，称为地面摄影测量坐标系。

3. 像点坐标在不同坐标系中的变换

为了利用像点坐标计算相应得地面点坐标，首先需要建立像点在不同的空间直角坐标系之间的坐标变换关系。

（1）像点平面坐标变换

像点的平面坐标系常以像主点 O 为原点，但坐标轴却有不同的选择，像点 α 在两个不同坐标轴系中坐标的变换，则可以采用正交变换完成，如果原点的位置也有不同，加入原点的坐标平移量就可以了。

（2）像点空间坐标变换

像点空间坐标的变换通常是指像空间坐标系和像空间辅助坐标系之间坐标的变换。它可以看做是一个坐标系按照三个角元素依次地旋转至另一个坐标系。

对于同一张相片在同一坐标系中，当选取不同旋角系统的三个角度计算方向余弦时，其表达式不同，但相应的方向余弦值是彼此相等的，其旋转矩阵的值也是相等的，即 R=R2=R3，即由不同旋角系统的角度计算的旋转矩阵是唯一的。假若两个坐标轴系已确定了，那么不论采用何种转角系统，坐标轴之间的方向余弦也是确定不变的，其旋转矩阵也是相等的。

（3）中心投影的构像方程与投影变换

由于航摄相片是地面景物的中心投影构像，而地图在小范围内可被认为是地面景物的正射投影，这是两种不同性质的投影，因此在由像空间辅助坐标系向地面摄影测量坐标系转化时，首先必须得到像点与相应物点的构像方程式。

（四）单张相片解析与双像维析摄影测量

1. 单张相片解析

摄影测量与遒感的实质是根据被测物体的影像反演其几何和物理屈性。从几何 . 的角度，即根据影像空间的像点位置重建物体在目标空间的几何模型，在单张相片上，物体的构像规律以及物体与影像之间的几何和数学关系是传统摄影测量学的理论基础，并可以间接地应用于其他传感器的遥感图像，只需要按照各种传感器自身的成像特点对相应的数学模型做适当的修改。

在前面我们已经介绍了摄影测量常用的坐标系及其转换方法，这些都是单张相片解析的基础。我们也了解了航摄相片是地面景物的中心投影，地图则是地面景物的正射投影，可以通过共线方程式完成像点与地面点的转化，可是只有在地面水平且航摄相片也水平的时候，中心投影才能与正射投影等效。而当航摄相片有倾角或地面有高差时，所摄的相片与上述理想情况有差异。这种差异反映为一个地面点在地面水平的水平相片上的构像与地面起伏时或倾斜相片上构像的点位不同，这种点位的差异称为像点位移，它包括相片倾斜引起的位移和地形起伏引起的位移，其结果是使相片上的几何图形与地面上的几何图形产生变形以及相片上影像比例尺处处不同。通过对因为相片倾斜所引起的像点位移的规律研究可以发现，因为相片倾斜引起的位移表现为水平的地平面上任意一正方形在倾斜相片上的构像变为任意四边形；反之，相片上的一正方形影像对应于地面上的景物不一定是正方形，摄影测量中对这种变形的改正称为相片纠正。通过对因为地形起伏所引起的像点位移的规律研究可以发现，相片上任意一点都是存在像点位移，且位移的大小随点位的不同而不同，由此导致一张相片上不同点位的比例尺不相等。摄影测量中将因为地形起伏引起的像点位移称为投影差。

引起像点位移的因素还有很多，例如摄影物镜的畸变差、大气折光、地球曲率、底片变形等等，但这些因素引起的像点位移对每张相片的影响都具有相同的规律，属于系统误差。

了解了单张相片的解析，就了解了整个摄影测量的基础，同时，也了解了制作正射影像图（DOM）时需要改正的误差和需要的条件，了解了影响和提高正射影像图制作精度的原因和途径。

2. 双像解析摄影测量

通过上面的介绍可以知道，单张相片只能确定地面点的方向，不能确定地面点的三维坐标，而有了立体像对（即在两个摄站对同一地面摄取相互重叠的两张相片），则可以构成模型，解求地面点的空间位置。立体模型是双像解析摄影测量的基础，用数学或模拟的方法重建地面立体模型，从而获取地面的三维信息，是摄影测量的主要任务。

当我们用双眼观察空间远近不同的 2 个 A、B 点的时候，双眼内产生生理视差，得到的立体视觉，从而可以判断 2 个点的远近。如果我们在双眼前各放置一块玻璃片，如图 221 中的 P 和 P'，则 A 和 B 两点分别得到影像 α，6 和 / 如果玻璃上有感光材料，则景物分别记录在 P 和 P' 片上。当移开实物 A，B 后，各眼观看各自玻璃上的构像，仍能看到与实物一样的空间景物，这就是人造立体视觉。用上述方法观察到的立体与实物相似，称为正立体效应。如果把左右相片对调，或者把像对在原位各转 180° ，这样产生的生理视差就改变了符号，导致观察到的立体远近正好与实际景物相反，称为反立体效应。

（1）两张相片必须是在两个不同位置对同一景物摄取的立体像对；

（2）每只眼睛必须只能观察像对的一张相片；

（3）两相片上相同景物（同名像点）的连线与眼基线应大致平行；

（4）两相片的比例尺相近（差别小于 15%），否则需要通过 ZOOM 系统进行调节。

根据人造立体视觉原理，在摄影测量中，规定摄影时保持 60% 以上的相片重叠度，保证同一地面景物在相邻的两张相片上都有影像，利用相邻相片组成的像对，进行双眼观察（左眼看左片，右眼看右片），同样可以获得所摄地面的立体模型，并进行量测，这样就奠定了立体摄影测量的基础，也是双像解析摄影测量取像点坐标的依据。

在人造立体视觉必须满足的四个条件中，第（1）、（3）、（4）都比较好满足，关键是如何满足第（2）个条件，一般的方法有立体镜观测、双目镜观测光路、叠映影像。在现代的数字摄影测量中，常用的是叠映影像的立体观察，它是将 2 张相片会映在同一个承影面（显示器）上，然后通过某种方式使得观察者左右眼分别只能看到一张相片的影像，从而得到立体效应。常用的方法有红绿互补法、光闸法、偏振光法和液晶闪闭法等。现代的数字摄影测量系统广泛应用的是液晶闪闭法，它主要由液晶眼镜和红外发生器组成，红外发生器的一端与图形显示卡相连，图像显示软件是按照一定的频率交替显示左右图像，红外发生器则同步地发射红外线，控制液晶眼镜的左右镜片交替地闪闭，从而达到左右眼睛能够各看一张相片的目的。

当完成了人造立体视觉后，就可以借助测量的测标和量测计算工具来进行立体量测。在两张已安置好的像对（定好向的像对），眼睛可以清晰地观察到立体，在两张相片上放置两个相同的标志作为测标。

（五）数字摄影测量的关键技术介绍

前面已经介绍了数字摄影测量的定义与发展，它是基于数字影像与摄影测量的基本原理，应用计算机技术、数字影像处理、影像匹配、模式识别等多学科的理论与方法，提取所摄对象用数字方式表达的几何与物理信息的摄影测量分支学科。数字摄影测量除了能够完成模拟以及解析摄影测量的一切任务外，还可以完成影像位移的去除、任意方式的纠正、反差的扩展、附加参数、系统误差的改正等多种有利于改善摄影测量精度的功能，同时可以完成多幅影像的比较分析、图像识别、影像数字相关、数字正射影像、数字高程模型的生成以及数据库管理等独特的功能，正是这些新的发展，才将数字摄影测量带入了一个崭新的应用领域。

目前数字摄影测量系统仍然处于发展的时期，其自动化功能仅限于几何处理，即可以进行自动内定向、相对定向，自动建立数字高程模型、制作数字正射影像图等，但是有很多工作还是采用半自动或人工的方式进行，特别是地物的测绘，目前全部是人工交互的方式，虽然在道路、房屋等人工地物的自动、半自动提取方面有一些可喜的进展，但距离实用化还有很长的一段距离。因此加强和提高目标的自动提取方法研究，提高数字摄影测量的自动化程度，是未来努力的方向。

三、数字影像的获取与重采样

（一）数字影像

数字影像是一个灰度矩阵，矩阵中的每一个元素称为一个像元素或像元或像素，对应着光学影像或实体的一个微小区域，对各像元素所赋予的灰度值 g（m，n）代表其影像经采样与量化了的“灰度级”，一般是 0~255 之间的某个整数。

（二）影像数字化器

数字摄影测量的原始资料是数字影像，数字影像可以直接从空间飞行器中的扫描式传感器产生，也可以利用影像数字器来对相片进行数字化提取获得。影像数字化器一般主要有电子扫描器、电子光学扫描器和固体阵列式数字化器。

1. 电子扫描器

电子扫描器使用阴极射线管 CRT 或光导摄像管 Vidicon 获取视频信号，由模 / 数转换系统将其转换为数字信号并记录或者输出。目前不仅可以利用专门的电子扫描仪去获取数字影像，还可以利用电视摄像机和所谓的多媒体卡获取数字影像，但是这种方法的精度要低一些。

2. 电子一光学扫描器

电子一光学扫描器扫描面积大、分解力高，主要分为平台式和滚筒式两类，其中平台式的扫描速度较慢但是分解力很高（可达 1km），滚筒式是数字摄影测量中比较常用的一种，它是将透明正片（或负片）紧贴在透明滚筒的表面，光源和光敏元件都安装在同一个光学车架上，当进行数字化时，滚筒旋转，光源和光敏元件等在车架上平移运动，滚筒旋转一周，即构成一条扫描行（x 方向）。旋转一周后，光源和光敏元件沿垂直扫描行的方向（y 方向）平移一个步距，这样就枇够完成整张相片的像点（像元素）的灰度值数字化，并记录或者输出。像元素之间的间隔称为采样间隔。目前数字摄影测量常用的间隔为 12.5~25 μ mo 这种电子一光学扫描器用于光学影像或者图件的扫描数字化，而不能用于实物数字影像的获取。

3. 固体阵列式数字化器

固体阵列式数字化器是使用在一条线上或者是一个面积上排列的半导体传感器（电藕荷装置 CCD），对相片进行数字化，而无需使用扫描头的移动。在一条线上可以排列 2048 个传感器，亦可以串联多组 2048 个传感器而形成更长的线阵列。而在一个面积上可以排列成面阵列式到 512X512 个传感器，甚至更多。线阵列式数字化器主要应用于空间飞行器上，并直接获取地面的数字化影像。面阵列式数字化器在航空摄影等影像数字化中越来越得到更广泛的应用。

（三）影像数字化过程

将透明正片（或负片）放在影像数字化器上，将相片上像点的灰度值用数字形式记录下来，这个过程称为影像数字化。影像的数字化过程包括采样和量化两项内容。

1. 数字影像采样

相片上的像点是连续分布的，但影像数字化的过程中不可能将每个连续的像点全部数字化，而只能每隔一个间隔（△）读取一个点的灰度值，这种对实际连续函数模型离散化的量测过程，就是采样。被量测的点称为样点，样点间的距离就是采样间隔。在影像数字化或直接数字化时，样点不可能是几何上的一个点，而是一个小的区域，通常是矩形或圆形的微小影像块，这就是像素或像元。现在的影像数字化器一般取矩形或者正方形，矩形（正方形）的长与宽通常称为像素的大小（或尺寸），它通常等于采样间隔。

2. 数字影像量化

影像的灰度又称为光学密度。透明相片（正片或负片）上影像的灰度值，反映了它的透明的程度，即透光的能力。

透过率说明影像的黑白程度。但人眼对明暗程度的感觉是按对数关系变化的，为了适应人眼的视觉，在分析影像的性能时，不会直接用透过率或不透过率表示其黑白的程度，而用不透过率的对数表示。当光通量仅透过 1/100，即不透过率为 100 时，影像的灰度为 2，一般航摄底片的灰度在 0.3~1.8 范围之内。

通过采样过程获得的每个点的灰度值不是整数，这对于计算很不方便，为此把采样点上的灰度数值转换为某一种等距的灰度级，这一过程称为影像灰度的量化。

（四）影像重采样

当我们希望得到不位于矩阵（采样）点上的原始函数的数值时，就需要内插，此时称为重采样，也就是说在原采样的基础上再一次采样。每当对数字影像进行几何处理时总会产生这个问题，最典型的就是影像的旋转、核线排队或数字纠正，所以对于以数字影像处理为基础的数字摄影测量，影像的重采样就显得是非常的重要。影像重采样的方法有很多，目前使用较多的主要有双线性插值法、双三次卷积法和最邻近像元法，详细的方法原理和算法，本书不作专门的介绍。

第三节　遥感理论与技术

遥感（Remote Sensing）是一种远距离的、非接触的目标探测技术和方法。通过对目标进行探测，获取 R 标信息，然后对所获取的信息进行加工处理，从而实现对目标的定位、定性或定量的描述。目标信息的获取主要是利用从目标反射和辐射来的电磁波，接收从目标反射和辐射过来的电磁波信号的装置称之为遥感器（Remote Sensor），如航空摄影中使用的摄影相机及成像扫描仪等。搭载这些遥感器的载体称之为遥感平台（Platform），如高塔、飞机、火箭、人造地球卫星、宇宙飞船、航天飞机等。由于地面目标的种类及其所处的环境条件的差异，地面目标具有反射和辐射不同波长的电磁波信息的特性，遥感正是利用地面目标反射或辐射电磁波的固有特性，通过观察目标的电磁波信息以达到获取目标的几何信息和物理属性物的目的。根据所利用的电磁波波谱段，可将遥感分为可见光遥感、红外遥感和微波遥感（包括雷达遥感）3 部分。近年来随着波谱分辨率不断提高，出现了高光谱遥感；随着多种监测遥感手段的集成利用，出现了广义遥感。

一、可见光遥感

利用电磁波谱中的可见光波段进行的遥感称为可见光遥感。可见光波长约在0.4~0.7m之间，主要源自太阳辐射。尽管大气对可见光有一定的吸收和散射作用，但可见光遥感仍是遥感技术中使用最多的方式。可见光波段中大部分地物都具有良好的亮度反差特性，不同地物在此波段的图像容易区分，所以，可见光遥感是作为鉴别物质特性的主要手段。遥感技术中常采用光学摄影方式接收和记录地物对可见光的反射特征。

二、红外遥感

利用IR波段进行的遥感称为IR遥感。IR线波长在0.76~1000Km之间。为了实际应用方便，又将其划分为近IR（0.7~3.0μm）、中IR（3.0-8.0μm）、TIR（8.0~14.0μm）和远IR（15~1000μm）。近IR性质与可见光相似，故又称光IR，由于它是地表面反射太阳的1RR，因此也称为反射IR。物体在常温范围内发射IR线的波长多在3-40Rm之间，而15μm以上的远IR容易被大气和水分子吸收，因此，遥感技术中主要利用3~15μm的中IR至TIR波段，其中主要是利用3~5μm和8~14μm波段。其中，TIR成像技术主要是利用地面目标的热辐射信息来成像的，因而可以全天候获取目标的数据，这是一种全天候的遥感技术。

一般地，IR遥感在不同波段有不同的特点及相应的应用：

（1）0.6~0.7μm波段图像：属于红光波段图像。它受大气散射的影响较小，地物图像清晰，对人文地物判读有利，此波段图像在，考古方面有一定应用，不同地质构造的边界在图像上也有明显反映。此外，在此波段，植物和水体反射率较低，可用于植被范围及水域范围（如海岸线的勘测等）的确定。

（2）0.7~1.1μm波段图像：记录地物的近IR反射信息。水体、湿地反射率低，而植被的反射率较高。在此波段，不同植被的反射率有一定的差异，图像上表现出不同的色调，可用于植被类型的分布调查。健康树木与病虫害树木的图像有明显差别，病虫害树叶的叶绿素破坏严重，反射近IR的能力差，在图像上比健康树色调暗，因此该波段图像可用于植物健康情况调查。对于生长期的农作物来说，长势良好、枝叶茂密的植物反射近IR光的能力强，在图像上表现较亮的色调，在IR假彩色片上长势好的作物呈鲜红色，而长势不好的作物其图像色调较浅，因此该波段图像也可用于农作物长势调查。此外，由于此波段的图像对绿色伪装下的物体有揭露作用，常被用来进行军事目标侦察。

（3）1.55~1.75μm波段图像：也属于近IR波段图像。在此波段，地物的反射率与其含水量有很大关系，含水量高反射率下降，常用于土壤含水量监测、农业旱情调查、植被长势调查以及地质调查中的岩石分类。植被的含水量差别也会在其反射率大小上体现出来，所以用它调查植被长势情况是十分有利的；不同类型的岩石会因反射率的变化而呈现不同的图像色调。

（4）2.08~2.35 μm 波段图像：它记录的是地物短波 IR 的辐射信息，主要用于地质制图，特别是用于热液变质岩的制图 C 由于地物含水量不同而表现为反射能力的差异，故也可用于识别植物的长势。

（5）8.0~14.0 μm 波段图像：属于 TIR 图像，它记录的不是地面目标反射太阳光的信息，而是地物自身的热辐射信息，色调浅的图像表明其相应地物热辐射能量强。由于热辐射能与物体发射率和温度成正比，因此 TIR 图像上的图像色调不仅呈现了地物温度变化的情况，而且还能提供目标的活动特性、所处状态等信息。例如，根据地表或岩石表面的红外辐射异常信息，可以对构造活动、岩爆、滑坡等灾害进行监测、分析及预警。

三、雷达遥感

雷达遥感属于主动方式微波遥感。雷达（Radar）原意为无线电探测与测距。随着雷达技术的不断发展，先后出现了合成孔径雷达、干涉雷达和差分干涉雷达。

目前，雷达遥感已在测绘、地质、矿山等领域中得到广泛应用。

SAR 图像在测绘方面的应用主要是中小比例尺地形图和数字高程模型（DEM）的制作。一些国家均成功地利用雷达测量方法测制地形图，如 Intera STARMAP 公司利用 STAR-I 和 ATAR-2 机载侧视雷达高分辨率图像测制地图可满足 1：5 万地形图精度需要；数字雷达图像立体测图有助于 DEM 的生成。

在地质构造图测绘、岩性识别、地质条件评价和区域性地质灾害等方面，SAR 正发挥积极作用。作为陆地卫星、航摄影片和航磁测量等的补充数据源，SAR 数据的参与，显著增强了地质信息提取和识别的能力。不同数据的综合分析，为掌握植被、表面物质、基岩岩性与构造之间的复杂关系提供了有利条件。

差分干涉雷达测量在矿区沉陷和变形测量中得到应用。其基本思想是：重复进行干涉成像或结合已有的精细 DEM 数据来消除干涉图中地形因素的影响，检测出地表面的微小变形（理论检测精度可达 mm 级）。针对我国工矿区地表沉陷的特点，可以利用 D-InSAR 技术进行了工矿区地表沉陷的监测实验研究，取得了成功经验，见本章第四节。

四、高光谱遥感

高光谱遥感是指利用很多很窄的电磁波波段从感兴趣的物体获取有关的数据。如可见光波段还可分为红（0.6~0.7 μm）、绿（0.5~0.6 μm）、蓝（0.4~0.5 μm）3 个区，或者细分成仅有十几埃差的 200 多个不同波段。通过高光谱成像或成像光谱技术所获取的地球表面的图像包括丰富的空间、辐射和光谱三重信息，它表现了地物空间展布的图像特征，同时也可能以其中某一像元或像元组为目标获得它们的辐射强度以及光谱信息。图像、辐射和光谱这三个遥感中最重要的特征的结合就成为高光谱成像。

迄今为止，国际上已有 40 余套航空成像光谱仪处于运行状态。在实验、研究以及信息的商业化方面发挥着重要的作用。在航天领域中，除人们熟知的美国 EOS 计划中的中分辨率成像光谱仪（MO-DIS）、高分辨率成像光谱仪（HIRIS）和欧洲空间局的中分辨率成像光谱仪（MERIS）外，美国宇航局、日本以及一些公司还计划研制和发射一系列其他的高光谱成像卫星。可以预料，在今后一段时间内，空间高光谱成像卫星将成为对地观测中的一项重要前沿技术，在研究地球资源、监测地球环境中发挥越来越重要的作用。与此同时，高光谱成像技术的独特性能，特别是在地表物质的识别和分类、有用信息的有效提取等方面与其他技术相比的优势，使得这一技术在环境监测、植被的精细分类、农作物的长势监测和农田水肥状况的分析、地质岩矿的识别、蚀变带制图、矿区环境变化监测等方面前景非常广阔。

五、广义遥感

按照遥感定义（遥远的感知），固体地球位于灾害过程中各类异常信息的非接触式监测也应属于遥感的范畴。由于经典遥感是指地物目标在静态条件（即应力不变）下电磁波（可见光、红外、微波）信号的感知与分析（物性和几何），没有将遥感监测与目标应力状态测量结合起来进行综合研究和利用，因而经典遥感未能顾及应力作用对地物遥感信息的影响。事实上，实验和实践已充分证明：岩石受力破裂和摩擦滑移过程会引起多种显著可探测的 EMR 异常，因此有必要扩展经典遥感的内涵。

可将一切利用电磁与非电磁信号、远离目标体进行直接和间接感知与测量的方式统称为广义遥感，包括经典遥感、非接触式测量和地球物理测量等。通过将包括热红外遥感、PS InSAR 和高分辨率（空间、时间、光谱、位置）遥感、地应力测量、AE 测量、地球物理勘探、三维激光扫描、近景摄影测量在内的各类广遥技术综合起来，构建立体协同的固体地球灾害广遥监测体系，以实现对固体地球灾害的高空间精度、高时间分辨率和多参数校验的监测、分析和预警。

新世纪以来，人类已迈出构建天地一体化对地观测系统的坚实步伐。国际社会提出了跨国家、跨组织对现有和待建的对地观测系统进行统一整合和协调集成，构建一个由多系统组成的综合、协同和持续发展的全球对地观测集成系统（GEOSS）。GEOSS 的实质是一个包括卫星对地观测系统在内的“多系统组成的集成系统”，是各类对地观测系统之间的有机联合和集成协同，是一个分布式集成系统。GEOSS 包括实地（in situ，含地基 surface-based 和海基 ocean-based）、空基 airborne-based 和天基 space-based 观测，使用卫星、浮标、地震仪等设备，每个子系统均匀由观测、数据处理与存档、数据交换与分发组件构成。GEOSS 的目的是协调目前全球各自独立运行的各种监测平台、资源和网络，弥合系统之间的鸿沟，支持系统间的协同工作，逐步建设，以保障监测和跟踪全球各个角落地球环境的变化，为全球性、国家性、地区性、部门性环境、健康、灾害等社会公益事业的政策制定、决策与服务提供更快、更多、更好的数据与信息基础。

实质上，GEOSS 就是一个广义遥感系统，是经典遥感和实地观测的集成系统。“GEOSS 中的遥感特指空间卫星进行的可见光、红外和微波波段的高、中、低分辨率的对地观测”，而空基、高空探测器及其他形式的近地表遥感，则统一的划入实地观测的范畴。所谓实地观测，被定义为“局部进行或离目标体数公里以内进行的观测，包括利用地面观测站、飞行器、高空探测器、轮船、浮标等进行的观测”。

GEOSS 为固体地球灾害监测预警提供了新的条件。综合多种电磁与非电磁手段，构建全方位、多层次的卫星一航空一地表一地下四位一体、立体协同的矿区环境与灾害广义遥感监测体系，并与小卫星计划结合，是矿区遥感监测预警的新趋势。中国于 2007 年发射的环境与灾害小卫星星座（简称 HJ2+1，2 颗光学遥感卫星，1 颗雷达遥感卫星）和第二阶段的“HJ4+4 → 4 颗光学遥感卫星，4 颗雷达遥感卫星），可望实现对多种应力（如采动应力、化学力和活动应力等）作用下矿区环境与灾害过程的广遥监测。通过 HJ 小卫星信息与其他广遥信息的优势互补与融合分析，可望提高矿区环境与灾害监测的识别能力。

第四节　变形监测理论与技术

将 D-InSAR 技术应用于地表形变监测的研究可以追溯到 1989 年。国外研究进展主要有：用 Seasat L 波段的 SAR 数据测量了美国加利福尼亚州东南部的 Imperial Valley 灌溉区的地表形变，论证了 SAR 干涉测量可以用于探测厘米级的地表形变；利用 ERS-1 间隔 6 天的 SAR 数据作干涉处理，得到了南极冰川的运动速度，这是第一次利用空中观测数据对冰川运动的量测；利用 ERS-l 间隔数月的 SAR 数据及 DEM 数据，完整提取了 1992 年加利福尼亚 Landers 地震的同震位移场，其形变图与野外实际 GPS 观测结果非常一致，这从而引起广大地测量学界的震动；提出了不需要地面数据的支持，直接利用“3 轨法”从 SAR 干涉图中取地震形变的方法以及利用 lnSAR 技术对 Etna 火山进行监测等。

此后，D-InSAR 在地表形变探测方面的应用研究普遍开展起来。早期主要是进行形变比较明显的地震、火山监测研究，后来逐渐转向了地面沉降、山体滑坡监测以及冰川运动等形变监测。研究进展主要有 California 地区 Antelope Valley 山谷由于抽取地热资源发电而导致的地面沉降分析，并且研究了其含水层的周期性变化与地面沉降的关系；荷兰 Gromngen 地区的地面沉降分析，并且结合 GPS 观测和雷达气象数据校正 InSAR

干涉图，提高了差分干涉测量的精度；利用布设人工角反射器和 D-InSAR 技术结合的方法，也进行了德国图林根州铀矿开采导致地面沉降的监测试验，结果表明利用固定的角反射器可以监测毫米级的沉降；对格陵兰和南极的冰盖也进行了深入的研究，研究显示 InSAR 可以测得南北极冰川、冰盖的 DEMjAlnSAR 可以精确地获得其变化、流动趋势和流动速度值，从而可为全球自然灾害预测打下基础。

从 1997 年起，我国学者陆续进行了干涉测量和差分干涉测量的研究。研究进展主要有：利用 D-lnSAR 干涉纹图反演了张北同震形变场和苏州地区的地面沉降；进行了张北同震形变场和西藏玛尼地震的 D-InSAR 试验研究；进行了三峡工程库首区的山体滑坡监测，并利用大气折射效应对 InSAR 和 D-InSAR 观测精度的影响进行了定量分析和研究；利用 ERS-I/2 卫星数据生成的干涉纹图与天津已有的部分水准资料进行对比，发现两种结果一致性较好；利用 I>In-SAR 监测南极格罗夫山地区的冰川移动，获得了一些初步的成果；通过 D-InSAR 干涉图，分析了香港填海地区的地面沉降以及赤腊角机场的地面沉降，取得了很好的结果；利用人工角反射器进行了长江三峡链子崖和新滩滑坡体的监测研究，在两次观测期间，通过人为升降角反射器的高度，分析了干涉纹图上对应的相位变化，并通过多个角反射器干涉相位的联合解算，分析了反映滑坡体变化趋势的相位变化。

针对我国工矿区地表沉陷的特点，中国矿业大学（北京）利用 D-InSAR 技术，进行了工矿区地表沉陷的监测研究。利用 Ev-InSAR 软件进行数据处理，主要过程包括了“3 轨法”和“2 轨法”差分干涉处理，研究得到了开滦矿区的沉陷分布图，如图 2-30 所示。该试验区内只有唐山市区和唐山矿所在区域保持了较高的相干性，可得到解缠结果，表明 7 个月之内唐山矿范围内地表沉陷量较大（最大 12Cm，平均 10cm）。实验研究表明，尽管 InSAR 技术的理论精度很高，但实用于矿区沉陷监测尚有很多问题需要解决，如矿区采动沉陷快速、集中与非线性，使相关相干性降低、相位模糊等。对于地表覆盖复杂、采动变化活跃的工矿区地表沉陷监测，重点选用重复周期短、波长长、空间分辨率高的雷达数据，如重复周期为 11 天的 TerraSAR-X 数据和长时相关性较好的 L 波段 ALOS-SAR 数据。并尽可能多地获取已有地面实地观测数据，对差分结果进行修正，以提高 D-InSAR 监测的精度。此外，还可以采用多时相、多基线技术，并将永久性散射体（Permanent Scatterers）技术（如角反射器、平面反射器）、IPTA（In-terferometric Point Target Analysis）方法与 GPS 及常规水准观测相结合，对干涉结果进行校正，逐步形成基于时间序列分析的工矿区地表沉陷 D-InSAR 监测技术与方法。

第五节　矿山开采沉陷的理论与技术

地下煤层在开采前，岩体在地应力场的作用下会处于相对平衡状态，当局部矿体采出后，在岩体内部即形成一个采空区，导致周围岩体应力状态发生变化，引起应力重新分布，使岩体产生移动、变形和破坏，直到达到新的平衡。随着采矿工作的进行，这一复杂的物理、力学变化过程不断重复，覆岩的破坏范围从直接顶逐渐向基本顶和上覆岩层发展，最终在地表形成连续的下沉盆地或不连续的裂缝、台阶、塌陷漏斗或塌陷坑。

理论和现场实践研究表明，上覆岩层的运动与破坏是造成采场来压、突水、地面沉陷等各种灾害的根本原因。例如大同矿区直接赋存于煤层上的厚硬砂岩、新汶华丰矿靠近地表的厚层砾砂岩的破断垮落，不仅造成采场强烈矿压显现，而且其上部直至地表的所有岩层随之同步下沉；而乌克兰卢图金煤矿，在采深 800m 条件下，距开采煤层 180m 处厚 60m 的砂岩控制着整个上覆岩层直至地表的移动。可以认为地表下沉是煤层开采后覆岩移动由下往上逐步发展到地表的结果。

目前研究认为，影响覆岩破坏规律的主要因素和结论包括：

（1）覆岩力学性质及结构是决定覆岩破坏的主要因素，一般将覆岩按普氏系数 / 不同分为三类：坚硬型（f=4~8）、中硬型（f=2~4）、软弱型（f=1~2）。按直接顶板和基本顶岩层的组合不同，将覆岩结构特征分为四种类型：坚硬—坚硬型、软弱—软弱型、软弱—坚硬型、坚硬—软弱型。

（2）采矿方法和顶板管理方法对覆岩破坏的影响主要表现在开采空间大小、岩体冒落、断裂的充分程度以及垮落岩体的运动形式。

（3）矿层倾角对覆岩破坏高度的影响主要表现在破坏形态上的。

（4）开采厚度和采空区面积是决定覆岩破坏范围大小的主要因素。

（5）时间的长短决定了覆岩破坏和重新压密的程度，即时间过程除了对覆岩破坏高度的升高和降低起一定的作用外，还表现在能够减少破坏带内岩层的渗透性或恢笈其原有的隔水性。

（6）重复采动的影响。由于初次开采使岩体产生破裂，岩体的性质发生变化，重复采动时，覆岩破裂的高度与累积开采厚度不成正比例关系，而是随着重复采动覆岩破坏高度的增长率分别为 1/6、1/12、/20、1/30 等等。当重复开采次数达到一定后，继续开采对覆岩破坏高度的影响很小。

自第二次世界大战后开采沉陷与控制学科得到了长足发展，在实测资料的基础上，建立了大量的地表移动变形预测方法，开展了建筑物下、铁路下和水体下（上）开采的理论与实践研究。

一、开采沉陷预计方法

1947年阿威尔辛出版了对开采沉陷学科有影响的专著《煤矿地→开采的岩层移动》；20世纪50年代，波兰学者 Budryk 和 Knothe 提出了影响函数的概念，得出了正态分布型的影响函数；Litwiniszyn 将上覆岩层视为随机介质，采用数理统计方法建立了单元开采地表移动表达式，为影响函数从经验走向理论奠定了基础。1961年 Brauner 提出了水平移动影响函数的概念并确定了制作圆形积分格网的方法；1965年中国学者刘宝琛和廖国华根据随机介质理论建立了概率积分法，该方法在中国煤矿区也得到了广泛应用。1981年何国清将覆岩视为碎块体的移动，从而建立了地表移动的威布尔预计法，其优点是可预测移动盆地平底部分的残余水平移动和盆地内移动的非对称分布。

除了影响函数预计理论和公式外，这一时期还建立了大量的剖面函数，主要包括两类：一类是以实测分析为基础建立的经验关系式或曲线，另一类是基于理论推导得出的关系表达式。以实测资料为基础建立的剖面函数表达式一般有2~4个参数，根据地表移动观测资料先确定这些参数，再进行地表移动估算。苏联普遍采用典型曲线法；中国矿业大学在峰峰矿区建立了用以预计主断面地表下沉的典型曲线法。

以力学理论为基础，通过严密的数学理论推导来建立剖面函数预测理论的典型代表是波兰沙武斯托维奇的连续介质力学方法，该法将上覆岩层视为弹性基础上整体梁的弯曲，采用弹性梁理论导出了波动性的下沉剖面，较好地解释了某些情况下下沉盆地边缘的上鼓现象。中国学者刘宝琛采用黏塑性梁理论研究了开采沉陷规律，获得了地表→沉盆地全剖面表达式。考虑到岩层的分层特性，我国学者进行过许多创新性研究，如李增琪将覆岩视为多层梁的弯曲，层间采用滑动接触，应用傅立叶变换推导出r二维和三维地表移动表达式；吴立新等在相似材料模拟实验和岩移钻孔现场监测的基础上，采用弹塑性薄板理论提出了非充分开采（含条带开采和块段开采）条件下上覆厚硬岩层托板控制理论，进而建立了建筑物卜，压煤条带开采优化设计理论与技术体系；邹友峰采用三维层状介质理论获得了条带开采地表沉陷预计方法；邓喀中等采用梁板理论导出了层面滑移位置判断式、层面滑移函数和岩体内部移动计算公式，为岩体内部计算提供了基础。

二、特殊地质采矿条件下的沉陷规律

断层、褶曲、急倾斜、山区、厚含水冲积层、多煤层和厚煤层分层开采等特殊地质采矿条件下煤矿开采，使得开采沉陷规律复杂化。

1977屠尔昌宁诺夫指出，在断层露头处变形集中，其他地方的变形将显著减小。1979彼图霍夫讨论了断层的影响范围问题，在苏联的有关规程中规定了如何确定断层影响的危险变形带问题。煤科总院的张玉卓通过资料分析、理论分析和边界元计算，研究了平面问题的断层滑移，给出过断层的剖面下沉方程和边界元计算程序，研究表明：重复采动时沿断层面往往产生于采后不成比例的更大的滑移量；张华兴则提出了适合断层影响的计算方法——断层影响计算。

1979 年彼图霍夫对褶曲条件下地表移动规律进行了专门研究，其提出了开采向斜煤层时岩层及地表移动的类型，按褶曲两翼矿层倾角的不同分为三种类型，研究了各种类型的变形特点和地面出现台阶的条件。李永树将褶曲构造矿层按轴线划分为单斜构造矿层，对开采区域实行曲面积分，给出了曲面分布矿层和任意形状工作面开采条件下地表移动的预测方法。

对于急倾斜煤层开采，在下山半盆地可能出现连续台阶，1977 年屠尔昌宁诺夫给出了台阶高度的计算公式，1979 年彼图霍夫给出了岩石沿层理面向倾斜方向移动而引起岩体移动的计算方法。在国内，1965 年刘天泉曾研究了急倾斜煤层的地表塌陷规律，1978 年北京开采所根据现场实测资料将急倾斜煤层开采的下沉盆地分为瓢形和兜形，提出用皮尔森型函数计算盆地下沉剖面。戴华阳等基于倾角变化建立了煤层倾角从 0° ~90° 的开采沉陷预计矢址法，探讨了地层弱面条件下地表非连续变形的计算方法。

关于山区开采引起的地表移动问题，颜荣贵运用开采影响理论中的直线传播原理导出了山区地面下沉的剖面方程；伍俊明、田家琦根据观测资料假设山区地表移动是单纯开采作用和采动影响下的滑坡作用的综合，并将实测曲线分解为两种因素的单独影响曲线。何万龙、康建荣对该问题也进行了研究，将山区地表移动分为开采影响下平地移动和滑移影响下的移动之和，给出了不同影响条件下的影响函数，并对滑移机理进行了分析。

关于厚含水冲积层失水对地表移动规律的影响问题，波兰学者什泰拉克曾详细研究了含水层失水引起的沉陷问题，给出了失水条件下岩层与地表移动图式。北京开采所、淮北矿务局对失水土体的物理力学性质进行了研究，得到了失水后土体孔隙度的变化规律。中国矿业大学通过对现场实测资料分析，得到了厚冲积层矿区地表移动的规律。此外，王金庄等提出了巨厚松散层下采煤地表移动规律及计算方法，李文平对徐淮深厚表土失水压缩变形进行了实验研究，崔希民针对含水层失水和固体颗粒的有效应力增加，初步探讨了失水沉降的计算方法。但由于地下含水层的连通、地下水的流动和渗流影响，使得失水周结沉降预测十分复杂，目前还难以做到较为可靠的预测。

对于多煤层和厚煤层分层开采条件下的地表移动问题，国内外做了大量研究工作。苏联在顿巴斯矿区实测资料分析的基础上，给出了重复采动地表的活化机理以及地表移动计算方法，认为第一次采动已经使岩体破碎产生碎胀，碎胀结果使得地表下沉小于采厚，重复采动时已产生碎胀的岩体不再产生碎胀，从而减小了岩体的碎胀量而使地表下沉增多。王悦汉根据 30 多个初采观测站和 10 多个重复采动观测站实测资料，分析给出了初次采动和重复采动下沉系数的计算方法。

三、覆岩移动变形规律研究

关于覆岩内部移动变形问题，苏联采用钢丝垂球法、同位素子弹等进行了岩体下沉的大量观测，获得了岩体内部移动的大量数据，绘制了岩体内部移动等直线。开滦范各庄煤矿 1964~1968 年采用一个钻孔内埋设多个测点的钻孔深部测点法，对缓倾斜煤层顶板破坏的发展过程进行观测，观测结果表明：回采引起的覆岩破坏过程由下而上逐层扩展，位于顶板不同高度上各测点间的下沉差就是离层裂隙，且由下而上逐渐减小。山东枣庄柴里煤矿 301 工作面从地表到采空区煤壁顶板布置了一个深 134m 的 66-7 钻孔，实测得到了垂直于层面的覆岩采动裂缝。此外，淮南李咀孜煤矿、孔集煤矿、大同晋华宫煤矿、阳泉、大屯等通过石门观测也获得了不同开采条件下的覆岩移动和破坏规律。国外 20 世纪 80 年代初采用钻孔伸长仪和钻孔测斜仪观测了岩体内部的竖向和横向移动，首次获得了岩体内部的水平移动规律，也观测到了岩体沿层面的滑移和离层现象。在 20 世纪 80 年代，北京开采所、中国矿业大学也先后引进了钻孔伸长仪和钻孔测斜仪，在淮北、抚顺露天矿、邢台、淮南、某地等矿区进行了大量的岩体内部观测，获得了厚表土层、堤体、井筒、放顶煤开采的岩体内部移动规律。

在覆岩破坏高度和范围方面，据不完全统计，我国自 20 世纪 70 年代以来已在 12 个省 45 个煤矿分别采用钻孔外部流量法、钻孔内部流速法、钻孔自动摄影法、井下钻孔外部流量法、井下工作面、巷道或石门直接观测法等 7 种方法，对 16 种不同的地质条件、采煤条件约 130 个工作面的覆岩破坏状况进行了现场测定；从采煤方法看，有单一煤层长壁工作面、厚及特厚煤层倾斜分层工作面、充填法长壁工作面、刀柱法长壁工作面、条带工作面及长壁综合机械化工作面；从煤层赋存条件看，有缓倾斜煤层、中倾斜煤层、及急倾斜煤层；从覆岩性质看，有砂岩和页岩相间沉积的覆岩、全部为砂岩的覆岩、全部为薄层石灰岩和石灰岩夹薄层页岩的覆岩以及煤层基本顶为极坚硬的厚层状辉绿岩的覆岩；从开采深度看，有采深达 300m 的较深部工作面、采深 100~200m 的中深部工作面和 50~100m 甚至 20~50m 的浅部工作面。以上研究，总的建立了不同地质开采条件下的覆岩破坏带高度计算公式。

通过现场观测、数值分析、模拟试验，获得了覆岩破坏带高度，并在一定程度上了解了梃岩移动变形规律。

四、建筑物下压煤开采实践

国内外在覆岩移动变形规律和地表沉陷预计研究基础上，开展了大量的“三下”开采实践。波兰为了提高资源的利用率从 1945 年开始进行建筑物下采煤试验，是东欧各国中建筑物下采煤做得比较好的国家之一。从 1954 年开始大规模地进行城市下采煤，采用密实充填、部分开采、顺序开采、分期开采、合理布置各煤层或分层开采边界的位置以及协调开采等开采措施；对地面建筑物采取了诸如设置变形缝、钢筋混凝土锚固板、混凝土锚固拉杆、钢锚固拉杆、挖变形补偿沟等措施。苏联则采用了除与波兰类似的开采措施和地面保护措施外，还重视工作面位置的合理布置；英国则采用风力充填、条带开采和协调开采等措施进行建筑物下开采；而法国采用水砂充填、日本采用房柱式开采和风力充填等手段，均取得了一些成功的经验和实例。

我国人口多、村庄分布广，数量众多、性质、质量不等的建筑物下压着大量的煤炭资源，据 1983 年原煤炭部对各统配局的不完全统计，我国生产矿井“三下”压煤 137.9 亿 t，其中建筑物下压煤 87.6 亿 3 占压煤总量的 63.5%。在人口密集、村庄建筑物集中的河北、山西、山东、河南、陕西、黑龙江、辽宁、安徽八省，建筑物下压煤量达 64.7 亿 t 吨，占全国建筑物下压煤总量的 84.7%，而在全国范围内，村庄下压煤又占建筑物下压煤总量的 60%，达 52.2 亿 t。建筑物下压滞的煤炭都经过勘探投资和建井投资，且多属于矿井已开拓的煤量。为充分利用地下资源，延长矿井的服务年限，我国自 1962 年开始进行村庄建筑物下压煤开采的试验研究，在村庄、城镇、高压输电铁塔、烟囱、铁路及桥涵下采煤都获得过成功的实例。例如，峰峰辛寺庄下采用多工作面联合、某地吴官庄村下采用双对拉长工作面联合推进、鹤壁二矿工业厂房及公用建筑物下厚煤层分层开采等实现村庄建筑物下不迁村全部开采。在峰峰、抚顺、鹤壁、南桐、淄博、淮南等局矿实行了不迁村条带开采。在湖南娄底地区资江矿、河南平顶山达庄矿张二成沟村、河北峰峰袁洼村等则采用不迁村就地重建抗变形结构房屋。在抚顺胜利矿、鸡西滴道九井、焦作演马庄矿、南京青龙山矿等实施不迁村充填开采，减小地表移动变形及建筑物采动损害。近年来，有关学者提出了覆岩离层注浆减沉方法来控制地表下沉，据报导在抚顺老虎台矿、大屯徐庄矿、新汶华丰矿注浆减沉效果分别达到了 65%、51% 和 36%。

总体上，我国减小采动损害的技术措施可概括为：

（1）以煤柱支撑为核心的开采技术：选择合理的煤柱留设方式（如条带或房柱），在地表容许变形范围内采出尽量多的煤炭量。该技术的关键是确定正确的煤柱留设尺寸。

（2）以充填为核心的岩层控制技术：充分利用可能的充填空间，在经济条件允许下，使充填体和岩层形成稳定机构，实现岩层的有效控制。

（3）以多工作面协调开采为核心的变形控制技术：根据地表变形的动态分布规律，以开采边界为分界点，前后分别为拉伸和压缩变形区，当多工作面开采时，通过在推进方向上进行合理布置工作面之间的距离及开采顺序，抵消部分或全部地表变形。

（4）以强化建筑物自身结构为核心的防护技术：对建筑物地基、基础和上部结构采取强化措施，对新建建筑物的形状、尺寸进行优化设计，提高其抗变形能力，包括柔性保护措施、刚性保护措施、采前加固采后维修以及刚柔结合建造抗变形房屋等。

尽管上述减小地表采动损害的技术措施在实际生产应用中取得了一些良好效果，但由于目前开采沉陷预测理论和方法研究多针对工作面较规则、采厚变化不大、缓倾斜或倾斜矿层、无大的地质构造断层和褶曲、采深不太大的全部垮落法开采情况，对于急倾斜矿层、山区、断层带、不规则矿层、多煤层重复开采、含水层失水固结等复杂地质采矿条件的地表移动预计尚不能满足生产要求。即使，针对厚煤层分层开采和综采放顶煤两大主要采煤方法，在沉陷机理、覆岩移动破坏特征、地表沉陷范围和沉陷量、破坏程度等方面，学术界还存在一定争议，覆岩移动变形规律的认识程度直接影响采动损害防护措施的选择。随着开采强度的加大，开采深度的增加，覆岩移动规律和地表沉陷预计方法，以及含水层失水固结协同作用理论、预测方法、控制技术等研究的必要性越来越突出。

第六节　矿区环境整治的理论与技术

矿区是由资源、环境、经济和社会等子系统构成的复杂生态系统。从生态学角度看，矿区属于自然人文复合生态系统。从空间上看，矿区包括矿业生产区，依托矿业生产形成的城镇或其他居民点，则以及农业、畜牧业、林业、渔业等生产区。矿业生产区有的是集中连片分布，如大型铁矿山和露天煤矿；有的分散于一定地域内，如石油油井等；有的分布于人迹罕见的自然条件恶劣的地带，如沙漠中的油田；有的分布于人类密集的地带。矿区生态研究和实施在矿业生产的不同阶段有不同的侧重。开采中的矿区主要考虑的是充分利用有利于保护和恢复矿区生态环境的技术，减少环境污染和破坏。开采后的矿区以恢复当地的生态环境为主要任务，消除矿业生产造成的环境污染和破坏，进行土地复垦和生态重建，充分利用当地的土地等自然资源。

传统的矿产资源开发过程只包括采前工作和采矿生产两部分。矿业可持续发展理论认为，矿产资源开发过程必须包括采前准备工作、采矿生产工作和生态治理工作三大部分，并且生态治理工作渗透于前两项工作之中。由于矿产资源开发利用导致的环境污染和破坏非常明显，所以矿区环境污染及其防治成为矿区生态研究中开展最早的领域。从最初关注矿产资源开发与生态环境保护研究，逐渐发展到对矿区生态环境的恢复治理研究。研究内容涉及矿产资源开发对生态环境的影响，矿产资源综合利用政策，矿产资源综合开发利用与环境治理的政策等。

一、国内外矿区环境整治现状

欧美等国家对土地复垦技术的基础研究开展较早，可追溯至19世纪末期。通过几十年的积累，在20世纪中叶普遍展开了大规模的复垦工程。在生产实践中不但进一步完善了施工技术，还促进了对土壤改造、政策法规、现场管理等方面的研究和水平的提高，取得了大量的成果，积累了成功的经验，形成了庞大的技术产业。对于以恢复上地资源为主要目的的矿山土地复垦工作，国外普遍采用的技术方案可以归纳为两种：直接恢复法和快速转换法，或者是二者的结合。土地复垦后的利用模式则可以多种多样，通常是视采矿废弃地自身的特点、位置而定，并与当地居民取得一致，从而获得广泛的支持。可供选择的利用模式有林、果、农（粮、蔬）、牧、保护区、运动或娱乐、渔、工商业用地，房地产及垃圾填埋等多种形式。

德国在煤矿区景观生态重建与土地复垦过程中，确定了景观生态重建的目标和实施体系，即景观生态重建的保障体系是法律手段，控制体系是规划手段，实施体系是技术手段。在矿区景观生态重建与土地复垦的理论研究方面，分别开展以经济利用、景观结构及可持续发展为主导思想的理论研究。其经验是：健全法制；分清责任，各司其职；建立了完整的规划体系；重视公众参与，在环境可接受的前提下，实现社会的可接受性。

改革开放 20 多年以来，我国土地复垦经历了从自发性零星复垦到自觉性有计划复垦、从单一型复垦到多形式复垦、从无组织到有组织、从无法可依到有法可依的巨大变化。尤其是 1988 年国务院颁布的《土地复垦规定》实施以后，采矿塌陷地、肝石山、露天采矿场、排土场、尾矿场和砖瓦窑取土坑等各类破坏土地的复垦工作受到了全社会的高度重视，土地复垦工作也取得了很大的进展，复垦方法从“一挖二平三改造”的简单工程处理发展到基塘复垦、疏排降非充填复垦、肝石和粉煤灰等充填复垦、生态工程复垦和生物复垦等多种形式、多种途径、多种方法相结合的复垦技术体系。近几年，我国对于废弃地的复垦技术不仅逐渐向生态恢复转变，还对修复后的土壤肥力以及各项指标进行了研究，使我国的废弃地复垦工作逐渐迈上了系统化、整体化和高效化相结合的生态发展阶段。

中国在矿区土地修复与生态恢复的限制因素、矿区退化土壤的物理和化学修复、矿区金属污染土壤的植物稳定和提取修复、矿区污染土壤的植物微生物及动物协同修复、矿区土地修复的技术要求与管理等方面，也已经有了一定的基础。自 1988 年《土地复垦规定》颁布以来，矿山生态治理工作纳入法制轨道。作为矿山生态治理工作的重中之重，矿山上地复垦有了较大程度的发展。土地复垦的相关政策也逐渐配套。一是制定了包括“谁复垦、谁受益”、将复垦后土地与采矿新破坏土地置换以及对复垦后的土地使用、减免有关税费在内的鼓励土地复垦的政策；二是初步建立了土地复垦资金渠道。

二、矿区的主要环境问题

矿区的主要环境问题包括水环境破坏、水土流失、土地环境破坏、大气环境破坏、地质灾害等。

矿区水环境问题主要表现为矿产资源开发造成的水体污染。煤矿开采诱发的水环境问题是煤矿排渣污染水源，地下水在动态的交换过程中被“有毒”或者“有害”的离子污染；地下水位不断下降，降落漏斗逐渐增大，酸性水范围增大，而逐渐影响到周围的水源，威胁了人们的正常生活。

水土流失是露天矿区常见的生态环境问题。矿区地质灾害在深大露天矿闭坑后表现得最为突出。大型露天煤矿经历几十年的开采后，形成了陡峭的深大边坡，生产过程及闭坑后将可能诱发大量地质灾害。而且，大量的土体岩石剥离、堆积破坏了生态环境的稳定和平衡。土壤抗蚀能力降低，容易风化，可蚀性增加，水土流失加剧，原生植被和原地貌景观被破坏，导致矿区小气候区域干旱，植被种类减少，农牧业生产条件趋于恶化。最为直接的表现是：农业用地面积减少，植被盖度降低，宜林地面积减少，牧草地退化，土地生产力降低。露天煤矿的土地复垦及生态重建规划，需要对排土场和采场的生态重建和复垦土地的利用方向做出具体的规划。

矿区大面积开采和配套工程建设，对矿区本身及周边地区的土地环境造成显著的影响，主要表现在占有和破坏土地资源、改变土壤结构和土地利用方式、污染土地、土壤贫瘠化与荒漠、土地塌陷与积水等。以矸石山为例，煤炭开采过程中有大量肝石排放，一般都是堆积成山，占用土地，使土地失去原生产能力；矸石山的坡度远远大于原地面坡度（矸石山坡度 36°，原地貌＜ 5°），坡度的增加，意味着水流动力和不稳定程度的增加，其结果加剧水蚀和重力侵蚀；肝石为松散堆垫地貌，组成物质粒径分布不均匀，水土流失表现为非均匀沉降侵蚀，平衡不断变化，不稳定，非均匀沉降侵蚀和其他各类水土流失的强度十分强烈。矸石的堆放使得原地貌植被埋压而破坏殆尽，失去了植物生存的基础。肝石山周边地区的植被也受到不同程度的毁坏。煤矸石排放过程中产生大量的粉尘，肝石自燃时还产生大量的有毒物质，对植物的生长影响较大。主要表现在植物的生长量降低，草地植被种类减少。

三、矿区土地复垦技术

矿区土地复垦是指采用工程、生物等措施，对矿山建设与生产过程中因挖损、塌陷、压占造成破坏、废弃的土地（废弃地是指采矿剥离土、废矿坑、尾矿、肝石和洗矿废水沉淀物等占用的土地。此外，还包括采矿作业面、机械设施、矿山辅助建筑物和矿山道路等先占用后废弃的土地）进行整治，使其恢复到可利用状态的活动。

在矿区土地复垦工作中，实际工作内容有：应用生态环境重建理论，做好塌陷地土地复垦科学规划；因地制宜，选用高效的生态复垦与环境重建方法与技术；采用推高填低整平，复垦种植措施；常年积水的浅水位塌陷地实施水冲沉淀造田，建设高效农业养殖区；煤矸石充填复垦造地，用粉煤灰充填塌陷地、复垦造田，发展农林种植业；制定复垦远景规划。

复垦工程包括土壤重构和地表整形。为了最大限度地减少复垦费用，把复垦工程内容纳入采矿计划之中，统一规划、统一管理，使开采程序和排土程序根据土地复垦的要求做出相应的调整。复垦地土壤改良和熟化，可采用种植豆科牧草进行植物固氮和施入粉煤灰改良土壤的办法，以加速土壤的熟化，提高土壤肥力。植被重建选择适生植物时，需要根据当地的自然条件和立地条件，选择成活率高的植被，使植被按自然演替规律稳定的持续发展。复垦土地再利用是根据各排土场的立地条件及矿区的自然条件，遵循因地制宜的原则，选择具有最佳效益的发展方向。在干旱少雨的矿区，灌溉系统是非常重要的因素，利用污水处理厂出水来进行灌溉，具有直接和间接的经济效益。

对矿区塌陷地，可以实行梯次动态复垦，即根据采区内煤层赋存状况，合理布局采煤工作面、厚薄煤层交替配采，使地表塌陷呈梯次动态变化。塌陷区综合治理应分别规划，对浅部块段先行复垦还田；中部块段休耕期同治，挖深垫浅，形成精养鱼塘，发展水产养殖业；深部块段用固体废弃物充填，覆土后用于开发经济林地。塌陷地土地复垦要建立健全多元化投资机制，因地制宜，采用多种方法进行高效复垦；规范塌陷地土地权属管理。

根据煤炭露天开采和井工开采对土地破坏的形式及特点不同，需要制定各种破坏类型复垦的工艺方法、工艺流程，并提出具体复垦要求、标准以及在复垦工程中应采取的措施，使复垦工艺与矿山开采工艺和采运流程紧密结合，使矿区复垦成为采矿工程中的重要组成部分。露采场复垦可采取浅采矿场复垦（采区的后来划分、表土贮存、回填与覆上）、倾斜或急倾斜矿复垦（内排法）、山坡路采场复垦。排土场复垦可采用工程复垦工艺（排弃物料的分采分堆、排土场主体构筑）、牛、物复垦工艺（排土场顶部复垦工艺、排土场边坡构筑工艺、排土场覆盖工艺）、林业复垦工艺等。煤矿塌陷地复垦可采用充填复垦（煤矸石为充填物复垦工艺、以粉煤灰为充填物复垦工艺）、非充填物复垦（高潜水塌陷区非充填复垦，中潜水塌陷区非充填复垦，低潜水塌陷区非充填复垦）。

四、生物修复技术

所谓生物修复，是指利用生物的生命代谢活动减少存于环境中有毒有害物质的浓度或使其完全无害化，从而使污染了的环境能够部分或完全恢复到原初状态的过程。生物修复包括植物修复和微生物修复两个方面，而这两个方面又是相互关联的，在植物的根系及生长土壤中存在着微生物，微生物反过来又影响着植物的生长。

（1）植物修复

自然界的各种植物对有机污染以及重金属污染分别有着一定的作用。矿山废弃物及尾矿经过长期的堆置会在其表面覆盖一层植被。研究表明，矿山废弃时间在 4~5a，植物种类较少，且多为 1~2a 生草本植物；植物种类增幅较大时期是 7~15a；而 15~38a 植物种类数量增幅较小。这一研究给我们一个启示，人类是完全可以利用人工植被的办法来改善和恢复生态系统的。

植物修复有机污染的三种机理：①直接吸收并在植物组织中积累非植物毒性的代谢物；②释放促进生物化学反应的酶；③强化根际（根土壤界面）的矿化作用，这与菌根菌和同生菌有关。根据植物修复重金属污染物的作用过程，金属污染土壤的植物修复机理分为植物稳定、植物吸收和植物挥发等 3 种类型。

（2）微生物修复

恢复一个受到干扰的生态系统，如矿山生态系统的恢复，只是上壤、植被的恢复是不够的，还需要恢复微生物群落。地球上存在的微生物可能超过 18 万种，而其中包括 26900 种藻类，30800 种原生动物，4760 种细菌，1000 种病菌和 46983 种真菌。研究表明，1g 土壤中就包含有 10000 个不同的微生物种。如此众多的生物种在矿山生态系统的恢复中起着至关重要的作用。不同的微生物对不同的污染物也有一定的适应性。

五、矿区生态恢复技术

矿山生态环境是一个比较复杂的系统，涵盖的生态因素较多。生态系统的恢复不能把以上诸方法单独地加以利用，而应该综合分析与评估，只有综合利用上述方法才能取得较大的成功。

矿区生态恢复与重建的主要问题是矿区废弃地基质改良、土壤侵蚀控制和植物种类的筛选。其关键是在正确评价废弃地类型、特征的基础上，进行植被的恢复与重建，进而使生态系统实现自行恢复并达到良性循环。土壤生物肥力水平是成功地进行矿区废弃地土地管理的关键因素之一，是矿区废弃地生态恢复和治理的重要指标。矿区废弃地的土壤生物群落具有一定的组成及功能，矿业废弃地特殊的生境对土壤生物群落具有重要的影响，矿区复垦土壤、微生物区系会发生会明显改变，需要加强对矿业废弃地生态恢复的土壤生物管理工作。

矿区土壤微生物生态复垦是土地复垦与生态恢复技术的重要内容。在矿区土壤中，随着重金属污染程度的加剧，土壤微生物的总数下降，主要微生物类群（优势类群）所占比例亦有一定变化，土壤微生物各主要生理类群数量明显减少，土壤酶活性减弱，土壤生化作用强度降低。土壤微生物活性下降是矿区土壤生态系统遭受破坏的重要标志之一，也是矿区土壤微生物生态演变的重要因素之一。土壤微生物活性降低削弱了矿区土壤中 c、N 营养元素的循环速率和能量流动。在恢复一个受重金属污染的矿区废弃地土壤生态系统时，不仅要恢复地上部分的植被，还要恢复地下部分的土壤微生物生态群落，重建土壤微生物生态系统。

需要依据矿区生态修复周期、自我修复能力、生态功能劣化程度、矿区生态治理（恢复）成本等矿区产业结构演变对矿区生态系统的影响，分析开发初期、矿区形成期、矿区衰退期的生态特点。在矿区开发初期，则利用生态效益与经济效益相结合的生态成本分析法，对矿区寿命周期内的生态效益和经济效益进行综合评价，对造成矿区生态破坏的主要环节和关键因素进行控制。在矿区开发规划期，加强对矿区的生态规划与指导，对矿区开采过程中造成的生态系统的破坏程度与治理方案等，同时纳入到生产经营系统。

采矿生产过程与生态修复过程相结合、生物修复技术与矿山原有的工程复垦相结合、植物修复技术与微生物修复技术相结合，这是当今矿山生态环境治理与重建的发展方向。

六、矿区景观生态规划与重建技术

矿区景观生态研究已日益受到重视。矿区景观生态规划应遵循整体优化、异质性、多样性、因地制宜、持续性、综合性 6 个原则；一般由确定规划范围与规划目标、收集景观资料、景观生态分类与制图、景观生态评价、景观生态规划与设计、景观生态规划实施和调整 6 个步骤组成；矿区景观生态规划常见的结构有耕作、水陆并举、水养、乡村综合开发、水上游乐、绿化造林 6 个类型结构。

现在社会主义新农村建设的号角已经吹响，矿山企业和地方政府必须从当地农业实际情况来出发，积极探索新农村建设有效途径。加大土地复艮力度，改善生态环境，是矿区建设社会主义新农村的突破口，对于推进矿区社会主义新农村建设具有十分重要的意义，可以真正落实工业反哺农业、城市支持农村的经济发展思路。

第七节　矿区资源环境信息与评价系统

随着我国经济的持续稳定高速发展，对矿产资源的消费总量和质量将持续增长和不断提高。与此同时，我国在矿产资源开发利用过程中，存在着一系列日趋严峻的问题，如资源浪费严重、生态环境破坏加剧、安全事故频繁等。这些问题严重威胁着我国矿区资源环境的安全，制约着矿区区域社会、经济、资源、环境的协调发展。为此，研究在保障矿区资源环境安全的基础上，如何综合、协调开发利用矿区的各种资源，减少矿区资源的浪费、增加矿区资源的利用效率，减少矿区生态环境的破坏，恢复矿区生态环境景观，实施矿区可持续发展战略就显得非常迫切。因此，这有必要构建矿区资源环境安全评价与空间决策支持系统，对矿区资源环境进行动态的安全评价，实时掌握矿区资源环境所处的状态，并对其未来进行预测、模拟，从而做出调控决策。

把传统的环境监测技术与现代空间信息技术相结合，利用遥感（RS）、全球定位系统（GPS）和地理信息系统（GIS）等高新技术，对矿区的环境和灾害现象进行动态综合监测，研究矿山工程活动与矿区生态环境的保护和治理，是矿区环境发展的重要方向。建立矿区生态环境及灾害动态综合监测与分析评价的理论和技术体系则是其中重要的组成部分。通过该系统的建立，能够动态、综合地采集矿区的生态环境及灾害信息，并进行矿区空间多种生态环境与地质采矿工程信息的加工、处理及分析评价。

一、矿区资源环境信息与数据特点

（一）矿区资源环境数据源

一个生产矿山一般包括地质、采矿、测量、管理、建筑、经济、机电、运输等许多方面和所属机构，它们所使用的数据都具有一定的格式和规范要求。

矿区空间定位数据是矿区资源环境信息的基本数据，由矿山测量机构负责以一定的形式管理和存储。利用矿区地面和井卜测量信息，可以构建起矿山的几何空间框架。矿山测量信息一般以台账、矿山测量图、数据库、GPS 信息、电子手簿信息等形式存储和提供利用。地质采矿信息是基本的属性信息。而矿产资源地质信息一般以地质报告、地质图件、地质数据库的形式提供使用。采矿工程信息的主要形式是矿图、文字报告等。其他方面的矿区信息也以图件、表格、文字报告、数据库或信息库等形式存在。

这些数据源的种类包括矿区地形图、DTM 及测量资料、以往的遥感或航摄图像资料、矿区土地利用图、矿区地质图及文字报告、矿床（体）产状图及文字报告、采掘工程图、井上下对照图、市政工程图、矿区开发设计报告、环境监测资料、技术经济与社会统计资料、矿区建筑资料、其他人文资料等。就它们的呈现和存储形式而论，主要有图像、图形、文字或数字、表格等，它们分别存储在纸介质和磁盘、光盘或数据库等载体上，这些一般表现为数据源静态的一面。

另一方面，由于矿山生产和区域社会的不断发展，而且还有大量动态数据，即在生产过程中不断更新、增加的数据和信息。这部分数据是生产和管理的最新资料，是系统应用保持现势性所必不可少的。遥感信息在矿山生产中将发挥越来越大的作用，通过遥感影像可以提取矿山资源、地质、环境等方面的许多信息，对矿区开发规划、环境保护有着重要作用。

（二）矿区资源环境数据的特点

矿区资源环境数据具有以下主要特点：

（1）多源性：数据涉及不同的领域、不同的来源、不同的载体；

（2）时空特性：数据具有时空四维的几何和属性信息，并且随着生产的进行，数据处在不断地更新、增减之中；

（3）多时相性：矿山信息涵盖矿山生产和建设的各个时段；

（4）不确定性：各种空间、资源和环境数据往往具有某种不确定性或模糊性；

（5）相关性：各种形式的数据之间存在多种形式的联系、相关；

（6）多尺度、多分辨率性：不同比例尺矿图在 MREIS 中的配准及不同分辨率遥感信息在系统中的复合。

因此，矿区资源环境数据的采集要兼顾各个领域、各种状态、各类媒质的特点，从而实施合理有效的采集和组合、叠加方案，保证系统中数据的质量和数量达到最优配置。

（三）矿区资源环境数据的采集输入

矿区资源环境数据的采集输入包括两方面的内容，一是实际数据资料的获取，如利用 GPS 技术、测量仪器获取测绘信息，利用地球物理和地球化学方法获取矿区资源环境信息等；二是将这些信息输入矿区资源环境信息系统（MREIS）。

1. 矿区资源环境数据采集输入的原则

系统中需要大量的数据提供应用，但由于系统的容量及效率的限制，数据并非越多越好。数据的采集必须按照一定的原则进行。根据既要具有 GPS 的一般特点又要体现出矿山特色，既要满足应用需要又要尽量减少数据冗余的指导思想，在矿区资源环境数据采集中，应遵循以下的原则：

（1）保证数据采集和存储的代表性和实用性，一般只存储基本的原始数据，不存储派生数据，根据应用频率实现最小的冗余度；

（2）数据的分类、分级应采用和参照主管部门制定的专业分类、分级标准；

（3）数据一定要经过审核，具有可靠性和适用性；

（4）数据的动态性和现势性，要及时增补反映生产、经营、管理的最新动态与进展的数据，使系统数据库不断更新和完善；

（5）数据的系统性和全面性，保证所采集的数据按照一定的规范、特定的要求和格式并满足使用需要；

（6）数据的可编辑和易维护性；

（7）多种数据采集方式的综合应用，在精度、效率、经济各方面需要综合考虑；

（8）先进的技术措施，以实现数据时空上的匹配，保证数据质量。

2. 矿区资源环境数据采集输入的设备

矿区资源环境数据采集与输入设备包括外业设备与内业设备。外业设备是指获取各种来源的资料和数据的设备，如测量仪器、地质勘查仪器、物理化学设备等；内业设备与一般 GIS 所用设备类似，主要包括计算机系统、数字化仪、扫描仪、图像输入处理系统、电子数据记录装置及数据终端等。

3. 矿区资源环境数据采集输入的方案

矿区资源环境数据采集输入要经过从实体到信息的转变。数据采集输入是建立一个 MREIS 的基础工作。

（1）图形数据的采集输入

矿山生产涉及的图件众多，从地面到地下，内容包括地质图、采矿图、测量图、地形图等。进行图形的数字化和扫描输入是数据采集的手段。利用手扶跟踪数字化仪数字化矿图是当前普遍采用的方案，扫描输入也已日趋成熟。但由于矿山用图的不同特性，数字化过程中应首先针对不同图件的组成要素进行综合分析，从而建立图符与数字化编码表，尤其是对采掘工程平面图中的要素如风井、井底车场等，应进行适当的开发与完善。其次是确定数字化方案。数字化过程中要注意不同来源图形坐标系统的统一和数据匹配。扫描仪数字化输入矿图涉及图形要素的识别、数据转换等技术问题，还有待进一步的深入研究，是今后图形数字化的发展方向。其中的关键技术问题是数字化速度与精度的统一、图形数据的压缩、转换，三维立体图表示，矿图数据结构与数据组织管理，图形要素的识别与开发等。

（2）影像数据的采集输入

卫星遥感图像、航空摄影图像等资料的数据采集，可以利用扫描仪配合相应的软件系统将图像自动扫描后进行处理。图像经过辐射校正、几何校正后，利用一定的数字模型进行处理。当前普遍应用的是数字图像处理方法，处理之后要进行图像的判读和调绘，利用图像解译标志进行实地调查。对于卫星遥感影像来说，遥感信息复合是一项经常用到的技术，如多时相遥感影像的复合、遥感影像与地球物理数据的复合等。影像信息经过扫描数字化和各项处理后，以栅格结构或矢量结构按 MREIS 需要的格式进入资源环境数据库。关键的技术问题是遥感影像信息的自动提取、模式识别，图像转换，图像数据组织与压缩，矿区资源环境信息的影像特征及解译机理等。当前各种专用的设备如数字摄影测量工作站、遥感图像处理系统更便于作为 MREIS 的数据采集与更新设备，或者与 MREIS 系统配为一体。

（3）已有文字和数据库信息的采集输入

矿山在长期的生产和建设中积累了丰富的历史数据资料，是 MREIS 必不可少的部分，应采取实用的手段进行采集输入。键盘录入是输入属性信息和数据的一种最方便有效的方法。对于那些系统中必需的数据应由专人负责按照约定的格式，最好是利用 GIS 的数据输入模块来进行输入。

已存储于数据库中的数据可以利用一定的辅助软件和程序进行数据的移植，使之移植到 MREIS 的数据库中，从而节约数据录入的工作量。存在于存储介质之中的数据则可利用设备的数据传输和数据复制功能进行。

各种测量仪器如全站仪、GPS 接收机、光电测距经纬仪等自带的电子测量数据记录器、数据终端等自动记录的野外和井下测量数据，可利用数据传输接口直接通过相应的数据识别系统输入计算机，实现 MREIS 对测量数据的采集输入。

关键的技术问题有体现矿山特点的数据规范与数据标准的制定，数据质量的控制，数据共享，数据格式的转化，多源多尺度数据的匹配，图像数据与空间数据的复合，以及历史数据与现势数据的一致性等。

（4）数据的更新采集

生产持续进行，将产生各式各样的数据和信息，因此数据的更新和数据库的维护必不可少。更新数据的采集输入方案同上文所讨论的类似，即将各种生产信息通过 MREIS 的外部设备和数据采集模块输入系统数据库提供系统利用。

二、矿区资源环境动态监测

将传统手段与现代空间信息技术相结合，综合应用 RS.GPS 和 GIS 及由此形成的 Geomatics（或 Geoinfomatics，地球空间信息学）等高新技术，构建矿产资源环境动态监测系统，已被实践证明可以在矿区生态环境的监测、评价中取得了较好的效果。矿产资源环境动态监测系统的作用有以下 5 个方面：

（一）在矿区大气监测方面的应用

大气污染的不同程度、不同种类会使遥感信息产生一定的失真，通过对这种失真的研究，可以建立矿区环境污染的评价模型。利用地物的波谱测试数据、彩色红外遥感图像及少量常规大气监测数据，可获取关于矿区大气环境质量的基本数据，在 GIS 中应用相应的空间分析与评价模块进行数据处理和分析，可以对矿区大气污染做出客观、可靠的判断。利用遥感图像作为基本资料，还可对矿区、城市的有害气体进行监测。对有害气体的研究通常用间接解译标志进行，即用植物对有害气体的敏感性来推断矿区大气污染的程度和性质。通过本系统利用遥感和常规监测方法相结合还可对工矿城市地面热场进行研究，建立地面热场与大气污染之间的关系。由于煤烟型不仅是矿区，而且是我国大气污染的主要类型，因此通过本系统对矿区大气污染的监测，可以建立起不同污染程度、不同污染物的解译标志，从而为环境保护提供基础资料。

（二）在矿区水体监测方面的应用

应用该系统可对矿区废水污染进行监测。废水由于水色与悬浮物千差万别，特征曲线上的反向峰位置和强度也大不一样。对水的污染状况一般用多光谱合成图像进行监测，GIS 中的矿区基本图像还可对矿区废水的扩散进行研究。此外，还能利用 RS、GPS 及常规监测技术，以 GIS 为信息处理平台，对矿区水域分布的变化和水体沼泽化、水体富营养化、泥沙污染等进行综合监测。

（三）在矿区土地覆被研究方面的应用

土地覆被的研究是近年来生态环境监测和研究的一个重要方向，其目标是对由于人类诱导和自然影响产生的陆地表层变化的原因和结果进行认识、预测、评价、响应，为环境和资源的开发提供一个强有力的科学依据，使得这些开发活动对环境是合理的、可操作的和可持续利用的。对于矿区来说，研究煤炭开采及利用与土地覆被的相互作用关系与机理无疑是一个重要的发展方向。利用该系统可将对矿区土地覆被包括农作物、植被、森林等进行监测，通过对土地覆被、土地利用等的研究，可获取关于矿区生态环境方面的信息。

（四）在矿区土地监测方面的应用

矿区开采导致了大面积的塌陷坑与地表移动盆地，在高水位地区还导致大面积的积水。利用 GPS 技术可对矿区地表进行自动、连续的监测，获取开采的资料，另外通过遥感影像解译可以对地表塌陷情况进行研究，将相关的信息通过系统的分析模型和 GIS 的功能模块进行处理，则可获得地表与移动的规律，为进一步指导采矿及土地复垦提供服务。

（五）在矿区土地复垦与生态环境重建方面的应用

一方面，矿区土地复垦规划及其实施需要在 RS.GPS.GIS 的支持下进行，另一方面，复星效果与生态环境重建的效果也要通过矿区生态环境监测分析系统进行分析和评价，以促进土地复垦和生态环境重建方面的发展。

三、矿区资源环境安全评价系统

矿区资源环境安全可以分为三个方面：一是矿区资源（这里主要指矿产资源）的供应安全，它指矿区能够持续、稳定、足量及经济地满足国家或地区社会经济发展对该矿产资源的需求；二是矿区生态环境安全，指的是把资源开发对生态环境的影响和恢复控制在良好的或不遭受毁灭性破坏的状态范围内；三是矿区社会经济安全，指的是矿区资源环境能够保障矿区社会、经济可持续发展。

（一）评价指标

建立矿区资源环境安全评价指标体系时，可从以下几个方面进行考虑：

1. 资源供应安全

矿区资源的供应安全评价指标应能充分反映矿区矿产资源储量（包括地质储量与经济可采储量）、生产能力现状与前景，以及共伴生矿产资源的开发利用状况。该评价指标应包括：矿区的矿产资源动态储采比、资源勘查的投入力度、资源的回采率、资源的筛选回收率、各种共伴生资源的回收率等。

2. 矿区生态环境安全

该评价指标应能反映矿区的生态环境状态、容量、环境的承载能力、资源开发对生态环境的破坏程度以及恢复治理的投入力度等。该评价指标应包括生态环境系统的弹性度、生态环境的初级生产力、土地资源破坏的治理率及利用率、大气污染的治理率、地下及地表水系污染治理率及利用率、植被的破坏恢复率、环境治理的技术及投入力度等。

3. 矿区社会经济安全

矿区社会经济安全是矿区资源环境安全内涵的扩展，它反映了矿区资源环境的状态对矿区社会经济的影响，同时，矿区社会经济的安全状态反过来从一定程度上也反映了资源环境的安全状况。该评价指标应包括生产安全情况、矿区人口总量及变化、居民的生活质量、矿业资源下游产业的效益、其他产业（如第二、三产业）的效益、矿区的社会经济可持续发展能力等。

（二）评价系统

建立基于现代空间信息技术的矿区生态环境监测与评价系统，是“3S”技术作为矿区环境保护与治理的技术支持的重要方面。通过环境监测获得关于矿区环境的多维、多尺度、多时相的资料后，就可利用 GIS 的功能模块和专门的环境评价模型来进行矿区环境的评价，并可 M 矿区环境演变的趋势进行分析，建立预测模型，发现矿区环境的主导因素，为指导环境治理和工作提供支持。

矿区资源环境安全评价与空间决策支持系统的目标或任务是对矿区资源环境的信息进行有效采集、处理、分析、储存及评价，得出资源环境的安全状态及其动态变化的趋势，揭露资源开发对生态环境的相互影响机理，在此基础上对资源环境进行模拟预测，当发现资源环境系统有不安全的趋势时报警，并通过对决策支持系统的专家知识库的咨询，做出调控决策，特别是多目标的调控，进行多阶段的最优决策和动态发展规划，从而保证矿区资源环境与社会经济在安全的状态下协调发展，达到可持续发展的目的。

矿区资源环境安全评价与空间决策支持系统可以分为 5 个子系统，分别为数据输入与处理子系统、GIS 与数据库管理子系统、模型库及其管理子系统、知识库及其管理子系统、结果输出子系统。

1. 数据输入与处理子系统

整个矿区资源环境系统就是数据源，系统评价与决策的准确与否取决于所输入的数据资料的数量与质量。安全评价与空间决策所需的数据主要来自矿区各类地图、野外实地调查、RS 图像、GPS 数据、生产统计报表、实地测试分析、社会调查研究等。一般采集到的原始数据要应用到 GIS 中，必须经过特定的预处理，相关数据入库的方法有：

（1）各种图形图像数据可以通过数字化仪、自动扫描仪等设备输入，经矢量化处理后存贮到空间数据库中；

（2）各种属性数据可直接通过键盘输入来储存到相应的属性数据库中；

（3）各种生产统计、测试分析、社会调查研究等的数据可采用属性数据输入类似的方法，并将其保存到对应的数据库中。

2.GIS 与数据库管理子系统

在此子系统中，GIS 作为基础信息平台，其主要目的在于为决策者提供决策对象及其环境的空间状态演变的图形以及基于图形的各种视图操作和分析，并可生成各种专题图。数据库管理系统主要是负责管理各式各样的数据库。

3. 模型库及其管理子系统

该系统包括模型库和模型库管理系统模块，主要负责模型的储存、调入、修改和组合等。

4. 知识库及其管理子系统

主要包括专家知识库和知识库管理系统模块，它提供了专家咨询、信息查询以及规划、决策等功能。

5. 结果输出子系统

结果输出子系统的主要功能包括评价分析后数字、图形结果的输出，预测、仿真模拟的图形输出，以及咨询专家知识库后做出的决策结果输出。

参考文献

[1] 宋海潮 . 智慧矿山建设及煤矿的智能化开采分析 [J]. 科技创新与应用，2022，12(34)：142-145.

[2] 赵常辛，刘海青 . 煤矿智能化开采技术研究现状及展望 [J]. 工矿自动化，2022，48(S2)：27-29.

[3] 周宏 . 乌山铜钼矿智能化建设 [J]. 露天采矿技术，2022，37(05)：89-92.

[4] 张驰，周鼎宇 . 基于 5G 技术的煤矿智能化开采核心技术研究 [J]. 信息记录材料，2022，23(09)：108-110.

[5] 邢忠会，艾川 . 煤矿采煤机智能化关键技术分析 [J]. 内蒙古煤炭经济，2022(15)：26-28.

[6] 韩磊 . 煤矿智能化综采工作面设计初步探究 [J]. 内蒙古煤炭经济，2022(14)：51-53.

[7] 姜凯 . 智能化矿山采矿技术中的安全管理问题 [J]. 新疆有色金属，2022，45(05)：102-104.

[8] 王国法，李世军，张金虎，庞义辉，陈佩佩，陈贵锋，杜毅博 . 筑牢煤炭产业安全 奠定能源安全基石 [J]. 中国煤炭，2022，48(07)：1-9.

[9] 郭勤勤，张浩，连政 . 煤矿智能化工作面的建设与成果分析 [J]. 西部探矿工程，2022，34(07)：171-173.

[10] 杨胜利，王家臣，李明 . 煤矿采场围岩智能控制技术路径与设想 [J]. 矿业科学学报，2022，7(04)：403-416.

[11] 郭阳阳，赵程荣 . 综合管理智能化露天采矿策略分析 [J]. 露天采矿技术，2022，37(03)：52-55.

[12] 张金华 . 煤矿智能化建设中存在的问题与对策研究 [J]. 矿业装备，2022(03)：132-133.

[13] 刘杰 . 煤矿信息化、智能化应用与关键技术分析 [J]. 矿业装备，2022(03)：12-13.

[14] 胡杰 . 煤炭智能化开采关键技术创新进展与展望 [J]. 矿业装备，2022(03)：160-161.

[15] 燕宇 . 安徽省多金属矿山智能化采矿的研究与探索 [J]. 世界有色金属，2022(11)：37-39.

[16] 高旗 .5G 通信技术及其在煤矿的应用探析 [J]. 长江信息通信，2022，35(05)：218-220.

[17] 赵华 . 矿山智能化开采新模式 [J]. 工矿自动化，2022，48(S1)：89-91.

[18] 赵国瑞 .5G+ 智能化煤矿顶层设计与发展趋势 [J]. 智能矿山，2022，3(04)：48-54.

[19] 高健铭，韩长路 . 复杂地质条件下快掘配套走向梁支护技术研究 [J]. 陕西煤炭，2022，41(02)：87-90+145.

[20] 王新苗 . 智能开采工作面精细地质建模研究 [D]. 煤炭科学研究总院，2021.

[21] 邓涛 . 滨湖煤矿薄煤层智能化开采技术体系及应用研究 [D]. 中国矿业大学，2021.

[22] 梁敏富 . 煤矿开采多参量光纤光栅智能感知理论及关键技术 [D]. 中国矿业大学，2019.